Von alternativen Paradigmen zur umfassenden Transformation

Katharina Schleicher

Von alternativen Paradigmen zur umfassenden Transformation

Analyse transformativer Forschungsprojekte anhand des diskursiven Institutionalismus

 Springer VS

Katharina Schleicher
Hagen, Deutschland

Dissertation mit dem Originaltitel „Charakteristika und Potenzial transformativer Forschungsprojekte.
Vergleichende Fallstudie zweier Anwendungen zur Etablierung alternativer Wohlstandsmaße in Wuppertal", angenommen an der Fakultät für Human- und Sozialwissenschaften der Bergischen Universität Wuppertal, 2020
Gutachterinnen: Prof. Dr. Maria Behrens und Jun.-Prof. Dr. Karoline Augenstein

ISBN 978-3-658-32600-5   ISBN 978-3-658-32601-2   (eBook)
https://doi.org/10.1007/978-3-658-32601-2

Die Deutsche Nationalbibliothek verzeichnet diese Publikation in der Deutschen Nationalbibliografie; detaillierte bibliografische Daten sind im Internet über http://dnb.d-nb.de abrufbar.

Planung/Lektorat: Stefanie Eggert
Springer VS ist ein Imprint der eingetragenen Gesellschaft Springer Fachmedien Wiesbaden GmbH und ist ein Teil von Springer Nature.
Die Anschrift der Gesellschaft ist: Abraham-Lincoln-Str. 46, 65189 Wiesbaden, Germany

Inhaltsverzeichnis

1 Einleitung 1
  1.1   Problemstellung und Forschungslücke 1
  1.2   Forschungsfrage und Ziele 4
  1.3   Forschungsdesign 5
  1.4   Aufbau des Buches 7

2 Hintergrund: Die „Große Transformation" im Kontext von
Forschung und Politik 9
  2.1   Nachhaltige Entwicklung, Grenzen des Wachstums und die
      „Große Transformation" 9
  2.2   Forschungsperspektiven über und für Transformation 15
      2.2.1   Transdisziplinäre Ansätze und Transition-Forschung 15
      2.2.2   Transformative Forschung 18
  2.3   Städte als Orte der Transformation 24
  2.4   Institutioneller Kontext in Wuppertal 28
  2.5   Zwischenfazit: Zusammenführung des für die Analyse
      relevanten Hintergrundes 32

3 Theorie des diskursiven Institutionalismus 35
  3.1   Grundgedanken des diskursiven Institutionalismus 35
  3.2   Zentrale Konzepte des diskursiven Institutionalismus 37
      3.2.1   Ideen 37
      3.2.2   Akteur*innen 40
      3.2.3   Diskurse 44
      3.2.4   Institutionen 46
  3.3   Politikwandel laut diskursivem Institutionalismus 47
      3.3.1   Arten und Intensitäten von Politikwandel 47

3.3.2 Voraussetzungen für Politikwandel 50
3.4 Bisherige Anwendungen des diskursiven Institutionalismus 55
3.5 Zwischenfazit: Zusammenführung der theoretischen
       Konzepte und Schlussfolgerungen für die Analyse 58

4 **Methodisches Vorgehen** 69
4.1 Vergleichende Fallstudie mithilfe der Kongruenzmethode 70
4.2 Fallauswahl 72
4.3 Prognosen für die Kongruenzanalyse 76
4.4 Erhebungsmethode: Expert*inneninterviews 78
       4.4.1 Methode der Expert*inneninterviews 78
       4.4.2 Auswahl und Ansprache der Expert*innen 80
       4.4.3 Interviewleitfaden 82
4.5 Auswertungsmethoden 82
       4.5.1 Dokumentenanalyse 82
       4.5.2 Qualitative Inhaltsanalyse 84
4.6 Kritische Betrachtung des methodischen Vorgehens 89

5 **Analyse zweier transformativer Forschungsprojekte** 93
5.1 Wohlstandsindikatoren für Wuppertal 94
       5.1.1 Akteur*innen und Ideen 94
       5.1.2 Rahmenbedingungen 108
       5.1.3 Anknüpfungspunkte und Umsetzbarkeit der Ideen 112
       5.1.4 Beobachtbare Veränderungen 116
       5.1.5 Zusammenfassung und Abgleich mit den Prognosen 117
5.2 App-basiertes Panel „Glücklich in Wuppertal" 119
       5.2.1 Akteur*innen und Ideen 119
       5.2.2 Rahmenbedingungen 136
       5.2.3 Anknüpfungspunkte und Umsetzbarkeit der Ideen 141
       5.2.4 Beobachtbare Veränderungen 145
       5.2.5 Zusammenfassung und Abgleich mit den Prognosen 146
5.3 Vergleich der zwei Fälle 148
       5.3.1 Akteur*innen und Ideen 148
       5.3.2 Rahmenbedingungen und Anknüpfungspunkte 159
       5.3.3 Beobachtbare Veränderungen 163

6 **Schlussfolgerungen für Theorie und Forschungspraxis: vom
    veränderten Diskurs zur „Großen Transformation"** 165
6.1 Weiterentwicklung des diskursiven Institutionalismus 166
       6.1.1 Diskursive Veränderungen im Lokalen 166

6.1.2   Netzwerke der institutionellen Unternehmer*innen   166
6.1.3   Kommunikation der Ideen unterschiedlicher Ebenen   167
6.1.4   Anknüpfungspunkte an Krisen und institutionelle
        Veränderungen   168
6.1.5   Zugang zu Entscheidungsträger*innen   170
6.1.6   Entwicklung von diskursivem Wandel hin zu den
        drei Graden von Veränderung   171
6.1.7   Zusammenfassung   173
6.2 Schlussfolgerungen und Handlungsempfehlungen für die
     transformative Forschung   176
6.2.1   Städtischer Transformationskontext   176
6.2.2   Bereitstellung innovativer Ideen und ihre
        Anschlussfähigkeit   177
6.2.3   Begleitung praktischer Umsetzungen und
        Verstetigung der Ideen   179
6.2.4   Verfestigung der Paradigmen in Nischen   180
6.2.5   Zusammenfassung   181

7   Fazit   183

Literaturverzeichnis   189

Abkürzungsverzeichnis

BIP	Bruttoinlandsprodukt
BLI	Better Life Index
BLI-u	Better Life Index urban (auf Wuppertal angepasster BLI)
BMBF	Bundesministerium für Bildung und Forschung
BUND	Bund für Umwelt und Naturschutz Deutschland
CDU	Christlich Demokratische Union Deutschlands
EC	European Commission (dt. Europäische Kommission)
EU	Europäische Union
FGW	Forschungsinstitut Gesellschaftliche Weiterentwicklung
HRO	Happiness Research Organisation
IAEG-SDG	Inter-Agency and Expert Group on Sustainable Development Goal Indicators
IHK	Industrie- und Handelskammer
IPBES	Intergovernmental Science-Policy Platform on Biodiversity and Ecosystem Services (dt. Weltbiodiversitätsrat)
IPCC	Intergovernmental Panel on Climate Change (dt. Weltklimarat)
MLP	Multi-Level-Perspektive
OECD	Organisation for Economic Co-Operation and Development (dt. Organisation für Wirtschaftliche Zusammenarbeit und Entwicklung)
SPD	Sozialdemokratische Partei Deutschlands
STEK2030	Stadtentwicklungskonzept Wuppertal 2030
Transzent	Zentrum für Transformationsforschung und Nachhaltigkeit
UNCED	United Nations Conference on Environment and Development (dt. Konferenz der Vereinten Nationen über Umwelt und Entwicklung, auch Rio-Konferenz)

UN DSD	United Nations Division for Sustainable Development
UWE	University of the West of England
W2025	Stadtentwicklungskonzept Wuppertal 2025
WBGU	Wissenschaftlicher Beirat der Bundesregierung Globale Umwelt-veränderungen
WI	Wuppertal Institut für Umwelt, Klima, Energie gGmbH
WSW	Wuppertaler Stadtwerke
WTW	Wohlstands-Transformation Wuppertal
WZ	Westdeutsche Zeitung

Abbildungsverzeichnis

Abb. 1.1   Forschungsdesign der vergleichenden Fallstudie   6
Abb. 3.1   Formen und Intensitäten von Politikwandel   49
Abb. 3.2   Kriterien für Politikwandel   50
Abb. 3.3   Ideen, Akteur*innen und Wandel im diskursiven
           Institutionalismus   59
Abb. 4.1   Veränderungsintension der Fallbeispiele   74
Abb. 5.1   Zuordnung der Ideen zu Veränderungsintensionen
           (Wohlstandsindikatoren)   96
Abb. 5.2   Zuordnung der Ideen zu Veränderungsintensionen
           („Glücklich in Wuppertal")   122
Abb. 5.3   Zuordnung der Ideen zu Veränderungsintensionen im
           Vergleich   151
Abb. 6.1   Voraussetzungen für Politikwandel   175

Tabellenverzeichnis

Tab. 3.1 Kategorisierung von Ideen 39
Tab. 3.2 Voraussetzung für graduellen und transformativen Wandel 54
Tab. 3.3 Vergleich verschiedener Transformationsdefinitionen 63
Tab. 4.1 Prognosen zur Kongruenzanalyse 77
Tab. 4.2 Verteilung und Dauer der geführten Interviews 82
Tab. 4.3 Übersicht der in die Analyse einbezogenen Dokumente 84
Tab. 4.4 Operationalisierung der Voraussetzungen für und
          Anzeichen von Politikwandel 86
Tab. 5.1 Rollen der Wissenschaftler*innen 149
Tab. 5.2 Beteiligte Gruppen von Akteur*innen 154
Tab. 5.3 Vergleich der beiden Fälle in Bezug auf Ideen und
          Akteur*innen 158
Tab. 5.4 Wahrgenommene Probleme, Widersprüche und relevante
          Prozesse sowie formulierte Lösungswege 160

Einleitung

1

Im Kontext von Diskursen zur Klimapolitik und einer „Großen Transformation" hin zu einer ressourcenschonenden Gesellschaft wird immer häufiger auch über die Rolle der Wissenschaft bei diesen Prozessen diskutiert. Eine Forschungsperspektive, die in diesem Zuge entwickelt wurde, ist die sogenannte „transformative Forschung", bei der Forschende als Katalysatoren Wandel selbst initiieren und unterstützen. Da dieser Forschungsansatz bisher jedoch weitestgehend ohne theoretische Fundierung entwickelt und bisher kaum evaluiert wurde, hat das vorliegende Buch es zum Ziel, ebendiesen genauer zu beleuchten. Das folgende Kapitel stellt zunächst die Problemstellung und Forschungslücke dar, gefolgt von Forschungsfrage, den Zielen sowie dem Forschungsdesign. Zum Ende dieses Kapitels wird der Aufbau dieses Buches vorgestellt.

1.1 Problemstellung und Forschungslücke

„Forschung und Wissenschaft haben eine gesellschaftliche Verantwortung, aktiv zum Gelingen der Transformation zu einer klimaverträglichen Gesellschaft beizutragen. [...] Junge Wissenschaftler können sich als ‚Forschungspioniere' am Transformationsprozess beteiligen, indem sie die eigene Forschung innovativ auf die Erfordernisse des Transformationsprozesses ausrichten und damit die Transformation beschleunigen." (WBGU 2011, S. 341)

Der Wissenschaftliche Beirat der Bundesregierung Globale Umweltveränderungen (WBGU) spricht in seinem Gutachten „Welt im Wandel. Gesellschaftsvertrag für eine Große Transformation" der Wissenschaft eine wichtige Rolle bei der Transformation hin zu einer nachhaltigen Gesellschaft zu (WBGU 2011). Diese Forderung nach einer Transformation – einem umfassenden Wandel hin zu einer Gesellschaft, die nachhaltig mit Ressourcen umgeht – basiert auf der Erkenntnis,

© Der/die Autor(en) 2021   1
K. Schleicher, *Von alternativen Paradigmen zur umfassenden Transformation*,
https://doi.org/10.1007/978-3-658-32601-2_1

dass mit den aktuellen Lebensweisen der Menschheit, die „planetaren Leitplanken" (Rockström et al. 2009; Steffen et al. 2015) nach und nach überschritten
werden und irreversible Umweltschäden zu erwarten sind.

Die Forderung nach nachhaltiger Entwicklung beziehungsweise Transfor-
mation hin zu Nachhaltigkeit ist seit mittlerweile mehr als drei Jahrzehnten
Gegenstand von Konferenzen und Abkommen internationaler Politik (u. a. UN
2015a; UNCED 1992; WCED 1987), Forderungen der Zivilgesellschaft (u. a.
BUND und Misereor 1997) und Empfehlungen der Wissenschaft (u. a. IPCC
1992). Teilweise wird dies verbunden mit einer Kritik an dem auf andauerndem
Wachstum basierenden Wirtschaftssystem sowie dem Fokus auf ökonomische
Aspekte von Lebensqualität (u. a. Jackson 2009; Robinson und Tinker 1998).

Nach und nach haben sich in den verschiedenen wissenschaftlichen Disziplinen Forschungsansätze entwickelt, die das Ziel haben, mögliche Lösungen für
Nachhaltigkeitsfragen zu entwickeln, Klimafolgen und mögliche Auswege zu
prognostizieren, aber auch selbst Transformation mitzugestalten. Hier setzt der
WBGU (2011, S. 23 f.) mit seinem Konzept der transformativen Forschung an,
bei der nicht nur Analysen erstellt, sondern neue Ideen und Narrative aktiv in die
Gesellschaft hereingebracht und dabei Transformationsprozesse unterstützt werden. Die Intension dabei ist es, Politik, Gesellschaft und die dahinter liegenden
Paradigmen zu verändern und in die Richtung einer sozial-ökologischen Transformation zu begleiten (Schneidewind, Singer-Brodowski, Augenstein, et al. 2016;
Schneidewind und Singer-Brodowski 2013). Die transformative Forschung baut
damit auf Forschungsansätzen, wie der transdisziplinären Forschung (u. a. Scholz
2017) sowie der Transition-Forschung (u. a. Geels 2002, 2011; Loorbach et al.
2017) auf und ordnet sich in eine größere Debatte über die Rolle der Wissenschaft
in gesellschaftlichen Prozessen und die dafür benötigten Formen von Wissen ein.
Transformative Forschung geht in ihren Aktivitäten daher über die klassische dis-
ziplinäre und interdisziplinäre Forschung hinaus und ist charakterisiert durch ihren
transdisziplinären Ansatz und den Anspruch, selbst Veränderungen zu initiieren
und zu katalysieren (Schneidewind, Singer-Brodowski, Augenstein, et al. 2016,
S. 6). Erste Projekte, die sich als transformative Forschungsaktivitäten verstehen,
wurden maßgeblich vom Wuppertal Institut (WI) sowie dem Zentrum für Transformationsforschung und Nachhaltigkeit (Transzent) der Bergischen Universität
Wuppertal (BUW) in meist lokal angesiedelten Projekten in Wuppertal durchgeführt, so auch die in diesem Buch untersuchten Fallbeispiele. Diese haben beide
die Lebensqualität der Wuppertaler Bevölkerung im Fokus, mit dem Ziel, dazu
beizutragen, diese nachhaltig und ressourcenschonender zu gestalten. Damit wird

also eine umfassende Veränderung angestrebt (siehe Abschn. 4.2). Ob diese transformativen Forschungsprojekte dem eigenen Ziel, Transformationen anzustoßen, gerecht werden, wurde bisher noch nicht umfassend untersucht.

Auch wenn der Ansatz transformativer Wissenschaft bislang weitgehend unabhängig von sozialwissenschaftlichen Theorien postuliert wurde, so scheint er mit seiner intendierten Wirkung auf Gesellschaft und Politik durch neue Narrative und Ideen implizit einige Annahmen mit dem diskursiven Institutionalismus zu teilen, der wiederum bisher kaum systematisch für Fragen im Bereich der Nachhaltigkeitstransformation oder gar der transformativen Forschung angewendet wurde (siehe Abschn. 3.5). Indem Wissenschaft Transformation initiiert und reflektiert, wird sie selbst – in der Formulierung des diskursiven Institutionalismus – zur „institutionellen Unternehmerin", also einer Akteurin, die neue Ideen in Gesellschaft und Politik verbreitet und sich für Veränderungen einsetzt (vgl. Campbell 2004, S. 177 f.; DiMaggio 1988, S. 14). Diese können laut dem diskursiven Institutionalismus mit ihren neuen Vorschlägen für Policies, Programme und letztlich Paradigmen Politikveränderungen anstoßen und gesellschaftliche Veränderungen bewirken (Campbell 2004).

Nach Unterscheidung von Hall (1993) gibt es drei Grade von Veränderung, von denen die Transformation die am schwersten erreichbare ist. Werden Politikinstrumente angepasst, kommt es nur zu einer leichten Veränderung (Wandel erster Ordnung). Werden neue Instrumente oder umfassende Programme eingeführt, bedeutet dies eine Veränderung zweiter Ordnung. Ein Ersetzen der Ziele von Politik stellt letztlich eine Veränderung dritter Ordnung beziehungsweise eine Transformation dar. Hierbei beziehen sich Autoren des diskursiven Institutionalismus (u. a. Blyth 2002, S. viii) auf den Wirtschaftshistoriker und Sozialwissenschaftler Polanyi (1944) und dessen Beschreibung der „Great Transformation" von der vorindustrialisierten zur industrialisierten Gesellschaft mit freier Marktwirtschaft. Diesen Vergleich und Bezug zu Polanyi hat später auch der WBGU (2011, S. 71) mit der „Großen Transformation" gezogen.

Doch trotz der Annahme in der Debatte über Transformation, dass ein grundlegender Wandel notwendig ist, werden laut Brand (2016, S. 24) von den meisten Nachhaltigkeitsakteur*innen bisher meist kleine Veränderungen initiiert und inkrementeller Wandel angestrebt statt radikale Veränderungen anzugehen. Dahinter steht die Annahme, dass inkrementelle Veränderungen sich langfristig zu der intendierten Transformation aufsummieren (Brand 2016, S. 24).

„Instead, the tension between radical diagnosis and rather docile strategies is connected with an obvious – implicit or explicit – assumption that transformation processes can be better initiated and amplified within the current political, economic and cultural institutional system, dominant actors and related rationales" (Brand 2016, S. 24).

Ob dies möglich ist oder ob inkrementelle Veränderungen für eine radikale Transformation nicht zielführend sind, ist Gegenstand des vorliegenden Buches. Diese Frage bleibt auch in den bisherigen theoretischen Abhandlungen und empirischen Studien des diskursiven Institutionalismus (siehe Kap. 3) offen – ob es also hilfreich ist, die Grade nacheinander zu durchlaufen oder ob bei einer gewünschten Transformation direkt auf der Ebene von Paradigmen angesetzt werden sollte.

Die meisten Studien, die bisher den diskursiven Institutionalismus als Grundlage verwenden, untersuchen Fälle, bei denen das Vorhandensein oder die Abwesenheit von Wandel bereits von vornherein ersichtlich ist. Meist wird die Theorie zur Untersuchung von Veränderungen auf der Ebene ganzer Staaten oder der Europäischen Union (EU) genutzt. Ob der diskursive Institutionalismus auch in der Lage ist, kleinere und lokale Veränderungen auf der Ebene einer Stadt, die nicht von vornherein sichtbar sind, zu erklären, soll in dieser Untersuchung geprüft werden.

1.2   Forschungsfrage und Ziele

Um die transformative Forschung zu fundieren und ihr Potenzial zur Unterstützung transformativer Prozesse zu ermitteln, wird anhand einer empirischen Analyse zweier transformativer Forschungsprojekte aus dem Kontext der Wuppertaler Transformationsforschung untersucht, ob diese nach einer Laufzeit von drei Jahren bereits die Diskurse verändert haben, ob also bereits Veränderungen eingetreten sind. Folgende Forschungsfrage soll dabei beantwortet werden: *Hat durch die von den transformativen Forschungsprojekten eingebrachten Ideen bereits ein Wandel in Wuppertal stattgefunden?*

Dadurch wird geprüft, ob die Theorie des diskursiven Institutionalismus in der Lage ist, das Auftreten oder Ausbleiben von Wandel in der Stadt durch transformative Forschungsprojekte zu erklären. Wie die Veränderungen unterschiedlicher Grade von einer Diffusion der Ideen über Wandel erster und zweiter Ordnung bis hin zu einer erfolgreichen Transformation zusammenhängen und was bei den untersuchten Projekten noch notwendig wäre, um zu einem Paradigmenwechsel zu gelangen, soll im Anschluss an den empirischen Teil herausgearbeitet werden. Dieses Buch leistet also Beiträge sowohl für die Theorie des diskursiven Institutionalismus als auch für die Praxis der transformativen Forschung: Theoretisch, indem im Anschluss an die empirische Analyse zentrale Thesen des diskursiven Institutionalismus weiterentwickelt werden, insbesondere hinsichtlich dessen, wie Veränderungen der unterschiedlichen Grade wechselwirken. Hierzu können Schlussfolgerungen aus den Analyseergebnissen gezogen und zusätzlich weitere theoretische Ansätze hinzugezogen werden, um den diskursiven Institutionalismus zu verfeinern. Zur transformativen Forschung trägt dieses Buch bei, indem konkrete Handlungsempfehlungen für zukünftige transformative Forschungsprojekte formuliert werden und die transformative Forschung theoretisch fundiert wird.

1.3 Forschungsdesign

In diesem Buch werden Ansätze, die sich auf den diskursiven Institutionalismus berufen – oder diesem von Schmidt (2010) zugeordnet werden – dargestellt, und es wird dargelegt, wie diese Theorieströmung Politikwandel erklärt. Als Basis für die Analyse werden daraus Kriterien abgeleitet, bezüglich wann es bei veränderten Diskursen zu einem Wandel in Politik und Gesellschaft kommt und wie dieser einzuordnen ist. In einer empirischen Analyse wird anschließend der Untersuchungsgegenstand – die transformative Forschung – auf zwei Anwendungen heruntergebrochen und anhand dessen untersucht, ob bereits erfolgreich neue Ideen verbreitet und die städtischen Diskurse verändert wurden (siehe Abb. 1.1). Laut diskursivem Institutionalismus würde dies eine Grundlage für die von den Forschenden erhoffte Transformation darstellen (siehe Kap. 3).

Zur Beantwortung der Forschungsfrage werden zwei exemplarische transformative Forschungsprojekte einer vergleichenden Fallanalyse unterzogen. Diese sind Forschungsprojekte, die im Zeitraum von 2015 bis 2018 durchgeführt wurden und sich beide auf die Forderung nach neuen Wohlstandsmodellen und einem Ersetzen des Wachstumsparadigmas beziehen: Die Entwicklung von Wohlstandsindikatoren für Wuppertal im Rahmen des Projektes Wohlstands-Transformation Wuppertal (WTW) sowie die Entwicklung der App „Glücklich in Wuppertal". Beide Projekte hatten das Ziel, Veränderungen in der Stadt Wuppertal anzustoßen.

Ob der diskursive Institutionalismus die Entwicklung der beiden Fälle erklären kann und bei kleinen, lokal ablaufenden Prozessen Geltung hat, wird mithilfe einer Kongruenzanalyse (George und Bennett 2005) geprüft. Aus der Theorie des diskursiven Institutionalismus werden dazu Prognosen abgeleitet, ob und wie es in den beiden Fallbeispielen laut Theorie zu einem Wandel gekommen sein müsste (Blatter et al. 2007, S. 150 f.; George und Bennett 2005, S. 181–192). In der Fallanalyse wird dann untersucht, ob die Prognosen in der Empirie bestätigt werden können.

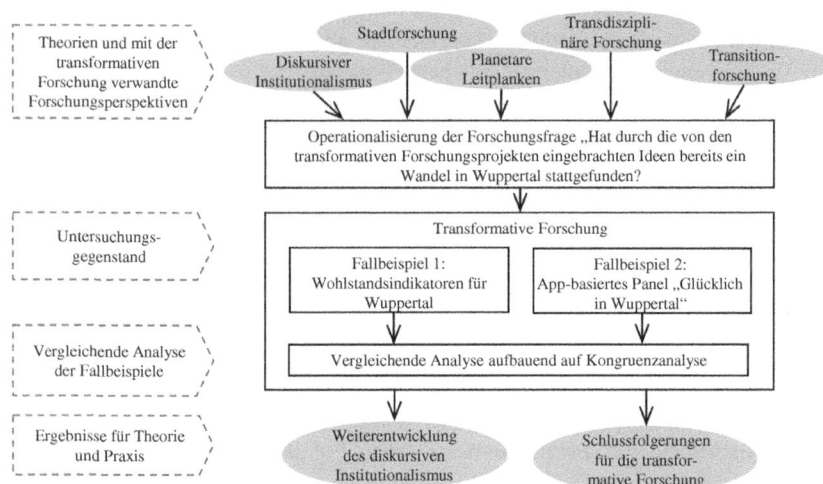

Abb. 1.1 Forschungsdesign der vergleichenden Fallstudie. *Die Abbildung zeigt das gewählte Forschungsdesign der vergleichenden Fallstudie zweier Anwendungen transformativer Forschung. Dazu werden aus den Thesen des diskursiven Institutionalismus Prognosen zur erwarteten Entwicklung herausgearbeitet und später mithilfe einer Kongruenzanalyse mit den Beobachtungen in der Empirie abgeglichen. Zusätzlich fließen Erkenntnisse aus anderen theoretischen Konzepten sowie Forschungsperspektiven aus dem Feld der Nachhaltigkeitsforschung in die Operationalisierung ein. Als Datenbasis werden Expert*inneninterviews und Dokumente genutzt und mit der Methode einer qualitativen Inhaltsanalyse hinsichtlich ihres Inhaltes sowie einer Dokumentenanalyse hinsichtlich ihrer Entstehungszusammenhänge untersucht. Im Anschluss an die vergleichende Analyse werden die Theorie des diskursiven Institutionalismus weiterentwickelt sowie praktische Handlungsempfehlungen für die transformative Forschung formuliert.*
Quelle: eigene

Dazu sollen ähnlich wie in vorhandenen Untersuchungen städtischer Diskurse (siehe Abschn. 2.3 und 3.4) die lokale Presse, Webseiten, Beiträge in sozialen Medien, Protokolle sowie Aussagen von Entscheidungsträger*innen herangezogen werden. Dies geschieht mithilfe von Expert*inneninterviews zu beiden Fällen sowie mithilfe der Einbeziehung weiterer Dokumente. Im Rahmen einer qualitativen Inhaltsanalyse wird unter anderem untersucht, welche Ideen die Forschenden vertreten und wie weit diese diffundiert sind, welche Akteur*innen sie unterstützt haben und ob es bereits zu Politikveränderungen, wie neuen Policies, die sich auf alternative Paradigmen beziehen, gekommen ist. Daneben werden die institutionellen Rahmenbedingungen und vorhandenen Krisen in der Stadt beleuchtet. Eine Dokumentenanalyse hilft zusätzlich dabei, aufzudecken, wie weit die Ideen diffundiert sind, auf welchen Kanälen kommuniziert wurde und wen die Wissenschaftler*innen dabei also letztlich erreicht haben. Diese methodologische Triangulation als Kombination der Dokumentenrecherche und Durchführung von Interviews und damit zusammenhängender Datentriangulation von Dokumenten wie Protokollen, Presseartikeln und Beiträgen in sozialen Medien mit Transkripten der Expert*inneninterviews soll eine erweiterte Perspektive auf die Fallbeispiele erlauben (Denzin 2009, S. 297–310; Flick 2014, S. 411).

Die Analyse ermöglicht dann Schlussfolgerungen, wie transformative Forschung erfolgreich Veränderung bewirken kann. Dazu werden die Kriterien für Veränderung des diskursiven Institutionalismus weiterentwickelt.

1.4   Aufbau des Buches

Das Buch ist wie folgt aufgebaut: Im folgenden Kapitel (Kap. 2) wird zunächst ein Überblick über den für die Analyse relevanten Hintergrund gegeben: Die Begründung für die Notwendigkeit einer Nachhaltigkeitstransformation und die daraus abgeleiteten Anforderungen an die Wissenschaft sowie entsprechende Forschungsperspektiven. Zur Einordnung der Fallbeispiele folgen dann eine Darstellung der Bedeutung und der Handlungsspielräume von Städten bei Transformationsprozessen allgemein sowie eine Darstellung des institutionellen Kontextes der Stadt Wuppertal.

Im Anschluss an diese Überblicke, die der Einordnung des Untersuchungsgegenstandes dienen, wendet sich das Buch der gewählten Theorie zu: In Kapitel 3 wird der diskursive Institutionalismus als vierte Strömung des Neoinstitutionalismus dargestellt und die relevanten Begrifflichkeiten und Kategorisierungen (Ideen, Akteur*innen, Diskurse, Institutionen) werden definiert. Aus dem Theorieansatz des diskursiven Institutionalismus werden dann Kriterien für Politikveränderung abgeleitet. Anschließend werden die Besonderheiten der lokalen Ebene bei Paradigmenwechseln und Politikveränderungen diskutiert. Im darauffolgenden Kapitel werden das methodische Vorgehen sowie die Fallbeispiele vorgestellt (Kap. 4).

Es folgt der Analyseteil dieses Buches (Kap. 5). Dieser besteht jeweils aus der Analyse von Interviews und Dokumenten im Hinblick auf die vorhandenen Akteur*innen, Strategien, Arten von Ideen und Diskursen und das Vorhandensein von Veränderung sowie einer Synthese und einem Vergleich der beiden Fälle.

Kapitel 6 erlaubt dann eine Weiterentwicklung der Theorie des diskursiven Institutionalismus, indem aus der Theorie heraus die zentralen Thesen verfeinert werden. Dies betrifft insbesondere konkrete Schlussfolgerungen zu

Transformationsprozessen auf lokaler Ebene, zu Anforderungen an die beteiligten Akteur*innen, die propagierten Ideen sowie zum Zusammenspiel unterschiedlicher Grade von Veränderung. Zusätzlich werden praktische Handlungsempfehlungen formuliert, wann es mithilfe der transformativen Forschung zu einer erfolgreichen Transformation kommen könnte. Bezüglich der konkreten Ausgestaltung transformativer Forschungsprojekte, der Aktivitäten der Forschenden sowie der notwendigen Rahmenbedingungen können aus der Theorie des diskursiven Institutionalismus Kriterien abgeleitet werden, wann transformative Forschung nach den in Abschnitt 2.2.2 beschriebenen Intensionen erfolgversprechend umgesetzt werden kann. Abschließend folgen in Kapitel 7 eine Zusammenfassung der Ergebnisse sowie ein Ausblick auf weiteren Forschungsbedarf.

Hintergrund: Die „Große Transformation" im Kontext von Forschung und Politik

2

Im folgenden Kapitel wird zunächst der Hintergrund erläutert, vor dem die transformative Forschung als Ansatz entwickelt wurde: Die Umweltfolgen menschlichen Handelns im Zeitalter des Anthropozän, die damit zusammenhängende Kritik an einer auf dauerhaftem Wachstum basierenden Gesellschaft sowie die Schlussfolgerungen zur Notwendigkeit einer Transformation (Abschn. 2.1). Damit zusammenhängend entstanden verschiedene Forschungsansätze, welche an eine größere wissenschaftstheoretische und wissenschaftspolitische Debatte über eine Neuorientierung der Wissenschaft angesichts globaler Herausforderungen anschließen. Während die Transformationsforschung die geforderten und stellenweise bereits gelungenen Veränderungsprozesse lediglich zu verstehen versucht, intendieren Transition-Forschung und transformative Forschung, mögliche Visionen zu entwickeln und den Prozess mit zu begleiten (WBGU 2011, S. 23). Diese sowie verwandte Forschungsperspektiven im Kontext der Forderung nach einer Transformation werden in Abschnitt 2.2 dargestellt. Daraufhin werden Städte in diesen Kontext eingeordnet, mit ihren Handlungsspielräumen und Möglichkeiten, lokal Transformationen anzustoßen (Abschn. 2.3) sowie der spezifische institutionelle Kontext Wuppertals beleuchtet (Abschn. 2.4). Den Abschluss des Hintergrundkapitels bildet ein Zwischenfazit, das dazu dient, die relevanten Annahmen der geschilderten Forschungsperspektiven für die Analyse aufzubereiten (Abschn. 2.5).

2.1 Nachhaltige Entwicklung, Grenzen des Wachstums und die „Große Transformation"

Das aktuelle Zeitalter des *Anthropozän*, in dem sich die Erde laut Ergebnissen aus Klima- und Umweltforschung seit Mitte des 18. Jahrhunderts befindet, ist

© Der/die Autor(en) 2021
K. Schleicher, *Von alternativen Paradigmen zur umfassenden Transformation*,
https://doi.org/10.1007/978-3-658-32601-2_2

dadurch gekennzeichnet, dass die Menschheit durch ihre Aktivitäten zum ersten Mal das Erdsystem beeinflusst (Crutzen 2002). Insbesondere in den vergangenen Jahren sind dabei verstärkt Prozesse zu beobachten, durch die mit einer hohen Wahrscheinlichkeit irreversible Umweltveränderungen eintreten könnten, die das Erdsystem als solches verändern und dessen Folgen schwer abzuschätzen sind. Rockström et al. (2009; sowie Steffen et al. 2015) haben in ihrem Konzept *planetarer Leitplanken* neun Prozesse definiert, die zentral für die Funktion und Stabilität des Erdsystems sind. Zwei werden besonders herausgestellt: Der Klimawandel und das Funktionieren von Ökosystemen beziehungsweise der Verlust von Biodiversität, da sie alleine das Erdsystem aus dem Gleichgewicht bringen könnten. Bei allen diesen Prozessen gibt es Kipppunkte, ab deren Überschreiten voraussichtlich irreversible Schäden entstehen und sich Effekte verstärken, wodurch es zu rapiden, plötzlichen Veränderungen kommen kann. Bereits kurz vor Erreichen dieser Schwellen setzen die Autoren die sogenannten planetaren Leitplanken – Zeitpunkte, ab denen große Unsicherheiten über die Entwicklung des Erdsystems bestehen, die also als Warnung gelten sollten, um Prozesse umzukehren. Im Fall der Ozonschicht, so schreiben sie, wurde eine planetare Leitplanke bereits überschritten. Die Entwicklung konnte durch politische Anstrengungen jedoch wieder umgekehrt werden, so dass die Ozonschicht sich größtenteils regeneriert hat. Die Autoren gehen davon aus, dass mehrere andere Leitplanken bereits überschritten sind: der Klimawandel, der Biodiversitätsverlust, die Stickstoff- und Phosphorkreisläufe und die Landnutzung (Rockström et al. 2009; Steffen et al. 2015). Die Autoren sind sich sicher bezüglich des Einflusses der Menschheit auf die Prozesse im Erdsystem, andere Fragen bleiben jedoch bislang offen. So ist bisher an vielen Stellen unklar, wie genau die Prozesse miteinander zusammenhängen und sich gegenseitig verstärken (Steffen et al. 2015, S. 7).

Das Konzept der planetaren Leitplanken ist eines der bekanntesten Konzepte hinsichtlich der Umweltauswirkungen der Menschheit, doch bei weitem nicht das einzige. Auch in anderen Publikationen wird vor irreversiblen Umweltveränderungen gewarnt und diese Warnung in vielen Fällen auch an die Politik herangetragen. Besonders prominent geschieht dies in den regelmäßigen Berichten des Intergovernmental Panel on Climate Change (IPCC, dt. Weltklimarat), von denen bereits 1992 der erste erschien (IPCC 1992) oder in den Veröffentlichungen des Intergovernmental Science-Policy Platform on Biodiversity and Ecosystem Services (IPBES, dt. Weltbiodiversitätsrat), beispielsweise 2019 mit einer Auswertung zahlreicher Studien zum Artensterben (IPBES 2019).

Diese und andere Berichte treffen die klare Aussage, dass Veränderungen notwendig sind, um die Ressourcennutzung, den Schadstoffausstoß und Landnutzungen zu verändern. In diesem Zusammenhang kam auch das Ziel nachhaltiger

Entwicklung auf, das die Weltkommission für Umwelt und Entwicklung (WCED, auch Brundtlandkommission) bereits in ihrem Bericht 1987 formulierte. Hier wird nachhaltige Entwicklung definiert als „to ensure that it meets the needs of the present without compromising the ability of future generations to meet their needs" (WCED 1987). Später einigten sich die Mitgliedstaaten der Vereinten Nationen (UN) und ihrer Unterorganisationen in weiteren Abkommen auf das Ziel einer nachhaltigen Entwicklung, so in der Rio-Deklaration (UNCED 1992), der Agenda 21 (UN DSD 1992), dem Paris-Abkommen (UN 2015b) oder in der Agenda 2030 (UN 2015a).

Neben diesen internationalen Prozessen wird das Thema Nachhaltigkeit auch auf nationaler und lokaler Ebene adressiert. Hintergrund dessen ist unter anderem, dass in Städten Umweltfolgen schnell sichtbar werden, aber auch, dass mittlerweile mehr als die Hälfte der Menschheit in Städten wohnt. Dadurch entsteht ein großer Teil des Ressourcenverbrauchs in Städten und eine Entwicklung hin zu nachhaltigem urbanen Leben erscheint wichtiger denn je (UN-Habitat 2016; WBGU 2016).

Grundlage der Idee nachhaltiger Entwicklung als wirtschaftliche Entwicklung mit geringerem Umweltverbrauch ist es, dass durch eine Entkopplung bei gleichbleibender Wirtschaftsaktivität durch den Einsatz effizienterer Technologien weniger Ressourcen verbraucht werden (Rees 1995; Robinson und Tinker 1998). Doch in der Praxis zeigt sich, dass sogenannte Rebound-Effekte dafür sorgen, dass bei gesteigerter Ressourceneffizienz nicht die theoretisch errechnete Einsparung erreicht wird, sondern durch Konsumverschiebung und -steigerung der Verbrauch insgesamt direkt oder indirekt die Einsparungen verringert oder diese gar ausbleiben (Sorell 2009). Deshalb argumentieren Kritiker der klassischen Argumentation nachhaltiger Entwicklung, dass zusätzlich auch eine Entkopplung der Lebensqualität von der Wirtschaftsaktivität gelingen muss (u. a. Raskin et al. 2002; Robinson und Tinker 1998; Schneidewind 2018, S. 65). Diese *absolute Entkopplung*, also eine wirkliche Verringerung des Ressourcenverbrauchs bei gleichbleibender oder erhöhter Lebensqualität, wurde jedoch bisher kaum oder gar nicht erreicht (Jackson 2009, S. 67–73; Wegner 2013, S. 9 f.). Jackson (2009, S. 118) argumentiert,

„There is still no consistent vision of an economy founded on continual consumption growth that delivers absolute decoupling. And the systemic drivers of growth push us relentlessly towards ever more unsustainable resource throughput".

Damit zusammenhängend wird schon seit langer Zeit Kritik daran geäußert, dass oftmals davon ausgegangen wird, nachhaltige Entwicklung solle stets mit

Wirtschaftswachstum einhergehen (u. a. Robinson und Tinker 1998, S. 21). Dies bedeutet, dass Effizienzsteigerungen alleine nicht helfen, sondern dass auch Veränderungen in Politik und Konsummustern, in Lebensstilen und Werten notwendig sind (BUND und Misereor 1997, S. 101–113; Robinson und Tinker 1998, S. 33–35; Wegner 2013, S. 9 f.). Hieran schließen auch die Argumente derjenigen an, die mit verschiedenen Konzepten wie Postwachstum oder Suffizienz das ständige Wirtschaftswachstum hinterfragen und alternative Wege aufzeigen (u. a. Jackson 2009; I. Seidl und Zahrnt 2013).

Bereits in den 1970er Jahren argumentierte der Club of Rome (Meadows et al. 1972), dass dauerhaftes Wachstum in einer begrenzten Welt nicht möglich sei und andere Indikatoren für Lebensqualität notwendig seien. Vor diesem Hintergrund argumentieren viele der Befürworter*innen erweiterter Wohlstandsmodelle. Sie argumentieren, dass, solange Wohlstand nur an materiellen Faktoren und damit vor allem Konsum gemessen wird, absolute Entkopplung kaum möglich ist. Ein erweitertes Wohlstandsverständnis dagegen würde eine hohe Lebensqualität aller Bevölkerungsgruppen unabhängig von einem erhöhten Ressourcenverbrauch ermöglichen (u. a. Zahrnt und Schneidewind 2015, S. 73). Notwendig sei, so Zahrnt und Schneidewind (2015, S. 73), eine Suffizienzpolitik, die auf neuen Wohlstandsmaßen basiert, welche auch immaterielle Aspekte abbilden können. Eine Veränderung der vorherrschenden Paradigmen, insbesondere des Wachstumsparadigmas, ist also als große aber notwendige Aufgabe zu sehen (Göpel 2016, S. 3; Sievers-Glotzbach und Tschersich 2019, S. 6 f.).

Daher beschäftigen sich zahlreiche Wissenschaftler*innen, Politiker*innen und andere Akteur*innen mit der Suche nach diesem neuen „Kompass" und damit nach einer geeigneten Definition und zugehörigen Indikatoren für Lebensqualität. Sie äußern Kritik am Bruttoinlandsprodukt (BIP) als viel verwendetem Indikator für eben diese Lebensqualität und schließen sich damit einer schon seit den 1960er Jahren laufenden Diskussion an (Delhey 2013, S. 147 f.; Stiglitz et al. 2009).

Ein grundsätzlicher Kritikpunkt am BIP ist, dass es nur Dinge und Prozesse mit monetärem Wert beinhaltet. Verschiedenste Aspekte des guten Lebens liegen allerdings außerhalb der Märkte, sind nicht monetär messbar und fließen daher nicht in das BIP ein, haben aber dennoch einen Einfluss auf die Wirtschaft und Gesellschaft – wie Haushaltsarbeit und Pflege. Außerdem gibt es negative Kosten, die, wenn sie monetär messbar sind, positiv in das BIP eingerechnet werden, auch wenn sie einen negativen Effekt auf die Lebensqualität haben, wie Krankheits- oder Umweltkosten (BUND und Misereor 1997, S. 96 f.; Jackson 2009, S. 125).

Insbesondere seit den 1970er Jahren wurden zahlreiche Umwelt- und Ressourcenindikatoren entwickelt. Später wurden immer häufiger Indikatoren für

Nachhaltigkeit sowie für Lebensqualität entwickelt und in verschiedenen Politikbereichen eingeführt (Lehtonen 2015, S. 77). Einige werden unter dem Begriff Nachhaltigkeitsindikatoren gefasst (u. a. IAEG-SDG 2016; Landesregierung Nordrhein-Westfalen 2016; Science for Environment Policy und UWE 2018; Statistisches Bundesamt 2016), andere als Wohlstandsindikatoren bezeichnet (u. a. Canadian Index of Wellbeing 2016; OECD 2011). Sie wurden sowohl für die Ebene von Staaten als auch für einzelne Regionen und Städte entwickelt[1]. Darüber hinaus werden ähnliche Indikatoren oftmals in Städterankings verwendet, die Städte im Hinblick auf verschiedene Aspekte wie Wirtschaft und Lebensqualität vergleichen (z. B. Städteranking der Wirtschaftswoche: Losse und Fischer 2015; HWWI/Berenberg-Städteranking: Nitt-Drießelmann und Wedemeiner 2015) sowie in Bezug auf Nachhaltigkeitsaspekte (Morgenstadt City Index: von Radecki et al. 2016). Einige Indikatorensets hinterfragen dabei explizit das Wachstumsparadigma, während andere eher als Ergänzung zum BIP entwickelt werden und Wirtschaftswachstum nicht in Frage stellen.

Seit der Rio-Konferenz 1992 wurden mit dem Brundtlandbericht und der Agenda 21 Indikatoren von den meisten Regierungen weltweit als wichtig deklariert, um eine Entwicklung hin zu Nachhaltigkeit zu fördern und zu evaluieren (Rametsteiner et al. 2011, S. 61 f.). Dies zeigt auch die Entwicklung des Better Life Index (BLI) durch die Organisation für Wirtschaftliche Zusammenarbeit und Entwicklung (OECD), die seit 2011 alle zwei Jahre das gute Leben in den OECD-Staaten in elf Dimensionen und mit dazugehörigen Indikatoren abbildet.

Die Einrichtung der Enquete-Kommission des Deutschen Bundestages „Wachstum, Wohlstand, Lebensqualität", die von 2011 bis 2013 Möglichkeiten der Messung von Lebensqualität diskutierte (Deutscher Bundestag 2013) sowie der 2016 erschienene Bericht der Bundesregierung „Gut Leben in Deutschland" (Presse- und Informationsamt der Bundesregierung 2016) zeigen, dass auch in Deutschland in vielen Bereichen der Politik weiterhin nach ergänzenden oder alternativen Indikatoren gesucht wird, an denen politische Entscheidungen ausgerichtet und Entwicklungen gemessen werden können. So kam die Enquete-Kommission zu der gemeinsamen Aussage, dass das BIP kein geeigneter Indikator ist, um Entwicklungen und Wohlstandsniveau zu messen (Deutscher Bundestag 2013, S. 23).

Diese Prozesse in und außerhalb Deutschlands lassen darauf schließen, dass die BIP-Kritik beziehungsweise die Forderung nach einer Erweiterung dieses

---

[1] Für einen Vergleich der Indikatorensysteme siehe u. a. OECD (2013, 2014, 2015), Schepelmann et al. (2010), Widuto (2016), EC und Statistical Office of the European Communities (2005), Science for Environment Policy und UWE (2018).

Indikators in Politik und Wissenschaft vermehrt an Bedeutung gewonnen hat (Hayden und Wilson 2017, S. 170). Laut einer Studie von Hayden und Wilson (2017, S. 181) liegt ein möglicher Grund dafür, dass alternative Indikatoren sich bisher schwer etablieren ließen und eine längerfristige Nutzung dieser Indikatoren bisher nicht gelungen ist, in der schwierigen Kommunikation der Konzepte „Glück", „Wohlstand" und „Wohlbefinden", da diese Themen in Gesellschaft und Politik oft nicht ernst genommen würde.

Vor diesem Hintergrund wurde in den vergangenen Jahren die Forderung nach einer Transformation in Richtung Nachhaltigkeit lauter (u. a. IPCC 2012; WBGU 2011). Um das Leben der Menschen innerhalb planetarer Leitplanken langfristig zu ermöglichen, ist ein grundlegender Wandel notwendig, der über kleine Veränderungen wie Effizienzsteigerungen oder Anpassungen innerhalb bestehender Institutionen und Systeme hinausgeht. Dieser Wandel beinhaltet eine Veränderung in Wirtschaft, Politik und Gesellschaft (Kemp und van Lente 2013, S. 116; Loorbach 2017, S. 193; WBGU 2011). Der WBGU (2011, S. 1 f.) verwendet für diesen Prozess den Begriff *„Große Transformation"* und bezieht sich dabei auf Polanyi (1944), der mit der „Great Transformation" den Umbruch zur industrialisierten Wirtschaft und Gesellschaft bezeichnete. Im Kontext der Nachhaltigkeitswissenschaft meint „Große Transformation" folglich eine grundlegende Umgestaltung der Gesellschaft hin zu einer umweltverträglichen, nachhaltigen Lebensweise. So wird eine Transformation oder Transition als „far-reaching change" (Brand 2016, S. 24) beziehungsweise als „broad social, ecological and economic changes" (Martens und Rotmans 2005, S. 1136) bezeichnet. Dabei handelt es sich um Veränderungen der bestehenden Wirtschafts-, Politik- und Gesellschaftssysteme und nicht lediglich einzelner Bereiche (Martens und Rotmans 2005, S. 1136; WBGU 2011, S. 89 f.).

Im Gegensatz zu einigen anderen Transformationen hat die Nachhaltigkeitstransformation ein definiertes Ziel – Veränderungen hin zu einer nachhaltigen Gesellschaft (Geels 2011, S. 25; Nevens et al. 2013, S. 112). Diese Zielvision ist laut WBGU (2011, S. 91) eine wichtige Grundlage: „Ohne veränderte Narrative, Leitbilder oder Metaerzählungen, die die Zukunft von Wirtschaft und Gesellschaft neu beschreiben, kann es keine gestaltete Große Transformation geben."

Bei einigen Autor*innen wird der Begriff Transformation von Transition abgegrenzt, wobei ersterer die umfassende bereichsübergreifende Veränderung beschreibt (Kemp und van Lente 2013) während letzterer bereits die Veränderungen von lediglich einzelnen sozialen Bereichen wie Mobilität oder den Energiesektor meint (Frantzeskaki et al. 2012, S. 20; Kemp und van Lente 2013). Bei anderen wiederum wird der Begriff Transformation für Veränderungen einzelner Bereiche und die Einführung neuer Technologien verwendet (u. a. Kemp und van Lente 2013; Nevens et al. 2013). Im folgenden Abschnitt werden einige Forschungsperspektiven sowie die jeweils vorhandenen Transformationsverständnisse vorgestellt.

2.2 Forschungsperspektiven über und für Transformation

2.2.1 Transdisziplinäre Ansätze und Transition-Forschung

Vor dem Hintergrund der genannten globalen Herausforderungen fordern einige Wissenschaftler*innen auch eine Neuorientierung der Forschung. Gibbons et al. (1994) und Nowotny et al. (2001) sehen in einer immer komplexer werdenden Welt, in der Wissenschaft nicht mehr in einem unabhängigem Feld agiert und Wissensproduktion in immer mehr Bereichen der Gesellschaft stattfindet, die Notwendigkeit einer neuen Form von Wissenschaft. Das Ziel dieser sogenannten *Modus-2-Wissenschaft* ist es, sozial robustes Wissen zu schaffen, was unter anderem durch die Einbettung in den Kontext, in dem das Wissen erzeugt wird, und die Einbeziehung von Wissen aus der sozialen Praxis erreicht werden kann. Damit grenzt sie sich von der klassischen Modus-1-Wissenschaft ab. Eine Modus-2-Universität wäre dann daraus schlussfolgernd

„[…] more of a synergistic institution – in a double sense. First, it may be necessary to delineate, and so demarcate, its activities according to anachronistic divisions between research and teaching, scientific and social roles. […] Second, and much more difficult, the universities will have to acquiesce in a process of de-institutionalization, because in a Mode-2 society the boundaries 'inside' and 'outside' make no better sense than those between research and teaching." (Nowotny et al. 2001, S. 91)

Eine Forschungsperspektive, die sich der Mode-2-Wissenschaft zuordnen lässt, ist die transdisziplinäre Forschung. Diese setzt auf die Wissensintegration zwischen Wissenschaftler*innen und Praxisakteur*innen mit dem Ziel, Lösungen für realweltliche Probleme zu entwickeln (Scholz 2017; R. Seidl et al. 2013). Wissenschaft wird dabei als öffentliches Gut angesehen, das der Gesellschaft nützlich sein sollte: Um diesem Anspruch gerecht zu werden, entwickeln Wissenschaftler*innen unterschiedlicher Disziplinen gemeinsam mit Stakeholdern Forschungsfragen und produzieren einerseits neue Erkenntnisse für die Forschung und andererseits praktische Lösungsstrategien für die Praxis (Scholz 2017, S. 7).

Eine andere Forschungsperspektive, die als Reaktion auf die sozialökologischen Herausforderungen entstand, ist die Transition-Forschung. Von zahlreichen Autor*innen dieser Forschungsperspektive wird betont, dass es sich bei der notwendigen Transformation – oftmals als Transition bezeichnet – um einen Prozess handelt, der eine lange Zeit, womöglich mehrere Generationen, in Anspruch nehme (Frantzeskaki et al. 2012, S. 20; Geels 2011, S. 24; Kemp und van Lente 2013, S. 116; Loorbach et al. 2017, S. 600). Andere Autor*innen (u. a. Park et al. 2012) verstehen den eigentlichen Umbruch als kurzen, weniger als zehn Jahre andauernden Prozess, der zwischen langen Phasen der Stabilität stattfindet. Auch sei der Transformationsprozess nicht überall gleich, Dauer, Art und Stärke könnten variieren (Martens und Rotmans 2005, S. 1136).

Hier zeigen sich unterschiedliche Perspektiven aus dem Bereich der Transition-Forschung. Erstere beschreibt Transition oder Transformation als fundamentalen, systemübergreifenden Wandel (u. a. Kemp und van Lente 2013; Loorbach und Lijnis Huffenreuter 2013), andere als graduelle Veränderung einzelner Bereiche (u. a. Nevens et al. 2013). Einige beschreiben beide Arten von Veränderung und nutzen dafür die beiden Begriffe Transformation und Transition als unterschiedliche Prozesse (u. a. Frantzeskaki et al. 2012; Kemp und van Lente 2013).

Zahlreiche Autor*innen der Transition-Forschung (u. a. Binz et al. 2017; Fuenfschilling und Truffer 2014; Loorbach 2017; Späth und Ornetzeder 2017; Späth und Rohracher 2010) beziehen sich auf den Ansatz der Multi-Level-Perspektive (MLP) von Geels (2002, 2011). Die MLP erklärt Transformationen in einem Zusammenspiel aus Nischeninnovationen, den vorherrschenden Regimen – wie beispielsweise politischen Institutionen und Märkten – sowie externen Entwicklungen und Veränderungen auf der Ebene der Landscape. Die drei Ebenen sind durch unterschiedliche Grade der Strukturierung und der Beständigkeit gekennzeichnet, wobei sich auf Giddens (1984) Theorie der Strukturierung bezogen wird (Augenstein und Palzkill 2015, S. 5). Mit Regimen werden institutionalisierte Praktiken, Routinen sowie geteilte Werte bezeichnet (Fuenfschilling und Truffer 2014, S. 773; Geels 2011, S. 27), in denen Pfadabhängigkeiten Veränderungen erschweren (Kemp und van Lente 2013, S. 135; Loorbach et al. 2017, S. 605). Nischen sind geschützte Netzwerke von Akteur*innen, in denen Ideen und Innovationen entstehen können. Dazu zählen beispielsweise geförderte Pilotprojekte, Start-ups oder Entwicklungsabteilungen von Unternehmen (Geels 2011) oder auch Graswurzelbewegungen, die alternative Lebensstile und Konsummuster erproben (Seyfang und Smith 2007). Im Sinne von Experimenten werden diese Innovationen entwickelt, vorangebracht und verbreitet. Von Wirth et al. (2019) unterscheiden dabei drei idealtypische Formen der Diffusion: dem Einbetten der Experimente in bestehende Strukturen, der Übersetzung und Replizierung in anderen Kontexte und der Skalierung als Vergrößerung der geografischen und thematischen Verbreitung, der involvierten Akteur*innen und vorhandenen Ressourcen. Unklar bleibt bisher jedoch weitestgehend, wie die Formen der Diffusion zusammenhängen, ob sie alle für eine Transformation notwendig sind und unter welchen Rahmenbedingungen sie erfolgreich sind.

In den meisten Studien werden zivilgesellschaftliche Gruppen oder einzelne Unternehmen betrachtet, aber Nischenakteur*innen können auch aus anderen Bereichen, wie Politik oder Verwaltung kommen (Avelino und Wittmayer 2016, S. 638 f.). Die Stärke der Nischen wird darin gesehen, dass es dort Raum für Experimente und neue Praktiken gibt (u. a. Loorbach 2017, S. 195 f.; Seyfang und Smith 2007, S. 588).

Bei einigen dieser Innovationen gelingt es, ein Gelegenheitsfenster zu nutzen und aus der Nische heraus in die Regime zu diffundieren und diese zu verändern. Diese Gelegenheitsfenster können sich auftun, wenn durch äußere Entwicklungen in der Landscape Druck auf die bestehenden Regime ausgeübt wird (Geels 2011, S. 27 f.; Seyfang und Smith 2007, S. 589). Die entscheidende Rolle von Nischen wird also insbesondere in der Zeit des Umbruchs gesehen, wenn Regime bereits durch äußere Ereignisse und Entwicklungen destabilisiert sind (Loorbach 2017, S. 193–195). Dabei ist die Chance einer Nischeninnovation auf erfolgreiche Diffusion insbesondere dann hoch, wenn sie ein Problem anspricht, das zu der Zeit von vielen wahrgenommen wird (Seyfang und Smith 2007, S. 589). So spielt auch die öffentliche Diskussion eine Rolle dafür, in welche Richtung sich ein Regime verändert (Loorbach et al. 2017, S. 614).

Um Innovationen erfolgreich von der Nische in das Regime zu überführen und Gelegenheitsfenster nutzen zu können, müssen die Nischenakteur*innen laut Kemp und van Lente (2013, S. 135) über intensive und breite Netzwerke verfügen, die mit Ressourcen ausgestattet sind, dieselben Erwartungen in Bezug auf die Innovationen teilen und einen Prozess gemeinsamen Lernens erfahren. Brown et al. (2013, S. 703) argumentieren außerdem, dass für eine erfolgreiche Transformation sowohl formelle als auch informelle Netzwerke hilfreich sind, da beide unterschiedliche Funktionen erfüllen, die Nischeninnovationen voranzubringen. Daneben ist ein gewisser Abstand zu den Regimen und Freiraum zum Experimentieren förderlich (Fuenfschilling und Truffer 2014, S. 773). Einige Autor*innen beschäftigen sich auch mit Prozessen der Vereinnahmung der Nischeninnovationen durch die Regime. Hierbei nutzen die Regime ausgewählte Innovationen zum Selbsterhalt und um größere Veränderungen zu verhindern. Während einige Autor*innen in der Vereinnahmung vor allem Nachteile für die Nischeninnovationen sehen (u. a. Sievers-Glotzbach und Tschersich 2019, S. 7–9), betonen andere auch Vorteile für die Nischen und beobachten sich abwechselnde Prozesse der Vereinnahmung und Distanzierung (u. a. Bauler et al. 2017, S. 91; Pel 2016).

Auch wenn die MLP den Ursprung und wichtigsten Faktor einer Transformation nicht allein bei den Nischen sieht und es nicht nur um technologische

Innovationen geht, so lag der Fokus vieler Studien aus dem Bereich der Transition-Forschung bisher trotzdem hauptsächlich auf Nischen und dort verorteten Akteur*innen mit innovativen Ideen oder Technologien (Loorbach et al. 2017, S. 605, siehe u. a. in Loorbach 2017; Nevens et al. 2013; Seyfang und Smith 2007). Die Entwicklung und Diffusion neuer Paradigmen und grundlegender Strukturen spielte in den Studien bisher eine geringere Rolle als das konkrete Erproben neuer Ideen und Technologien. In diesem Zusammenhang wurden Ansätze entwickelt, wie Transformationsprozesse aus den Nischen heraus von der Praxis gestaltet und teilweise auch von der Wissenschaft mitbegleitet werden können, so unter anderem die Urban Transition Labs (Nevens et al. 2013) oder das Transition-Management (Rotmans et al. 2001). Mittlerweile wendet sich jedoch auch die Transition-Forschung vermehrt der Ebene der Regime und Veränderungen von Institutionen zu (Loorbach et al. 2017, S. 605–609). Was in der Transition-Forschung bislang jedoch unklar bleibt, ist, wodurch Innovationen gekennzeichnet sind, die Transformationspotenzial haben und wie weit diese diffundieren müssen, bis sie als mögliche Alternativen zu Regimen gelten können. Auch der Rolle der proaktiven Unterstützung durch Politik wird sich bislang kaum gewidmet.

2.2.2 Transformative Forschung

Etwas neuer ist der Ansatz der *transformativen Forschung*, der insbesondere vom WBGU (2011, S. 23) in dem Gutachten „Welt im Wandel. Gesellschaftsvertrag für eine Große Transformation" sowie von Schneidewind und Singer-Brodowski (2013) geprägt wurde und sich in das größere Feld der eben beschriebenen Forschungsansätze einfügt[2]. Zusammen mit der transformativen Bildung stellt die transformative Forschung eine Weiterentwicklung des Wissenschaftssystems zur transformativen Wissenschaft dar. Diese soll es ermöglichen, die Gesellschaft hin zu einer Transformation zu unterstützen.

Bei ihrer Beschreibung der transformativen Wissenschaft knüpfen Schneidewind und Singer-Brodowski (2013, S. 78–81) an Gibbons et al. (1994) und Nowotny et al. (2001) an und setzen auf deren Konzept einer Modus-2-Wissenschaft (siehe Abschn. 2.2.1) eine *Modus-3-Wissenschaft* auf, zu der sie die

---

[2]Die Debatte über transformative Forschung spielt sich bisher hauptsächlich im deutschsprachigen Wissenschaftsdiskurs ab. In anderen nationalen Forschungskontexten gibt es zwar ähnliche Debatten, die aber größtenteils unabhängig davon ablaufen und teilweise andere Definitionen von transformativer Forschung beinhalten (u. a. Anderson und McLachlan 2016; National Science Foundation 2007; Sen 2014; Trevors et al. 2012).

transformative Forschung zählen und den Fokus der Transformationsforschung so um eine zusätzliche Perspektive erweitern. In der Modus-3-Wissenschaft wird „[d]as Wissenschaftssystem [...] damit zum zentralen Ort reflexiver Veränderungsfähigkeit und zu einem Katalysator für gesellschaftliche Transformationsprozesse in anderen Bereichen" (Schneidewind und Singer-Brodowski 2013, S. 80). Ihrer Einschätzung nach verharrt das Wissenschaftssystem bislang größtenteils im Modus-1; Modus-2-Wissenschaft ist in Ansätzen vorhanden, während Modus-3-Wissenschaft bisher kaum existiert.

Um die Ziele einer Modus-3-Wissenschaft zu erläutern, beziehen sich Schneidewind und Singer-Brodowski außerdem auf Konzepte verschiedener Grade von Lernprozessen von Argyris und Schön (1978) und Sterling (2010). Während Lernen ersten Grades lediglich das Optimieren von Aktivitäten und Beheben von Fehlern ohne ein Hinterfragen der dahinterstehenden Werte ist, so werden beim Lernen zweiten Grades die Handlungen und dahinterstehenden Werte reflektiert und neue Strategien angewendet. Bei dem Lernen dritten Grades, dem transformativen Lernen, werden das Handeln selbst und die dahinterstehenden Strukturen hinterfragt:

> „The case for transformative learning is that learning within paradigm does not change the paradigm, whereas learning that facilitates a fundamental recognition of paradigm and enables paradigmatic reconstruction is by definition transformative" (Sterling 2010, S. 23).

In der Modus-1-Wissenschaft findet lediglich Lernen ersten Grades, also eine Optimierung von Handlungen statt. In der Modus-2-Wissenschaft werden dagegen die Ziele und Werte von Forschung und Lehre hinterfragt. In der Modus-3-Wissenschaft würden darüber hinaus auch die Wissenschaftsinstitutionen selbst reflektiert und an neue Herausforderungen angepasst (Schneidewind, Singer-Brodowski, und Augenstein 2016, S. 130; Schneidewind und Singer-Brodowski 2013, S. 80, 121 f.). Die transformative Wissenschaft soll also als Modus-3-Wissenschaft bewusst Transformationsprozesse hin zur Nachhaltigkeit unterstützten und initiieren, wozu teilweise neue wissenschaftliche Institutionen sowie eine Reflexion und Veränderung der bisherigen Ziele und Aktivitäten von Forschung notwendig sind, Wissenschaft sich also selbst in einen Prozess transformativen Lernens begibt.

Transformative Forschung ist eng mit der im vorangegangenen Abschnitt beschriebenen Transition-Forschung verbunden, baut dabei größtenteils auf den in diesem Kontext entwickelten Konzepten, wie der MLP (Geels 2002, 2011) auf und stützt sich zu einem großen Teil auf dasselbe Verständnis von Transformationsprozessen. So bezieht sich der WBGU (2011), der die transformative Forschung als Konzept vorstellt, auf die MLP und schreibt, dass „Pioniere des Wandels" in Nischen experimentieren und Innovationen vorantreiben (WBGU 2011, S. 100). Dies können kleine zivilgesellschaftliche Gruppen sein, aber auch einzelne Personen aus Ministerien, internationalen Organisationen oder Unternehmen (WBGU 2011, S. 100). Ebenfalls bezieht sich der WBGU (2011, S. 220) auf die einschränkenden Regime und hebt hervor, diese müssten so gestaltet werden, dass sie Raum für Experimente eröffnen und vielversprechende Innovationen fördern.

In Bezug auf Gelegenheitsfenster und Druck der Landscape weisen sie jedoch darauf hin, dass äußere Ereignisse zwar die Veränderungsbereitschaft in den Regimen erhöhen können, aber auch das Gegenteil bewirken und Wandel weiter erschwert werden kann (WBGU 2011, S. 101). Als förderlich für eine erfolgreiche Transformation werden das Vorhandensein von geeigneten neuen Technologien, der nötigen Finanzierung sowie eines Begleitnutzens der Neuerungen gesehen. Globale Netzwerke zum Wissensaustausch können ebenfalls hilfreich sein (WBGU 2011, S. 6). Die Verbreitung der entsprechenden Werthaltungen gegenüber der Veränderung und die Einbeziehung der Bevölkerung wird außerdem vorausgesetzt (WBGU 2011, S. 8). Daher sieht der WBGU (2011, S. 257–278) die Rolle von Nischen darin, Ideen zu entwickeln, Alternativen aufzuzeigen und einen Wertewandel zu ermöglichen, was insbesondere zu Beginn einer Transformation von großer Bedeutung ist. Um Veränderungen zu ermöglichen, müssen zur Unterstützung der Innovationen die politischen Rahmenbedingungen entsprechend angepasst und die Neuerungen institutionell verankert werden (WBGU 2011, S. 269). Hinderlich sind ökonomische, politische und institutionelle Pfadabhängigkeiten, das Fehlen von Vorbildern – beispielsweise CO_2-neutraler Städte – das Vorhandensein weiterer fossiler Ressourcen sowie das enge Zeitfenster, das noch zur Verhinderung irreversibler Umweltveränderungen bleibt (WBGU 2011, S. 6). Laut WBGU hat die „Große Transformation" bereits in den 1970er Jahren begonnen. Die zentralen Richtungsentscheidungen wurden im Gutachten des WBGU von 2011 für in den zehn folgenden Jahren notwendig und möglich beschrieben, gefolgt von einer Phase der Umsetzung der Entscheidungen und einer Stabilisierung. Insgesamt erstreckt sich die Transformation laut WBGU (2011, S. 1, 7) folglich über mehrere Generationen, wobei die eigentliche Phase des Umbruchs mit zehn Jahren relativ kurz andauert. Da es sich bei der „Großen Transformation" um einen weltweiten Prozess handelt, finden parallel an verschiedenen Orten Transformationsprozesse in unterschiedlicher Form und Geschwindigkeit statt (WBGU 2011, S. 89 f.).

Wie genau Transformationsblockaden überwunden werden können, ist laut WBGU (2011, S. 346) noch nicht genügend erforscht. Unklar bleibt aus den Ausführungen des WBGU außerdem, ob die kleinen Maßnahmen und Experimente als wichtige kleine Schritte der Transformation zu sehen sind oder ob sie vor allem den Wertewandel voranbringen, welcher notwendige Voraussetzungen für diese darstellt. Bei der Forderung des WBGU (2011, S. 220 f.) nach Unterstützung von Innovationen und alternativen Ideen durch die Politik, stellt sich die Frage, ob es realistisch ist, dass Entscheidungsträger*innen auch grundsätzliche Alternativen zum Status-quo des aktuellen Wirtschafts- und Gesellschaftssystems unterstützen.

Als Katalysatoren dieses eben beschriebenen gesellschaftlichen Wandels machen die transformativen Wissenschaftler*innen ihre Werturteile und Normen explizit (Schneidewind 2018, S. 432; Schneidewind, Singer-Brodowski, und Augenstein 2016, S. 124–129; Schneidewind und Singer-Brodowski 2013, S. 72 f.) und gehen über ihre neutrale Rolle als beobachtende Instanz hinaus, indem sie selbst als Pionier*innen des Wandels agieren (Rose et al. 2017). Dies resultiert neben der klassischen Forschung auch in zusätzlichen Tätigkeiten, so beispielsweise der Begleitung von Prozessen, der Vernetzung von Akteur*innen oder dem Initiieren von Interventionen in Reallaboren (Hilger et al. 2018). Die Forschenden entwickeln selbst oder gemeinsam mit anderen Akteur*innen innovative Lösungen und bringen diese voran (Schneidewind, Singer-Brodowski, und Augenstein 2016, S. 127–171). So schreiben Augenstein et al. (2016, S. 171) über die Rolle von Wissenschaft in diesen Prozessen:

„In urbanen Transformationssituationen können wissenschaftliche Narrative auf unterschiedlichen Ebenen Wirkungen entfalten – insbesondere, wenn sie in enger Kooperation mit den konkret in der Stadt handelnden AkteurInnen entstehen. Aus diesem Grund ist die partizipative Form von Wissenschaft ein konstituierendes Merkmal transformativer Wissenschaft."

Transformative Forschung arbeitet also oft gemeinsam mit Nischenakteur*innen, die bereits versuchen, gesellschaftliche Veränderungen voranzubringen und so von der Wissenschaft unterstützt werden. Um diese intendierte Wirkung zu erreichen und herauszufinden, wie Transformation aktiv unterstützt werden kann, wird bei transformativer Forschung Wissen verschiedener Arten geschaffen: Systemwissen, Zielwissen und Transformationswissen (Schneidewind 2018, S. 431–433; Schneidewind und Singer-Brodowski 2013, S. 69–72; siehe auch Pohl und Hirsch Hadorn 2008). Erste Projekte, die sich im Sinne der transformativen Forschung verstehen, agieren vor allem auf kleinräumiger Ebene von Städten oder gar Quartieren (Schneidewind et al. 2018) und erscheinen weniger bewusst gestaltet als im Gutachten des WBGU beschrieben. Um sich mit geeigneten Nischenakteur*innen zu vernetzen, müssen sie gewissermaßen ad hoc auf Prozesse reagieren. Wie dies in den beiden hier untersuchten Fallbeispielen gelang, wird im Analyseteil des Buches (siehe Kap. 5) genauer betrachtet.

Im deutschsprachigen Wissenschaftsdiskurs hat sich im Zusammenhang mit dem Forschungsansatz der transformativen Forschung eine Debatte darüber entzündet, ob Wissenschaft sich in diese Richtung entwickeln und aktiv Transformation mitgestalten sollte. Diese Diskussion wurde vor allem in der Zeitschrift „GAIA – Ökologische Perspektiven für Wissenschaft und Gesellschaft" ausgetragen (u. a. Böschen 2014; Grunwald 2015; Kläy und Schneider 2015; Krainer und Winiwarter 2016; Lucas et al. 2013; Rohe 2015; Schneidewind 2013, 2015; von Wissel 2015) sowie vom damaligen Präsidenten der Deutschen Forschungsgemeinschaft Strohschneider (2014) in seinem Artikel „Zur Politik der Transformativen Wissenschaft" aufgegriffen.

Strohschneider (2014, S. 180) kritisiert die transformative Forschung dafür, dass sie auf Problemlösung ausgerichtet sei und in erster Linie zur Lösung realweltlicher Probleme beitragen will. Ihm zufolge sollte Forschung aber zu allererst wissenschaftliche Fragestellungen analysieren und verstehen. Auch wenn in einigen Bereichen der Wissenschaft viel angewandte Forschung betrieben wird, sollte diese die Grundlagenforschung nicht ersetzen. So argumentiert er, „[…] dass, um es so zu sagen, Epistemologie wissenschaftlich generell durch Praxeologie substituierbar sei, dies muss bezweifelt werden" (Strohschneider 2014, S. 180). Die Fürsprecher*innen dieses transformativen Ansatzes fordern jedoch auch nicht ein Ersetzen von Grundlagenforschung durch die anwendungsorientierte transformative Forschung, sondern sehen dies als notwendige Ergänzung (Grunwald 2015, S. 19 f.). Daneben schafft die transdisziplinäre Forschung, die Strohschneider (2014) hier ebenfalls kritisiert, stets auch Erkenntnisgewinne für die Wissenschaft und nicht lediglich Lösungsansätze für die Praxis (Scholz 2017, S. 7). Auch wenn bei transformativer Forschung der Fokus auf praktischen Lösungsansätzen liegt, wird auch eine Relevanz der Ergebnisse für die Wissenschaft erwartet, so beispielsweise bei Reallaboren (Wanner et al. 2018) und sowohl Ziel- und Transformations- als auch Systemwissen produziert (Schneidewind 2018, S. 430 f.; Schneidewind und Singer-Brodowski 2013, S. 123). Trotzdem ist dieses stark kontextualisierte Wissen oftmals kaum generalisierbar (Schneidewind und Singer-Brodowski 2013, S. 123).

An dem transdisziplinären Ansatz transformativer Forschung kritisiert Strohschneider (2014, S. 180 f.) außerdem, dass außerhalb der Wissenschaft darüber entschieden werde, was als wissenschaftliche Fragestellung verstanden und was wissenschaftlich bearbeitet werden soll. Auch die Kategorisierung von Ziel-, System- und Transformationswissen sieht er kritisch. Dadurch würde die Grenze zwischen Gesellschaft und Wissenschaft verschwimmen. Der ohnehin stattfindenden „Verwissenschaftlichung moderner Gesellschaften" würde die transformative Wissenschaft die „Vergesellschaftung von Wissenschaft" entgegensetzen, wobei er beide Entwicklungen kritisch sieht (Strohschneider 2014, S. 182). Scholz (2017, S. 12) entgegnet diesen Ausführungen, dass sowohl transdisziplinäre als auch transformative Forschung die Qualitätskriterien der Wissenschaft, die Eigenständigkeit von Forschung und die Unterscheidbarkeit von Gesellschaft und Wissenschaft nicht in Frage stellen. Außerdem werden Forschungsfragen nicht lediglich von der Praxis diktiert, sondern gemeinsam zwischen Wissenschaft und Praxis erarbeitet (Asayama et al. 2019; Mauser et al. 2013).

Auch wirft Strohschneider (2014, S. 181) der transformativen Forschung vor, die klassischerweise in der Wissenschaft geltende Dichotomie zwischen wahr und unwahr durch nützlich und nicht nützlich für Nachhaltigkeit ersetzen zu wollen. Nachhaltigkeit würde durch die transformative Wissenschaft als letztendliches normatives Ziel andere Ziele ausblenden. Dagegen läge es nicht in der Kompetenz der Wissenschaft, Entscheidungen über eine Transformation zu treffen, da dies politische Entscheidungen seien, die die Bevölkerung betreffen. Scholz (2017, S. 12) argumentiert jedoch, dass die Transformation hin zu einer ressourcenschonenden Gesellschaft schon als demokratisch legitimiert angesehen werden kann, da sie in mehreren internationalen Verträgen formuliert wurde. Bei der grundsätzlichen Zielrichtung handelt es sich also nicht um eine ausschließlich von den Forschenden gesetzte subjektive Einschätzung.

Bei einigen Kritikpunkten Strohschneiders handelt es sich also um Missverständnisse, so bei der Annahme, dass die Modus-3-Wissenschaft die anderen Aspekte von Wissenschaft ersetzen soll. Andere Kritikpunkte deuten auf zwei grundsätzlich unterschiedliche Verständnisse davon hin, inwieweit sich Wissenschaft in gesellschaftliche und politische Prozesse einbringen darf oder gar sollte und wie sehr sie dabei der Objektivität verpflichtet ist. Die Vertreter*innen der transformativen Forschung sehen es gerade als ihre Aufgabe an, ihr Wissen der Gesellschaft zur Verfügung zu stellen und den Weg hin zu einer Nachhaltigkeitstransformation zu unterstützen (Schneidewind 2015, S. 88; Schneidewind und Singer-Brodowski 2013, S. 68; WBGU 2011, S. 342 f.).

Was bei der transformativen Forschung und dem dahinterliegenden Verständnis von Transformationsprozessen jedoch tatsächlich bislang unklar ist, ist wie die kleinteiligen Maßnahmen und Innovationen – ob von Forschenden oder anderen Pionier*innen des Wandels – zusammenspielen und welche Rolle kleinräumige

Prozesse beispielsweise in Städten für die „Große Transformation" spielen. Im folgenden Abschnitt werden zu diesem letztgenannten Punkt wissenschaftliche Erkenntnisse anderer Forschungsgebiete hinzugezogen.

2.3   Städte als Orte der Transformation

Inwieweit in Städten überhaupt eigene Politikentscheidungen getroffen werden und neue Ideen in städtischen Diskursen einen Einfluss auf darüberliegende Prozesse haben können, soll in den nächsten Absätzen mithilfe von Literatur aus den Bereichen Stadtsoziologie, Kommunalpolitik und urbaner Nachhaltigkeitstransformation dargestellt werden. Städte haben in einigen Bereichen einen Handlungsspielraum, in anderen Bereichen setzen sie vor allem die auf höheren Politikebenen gefällten Entscheidungen um.

Städte haben die „Alleinzuständigkeit" bei allen örtlichen Angelegenheiten, die nur durch explizit im Grundgesetz genannte Kompetenzen von Ländern oder dem Bund eingeschränkt werden und haben ein Recht auf Selbstverwaltung. Außerdem müssen sie Bundes- und Landesgesetze umsetzen (Häußermann et al. 2008, S. 331; Wollmann 2008). Die Einschränkungen der Kompetenzen sind aber mittlerweile sehr weitreichend und zusätzlich indirekt durch die finanziellen Abhängigkeiten und Verflechtungen sowie die knappe Haushaltslage vieler Kommunen limitiert (Häußermann et al. 2008, S. 331). Häußermann et al. (2008, S. 331) beschreiben die Situation zwiegespalten:

> „Die Kommunen haben daher eine eigentümliche Stellung im politisch-administrativen System: Sie sind Körperschaften des öffentlichen Rechts, also nicht Teil des Staates, aber sie können auch nicht selbstständig handeln, weil sie einerseits staatliche Aufgaben zu erledigen [haben] und andererseits finanziell davon abhängig sind, welche Einkommensquellen ihnen von Bund und Ländern zugewiesen werden."

Doch auch wenn der Spielraum für Entscheidungen limitiert ist, so werden die Tätigkeiten von Kommunen laut Vetter und Holtkamp (2008, S. 19) von vielen Bürger*innen teilweise als relevanter für sie persönlich wahrgenommen als nationale oder europäische Politik. So ist die lokale Politik näher an ihrer Alltagswelt und kann in Ansätzen kompensieren, dass durch Europäisierung und Globalisierung viele Bürger*innen die Politik insgesamt entfernt von ihrer Lebensrealität wahrnehmen (Vetter und Holtkamp 2008, S. 19). Dadurch können Kommunen durch ihre Nähe zu örtlichen Gegebenheiten teilweise besser, effektiver und effizienter öffentliche Mittel verteilen, da sie wissen, was an welcher Stelle benötigt wird (Vetter und Holtkamp 2008, S. 19). In diesem Zusammenhang hat auch Bürgerbeteiligung in Städten in der Vergangenheit an Bedeutung gewonnen und alle Bundesländer haben Regelungen für Bürgerentscheide oder Bürgerbegehren auf der Ebene von Städten (Häußermann et al. 2008, S. 334).

Die Aufgaben von Kommunen lassen sich in vier Bereiche differenzieren (Häußermann et al. 2008, S. 335): Über die freiwilligen Tätigkeiten – wie kulturelle Aktivitäten, Sport- und Freizeiteinrichtungen und Integrationsleistungen – können die Kommunen selbstständig entscheiden. Bei den Pflichtaufgaben ohne Weisung sind die Aufgaben festgelegt, nicht aber die Details der Umsetzung. Pflichtaufgaben nach Weisung sind dagegen auch bezüglich der Umsetzung genau festgelegt. Daneben gibt es staatliche Auftragsangelegenheiten. Bei einigen Themen können die städtischen Entscheidungsträger*innen also kaum Einfluss nehmen, in anderen Bereichen haben sie jedoch durchaus Handlungsspielraum. So sehen Häußermann et al. (2008, S. 341) den Einfluss von Städten insbesondere in den Bereichen Wohnungsbau, städtische Infrastruktur, insbesondere die Verkehrsinfrastruktur, Kultur und Handel. Je besser die Haushaltslage einer Stadt ist, umso mehr können zusätzlich zu den Pflichtaufgaben noch freiwillige Aufgaben übernommen werden. Bei knapper Finanzlage bleibt hier wenig Handlungsspielraum (Häußermann et al. 2008, S. 335; Kost 2010). So beobachtet auch Kost (2010, S. 234):

> „Für Städte und Gemeinden wird es immer schwieriger, politische Gestaltungsräume zu eröffnen, weil durch die wirtschaftliche Krisensituation die dramatisch zunehmenden finanziellen Belastungen die Kommunen immer stärker auf die Erfüllung ihrer von höherer Ebene zugewiesenen Pflichtaufgaben beschränken und an den Rand ihrer Handlungsfähigkeit führen."

In vielen Bereichen kann lokale Politik dennoch mehr gestalten und nicht nur Gesetze der Landes-, Bundes- und EU-Ebene umsetzen. Insbesondere wird dies daran deutlich, dass ähnliche Probleme in verschiedenen Städten unterschiedlich angegangen werden (Zimmermann 2008, S. 211–213). Dies gilt nicht nur für Kommunen in Deutschland, sondern auch darüber hinaus, was unter anderem auch von Autor*innen der Transition-Forschung betrachtet wird. So zeigt das Beispiel Kopenhagen mit seinen zahlreichen umweltpolitischen Maßnahmen und seinem Ziel der CO_2-Neutralität bis 2025, dass Städte beim Thema Nachhaltigkeitstransformation durchaus eigenständig agieren und unterschiedliche Lösungsansätze entwickeln und umsetzen können (Frantzeskaki et al. 2017, S. 1). Daneben werden viele neue Innovationen in Städten entwickelt und getestet (Frantzeskaki et al. 2017, S. 1 f.; Loorbach und Shiroyama 2016, S. 4). In Städten, so Fuenfschilling und Truffer (2014, S. 773), verschwimmen teilweise die Grenzen zwischen Nischenakteur*innen mit innovativen Ideen auf der einen und den Regimen auf der anderen Seite. Durch räumliche Nähe kommt es insbesondere in Städten zu Netzwerken und personellen Überschneidungen zwischen den beiden Bereichen. Städte werden als einschränkende aber auch förderliche Strukturen für Wandel beschrieben. Auf der einen Seite erschweren stark institutionalisierte Strukturen von Städten und damit zusammenhängende Pfadabhängigkeit Wandel. Auf der anderen Seite können bestimmte Strukturen aber auch förderlich für Wandel sein und Städte als strategische Nischen dienen, in denen Best-Practice-Beispiele entwickelt werden (Fuenfschilling 2017, S. 153). Dies geschieht insbesondere auch im Bereich Klimaschutz, wo Städte in den Fokus rücken, weil nationale Regierungen bisher keine ausreichenden Schritte ergriffen haben (Rohracher und Späth 2017, S. 288). Da in Städten ökologische, sozio-ökonomische sowie politische Krisen jedoch besonders spürbar werden, ist hier in einigen Fällen der Handlungsdruck höher (Loorbach und Shiroyama 2016, S. 4).

Dieser unterschiedliche Umgang von Städten mit Krisen und mit aufkommenden Innovationen kann auf spezifische lokale Gegebenheiten zurückgeführt werden. Löw (2008, S. 77) beschreibt dies als „Eigenlogik", als „die verborgenen Strukturen der Städte als vor Ort eingespielte, zumeist stillschweigend wirksame präreflexive Prozesse der Sinnkonstruktion (Doxa) und ihrer körperlich-kognitiven Einschreibung (Habitus)". Sie und andere Autor*innen weisen damit darauf hin, dass Städte durchaus abgrenzbare Entitäten sind, in denen sich Prozesse unterschiedlich entwickeln und die auf äußere Einflüsse unterschiedlich reagieren (Löw 2008, S. 73–83, 2012; Zimmermann 2008, S. 208). Auch der WBGU (2016, S. 153 f.) beschreibt mit dem Konzept „Eigenart" einen ähnlichen Aspekt. Die Eigenlogik einer Stadt ist unter anderem bestimmt durch die jeweilige historische, kulturelle und ökonomische Prägung:

> „Vielmehr existiert eine routinisierte und habitualisierte Praxis (verstanden als strukturierte und strukturierende Handlungen), die ortsspezifisch im Rückgriff auf historische Ereignisse, materielle Substanz, technologische Produkte, kulturelle Praktiken sowie ökonomische oder politische Figurationen (und deren Zusammenspiel) abläuft." (Löw 2008, S. 77)

Barbehön et al. (2015) und Barbehön und Münch (2017) untersuchen städtische Diskurse und zeigen, dass ähnliche Probleme unterschiedliche Krisendefinitionen hervorrufen, die sie der Eigenlogik der Städte zuschreiben. Diese Analysen von städtischen Krisendefinitionen zeigen, dass in Städten durchaus eigene Diskursarenen existieren, die nicht völlig losgelöst, doch trotzdem unterschiedlich ablaufen. So können sowohl spezifische Krisendefinitionen entstehen als auch unterschiedliche Lösungsansätze formuliert und umgesetzt werden. Zimmermann (2008, S. 214) beschreibt Eigenlogik als kontextspezifisches Politikmuster und meint, die Ausprägung der Eigenlogik hänge

> „[…] entscheidend von den örtlich differierenden Wahrnehmungen und Interpretationen der gegenwärtigen sozialen und ökonomischen Umstrukturierungen, den unterschiedlichen Konflikt- und Konsensbildungsprozessen in den lokalen Akteursnetzwerken sowie von den jeweiligen sozio-kulturellen Kontexten und Milieus ab […]."

Zu bestimmten Themen kann also auch in Städten ein abgrenzbarer Diskurs entstehen, der natürlich von Diskursen und Vorkommnissen von außerhalb der Stadt beeinflusst wird. Dies trifft jedoch auch auf nationale Diskurse zu, die insbesondere in Zeiten fortgeschrittener Globalisierung und Europäisierung ebenfalls nicht komplett losgelöst von Diskursen anderer Länder oder darüber liegender Politikebenen sind (Alasuutari 2015, S. 165; Löw 2008, S. 122–132). Trotz unterschiedlicher Problemwahrnehmungen und Lösungsansätze beobachtet Häußermann (2008, S. 341 f.) bei allen Kommunen, dass „[…] sich eine Stadtverwaltung um wirtschaftliches Wachstum bemühen und damit das langfristige Interesse der Stadt verfolgen muß, darüber gibt es nirgends Kontroversen" und spricht hiermit indirekt das vorherrschende Paradigma von Wirtschaftswachstum an.

Um die vorherrschenden Paradigmen, Krisenwahrnehmungen oder andere Inhalte vorhandener Diskurse aufzudecken, betrachten viele Autor*innen (u. a. Barbehön et al. 2015; Gardner 2017; Romsdahl et al. 2017) in ihren Analysen insbesondere lokale Presseartikel, Protokolle von Ratssitzungen, Webseiten der Städte und Interviews mit Entscheidungsträger*innen und definieren diese Dokumente somit als relevante Teile städtischer Diskurse.

Aus der in den vorangegangenen Absätzen genannten Literatur lässt sich insgesamt schließen, dass politische Entscheidungen zu den gleichen Fragestellungen in verschiedenen Städten durchaus unterschiedlich sein können und von den Rahmenbedingungen in der jeweiligen Stadt abhängig sind. Durch die spezifische Eigenart, die Konstellation der Akteur*innen sowie die vorherrschenden Diskurse können Städte so in der Analyse als abgrenzbare Einheiten betrachtet werden. Es wird davon ausgegangen, dass auf der Ebene einer Stadt lokale

Akteur*innen wie beispielsweise Entscheidungsträger*innen sowie zivilgesellschaftliche Akteur*innen und Wissenschaftler*innen spezifische Diskurse einer
Stadt sowie politische Entscheidungen mitgestalten, indem sie Ideen voranbringen. Dies kann durch Präsenz in lokalen Medien, sozialen Netzwerken oder
Ratssitzungen, Demonstrationen und Bürgerinitiativen geschehen. Durch eine
bestimmte Konstellation von Ideen und Akteur*innen, so wird angenommen, kann
es dabei auch zu Politikveränderungen kommen.

2.4   Institutioneller Kontext in Wuppertal

Da wie eben erwähnt aufgrund der Eigenlogik (Löw 2008, 2012) beziehungsweise
Eigenart (WBGU 2016) von Städten Veränderungen in verschiedenen Städten
unterschiedlich verlaufen und von den örtlichen Begebenheiten und Akteur*innen
abhängen, wird im Folgenden ein Überblick über den Kontext in der Stadt
Wuppertal während des Untersuchungszeitraumes sowie wichtige Entwicklungen davor gegeben. Fokus liegt dabei auf institutionellen Strukturen, aktuellen
Herausforderungen und vorherrschenden Narrativen.

Wuppertal wurde im 18. und 19. Jahrhundert zu einem wichtigen Industrie-
zentrum, insbesondere der Textilproduktion, jedoch auch von Werkzeugen und
anderen Waren. In diesem Kontext entstanden zahlreiche Innovationen und es
entwickelte sich zunehmender Wohlstand unter einem Teil der Bevölkerung. Das
Angebot an Arbeitsplätzen sorgte für einen Zuzug zahlreicher Menschen, so dass
die Bevölkerungszahlen stark wuchsen. Die Orte, die heute Teil der Stadt Wuppertal sind, gehörten am Ende des 19. Jahrhunderts zu den dichtest besiedelten
Regionen in Preußen und größten Stadtregionen Deutschlands (Wittmütz 2013,
S. 37–75).

Gleichzeitig erlebte die Stadt jedoch auch frühe Erfahrungen mit sozialen
Problemen, insbesondere hohe Ungleichheit, Armut durch niedrige Löhne und
schlechte Wohnbedingungen der armen Arbeiterklasse. Die Bevölkerungszahlen
wuchsen schneller als neue Wohnungen gebaut wurden und trotz zahlreicher Ver-
suche konnte dieses Problem lange Zeit nicht endgültig gelöst werden (De Buhr
1984, S. 58–62; Wittmütz 2013, S. 75–100).

Seit Beginn des 19. Jahrhunderts wurden insbesondere von der oberen Mit-
telschicht zahlreiche Bürgervereinigungen gegründet, die gute Kontakte zur
Stadtverwaltung hatten und ihren Einfluss auf lokale Entscheidungen steigern
konnten (Heinrichs 1984, S. 109–112). Einige Zeit später gründeten sich auch
Vereine der Arbeiterklasse, die Entwicklungen zu beeinflussen versuchten sowie
sich insbesondere dem Freizeitsektor widmeten (Heinrichs 1984, S. 116).

Ab den 1970er Jahren sank wie in anderen ehemaligen Industriezentren auch in Wuppertal im Zuge des Strukturwandels die Bevölkerungszahl wegen Abwanderung stark (IT.NRW o. J.) und Wuppertal hat bis heute mit den Folgen der Schließung zahlreicher Fabriken und hoher Arbeitslosigkeitsquote unter den Gebliebenen zu kämpfen. Bis heute ist die hohe Leerstandsquote von Wohnungen im Stadtbild prägend (2013: 6,6 %, was 12.950 Wohnungen entspricht, Stadt Wuppertal 2015, S. 4). Aktuell steigt die Bevölkerungszahl jedoch wieder leicht an, was vor allem auf den Zuzug von Menschen aus dem Ausland zurückzuführen ist (IHK 2015).

Die Arbeitslosigkeitsquote war mit 9,6 % im Jahr 2015 im Vergleich zu anderen deutschen Städten hoch, war jedoch in den vorangegangenen Jahren leicht gesunken (IHK 2015). Die Kommune ist seit Jahren hoch verschuldet. 2015, zu Beginn des Untersuchungszeitraumes, beliefen sich diese Schulden auf 1,9 Milliarden Euro (IT NRW 2016) – und auch sehr viele private Haushalte sind verschuldet (Reutter et al. 2012). In Städterankings schneidet Wuppertal meist schlecht ab, so steht es im HWWI/Berenberg-Städteranking 2015 auf Platz 29 von 30, im Prognos Zukunftsatlas 2016 auf Platz 231 von 402 der Kreise und kreisfreien Städte Deutschlands (Nitt-Drießelmann und Wedemeiner 2015; Prognos AG 2016).

Die darin abgebildete wirtschaftliche Entwicklung und Wettbewerbsfähigkeit als Wohnort spielen auch in den Stadtentwicklungsstrategien und Leitlinien der Stadt Wuppertal eine zentrale Rolle. So beziehen sich ein Großteil der den „Leitlinien der Wuppertaler Stadtentwicklung 2015" zugeordneten Projekte auf die Ziele „Stärkung der Wirtschafts- und Innovationskraft Wuppertals" und „Schaffung von Arbeits- und Ausbildungsplätzen" (Oberbürgermeister der Stadt Wuppertal 2008). Die genannten Leitlinien sind jedoch insgesamt breiter aufgestellt und haben eine Förderung von Bildung, Kultur und Freizeit, Sozialem sowie Umweltaspekte zum Ziel.

Ähnlich hat es die Stadtentwicklungsstrategie W2025 als Fortschreibung der Leitlinien 2015 zum Ziel, die Lebensqualität in Wuppertal allgemein zu steigern und bezieht sich dabei auf die lange Phase der Kürzungen und finanziellen Engpässe der Stadt infolge hoher kommunaler Schulden. 13 Schlüsselprojekte sind hier auf unterschiedliche Bereiche verteilt, Hauptevaluierungsinstrument ist dann jedoch das Städteranking der Wirtschaftswoche. Laut W2025 ist die primäre Zielgruppe der Stadtentwicklungsstrategie die Einwohnerschaft. Als sekundäre Zielgruppe wird dann direkt die Wirtschaft genannt, da

„die materiellen Indikatoren der Lebensqualität […] durch eine gesunde Wirtschaftslage gesichert [werden]. Sie garantiert die Einkommen der Bürgerinnen und Bürger,
die wiederum die Einnahmen der Stadt sichern" (Stadt Wuppertal 2013, S. 3).

Der Koalitionsvertrag der Wuppertaler Ratsfraktionen der Sozialdemokratischen
Partei Deutschlands (SPD) und der Christlich Demokratischen Union Deutsch-
lands (CDU) im Nachgang zu der Kommunalwahl 2014 beschreibt in der
Präambel

„[d]ie Aufrechterhaltung der finanzpolitischen Handlungsfähigkeit der Stadt Wupper-
tal [als] […] eine der Kernaufgaben unserer gemeinsamen Politik für diese Ratsperiode.
Vor diesem Hintergrund stehen sämtliche Vorhaben zunächst einmal unter dem
Vorbehalt der Finanzierbarkeit" (SPD/CDU 2014, S. 2).

Auch hier fallen die Stichworte des Wirtschaftsstandortes Wuppertals und der
Familienfreundlichkeit im Wettbewerb mit anderen Städten als Wohnort. Diese
Fokussierung auf einen ausgeglichenen Haushalt hängt maßgeblich mit dem Stär-
kungspaktgesetz zusammen, durch das verschuldete Kommunen finanzielle Unterstützung bekommen, im Gegenzug jedoch selbst Anstrengungen unternehmen
müssen, um den Haushalt auszugleichen (SPD/CDU 2014, S. 2–4).

Es kann also davon ausgegangen werden, dass die Stadtpolitik und -verwaltung
zwar ein ganzheitliches Bild von Lebensqualität in ihren Programmen vertritt, bei
konkreten Projekten und Entwicklungen dann jedoch meist ökonomische Aspekte
in den Vordergrund stellt, da davon ausgegangen wird, dass diese die Grundlage
für andere Bereiche der Lebensqualität sind. Dahinterliegendes Paradigma scheint
es zu sein, dass Wirtschaftswachstum die Lebensqualität steigert und eine Stadt
sich im Wettbewerb mit anderen behaupten muss. Dabei wird vor allem auf die
Gewinnung von Investoren und das Schaffen von Arbeitsplätzen gesetzt und kaum
alternative Formen regionalen oder nachhaltigen Wirtschaftens erwähnt.

Doch trotz oder gerade wegen der schwierigen finanziellen Lage in Wuppertal verfügt die Stadt über eine sehr aktive Zivilgesellschaft. Viele der im 19.
Jahrhundert gegründeten Bürgervereine sind heute noch aktiv, insbesondere die
Quartiersvereine, welche in fast allen Quartieren der Stadt vorhanden sind und
sich für die Verbesserung des lokalen Lebens und der Nachbarschaft einsetzen.
Außerdem gibt es zahlreiche stadtweite Vereine und Initiativen, die sich für einzelne Themen einsetzen, wie beispielsweise die Verbesserung des Radverkehrs
oder die Parkanlagen der Stadt. Zusätzlich zu diesen thematisch ausgerichteten
Initiativen und Quartiersvereinen wurden in den vergangenen Jahren zahlreiche

Kulturzentren gegründet und urbane Gärten und soziale Projekte auf Brachflächen umgesetzt. Wuppertal zeichnet sich also durch eine hohe Anzahl und Varietät von zivilgesellschaftlichen Gruppen aus, die meist gut miteinander vernetzt sind. In vielen Bereichen konnte die aktive Zivilgesellschaft in den vergangenen Jahren bereits viel erreichen, so beispielsweise den Bau einer Fahrrad- und Fußverbindung zwischen dem östlichen und westlichen Rand der Stadt auf einer ehemals brachliegenden Zugtrasse, der Nordbahntrasse (Wuppertalbewegung e. V. o. J.).

Auch in der Stadtverwaltung und -politik gibt es Veränderungen der letzten Jahre zu verzeichnen. So hatte Wuppertal von Mitte 2016 bis 2017 als erste deutsche Stadt ein Beteiligungsdezernat. Dieses wurde zwar 2017 mit Abwahl des Dezernenten wieder aufgelöst, jedoch in eine Stabsstelle für Bürgerbeteiligung umgewandelt. Diese hat zum Ziel, den Dialog zwischen Bürgerschaft und Stadtpolitik und -verwaltung zu verbessern (Stadt Wuppertal 2016). Von Beginn an gab es von Seiten der Bürgerschaft und Politik Kritik an der Schaffung des neuen Dezernates sowie hohe Erwartungen schneller und spürbarer Veränderungen der Beziehung zwischen Stadtrat, -verwaltung und -gesellschaft. Dass an anderen Stellen durch die hohen Kosten des zusätzlichen Dezernates Geld gekürzt wurde, stieß auf viel Kritik und Unverständnis (WZ 2014, 2015a, 2015b, 2016).

Zusätzlich zur aktiven Zivilgesellschaft und den Veränderungen in der Stadtverwaltung ist Wuppertal außerdem geprägt von den Forschungsinstitutionen, die dort ihren Standort haben. Das WI beschäftigt sich seit 1991 mit verschiedenen Themen im Bereich Umwelt und Nachhaltigkeit und vermehrt auch mit den Entwicklungen in der unmittelbaren Region (WI o. J.). Die BUW wurde 1972 als Gesamthochschule gegründet und ist seitdem stetig gewachsen (BUW o. J.). Im Jahr 2013 gründeten das WI und die BUW gemeinsam das Transzent und institutionalisierten so ihre enge Zusammenarbeit in den Themenbereichen Nachhaltigkeit und sozial-ökologische Transformation. Dieses Forschungszentrum vereint die anwendungsorientierte Forschung des WI mit der universitären Forschung und Lehre (Transzent 2019).

Insgesamt kann Wuppertal also als Stadt in einer schwierigen finanziellen und sozialen Lage bezeichnet werden, die jedoch aktuell einige positive Veränderungen verzeichnet und die von einer sehr aktiven Bürgerschaft charakterisiert ist. Daneben gibt es durch die Forschungseinrichtungen weitere Akteur*innen, die eine nachhaltige Stadtentwicklung voranzutreiben versuchen und neue Ideen in die Stadt bringen. Auf die verschiedenen institutionellen Veränderungen im Laufe des Untersuchungszeitraumes wird im Rahmen der Analyse an einigen Stellen Bezug genommen.

2.5   Zwischenfazit: Zusammenführung des für die Analyse relevanten Hintergrundes

In den vorangegangenen Abschnitten wurden die Hintergründe erläutert, die für die vorliegende Arbeit relevant sind: Ein kurzer Überblick über die Forderungen nachhaltiger Entwicklung und einer Transformation von Politik und Gesellschaft, um irreversible Umweltveränderungen aufzuhalten (Abschn. 2.1); die transformative Forschung sowie weitere verwandte Forschungsperspektiven, die als Reaktion darauf entstanden sind (Abschn. 2.2) sowie die Handlungsmöglichkeiten von Städten bei diesen Transformationsprozessen (Abschn. 2.3). Zuletzt wurde der institutionelle Kontext der Stadt Wuppertal, in dem beide im späteren Verlauf analysierten Fallbeispiele zu verorten sind, vorgestellt.

Hierbei hat sich gezeigt, dass Wuppertal als hochverschuldete Stadt weiterhin einen stadtpolitischen Fokus auf die ökonomische Entwicklung, Wettbewerbsfähigkeit sowie Arbeitsplätze legt. Die knappe Haushaltslage erschwert womöglich den eigenen Handlungsspielraum der Kommune, der wie erläutert (Abschn. 2.3) von finanziellen Mitteln abhängt (Häußermann et al. 2008, S. 335; Kost 2010). Doch gleichzeitig sind zahlreiche Akteur*innen aus Wissenschaft und Zivilgesellschaft und teilweise Stadtverwaltung an Veränderungen in Richtung Nachhaltigkeit interessiert und setzen sich für eine Verbesserung der Lebensqualität in der Stadt Wuppertal oder ihrer Nachbarschaft ein.

Eine Notwendigkeit dieser Veränderung in Richtung Nachhaltigkeit wurde in den vergangenen Jahren und Jahrzehnten immer deutlicher, da planetare Leitplanken bald erreicht oder gar bereits überschritten sind (Rockström et al. 2009; Steffen et al. 2015) und irreversible Umweltschäden zeitnah verhindert werden müssen (siehe Abschn. 2.1). Dazu ist eine umfassende Veränderung – eine „Große Transformation" – notwendig (WBGU 2011), die auch die Überwindung des auf andauerndem Wachstum und dem Verbrauch fossiler Ressourcen basierenden Wirtschaftssystems und den damit zusammenhängenden Paradigmen beinhaltet.

Eine prominente Forschungsperspektive, die sich mit diesen Transformationsprozessen beschäftigt, wurde in Abschnitt 2.2.1 vorgestellt: Die Transition-Forschung mit ihrem Konzept der MLP (Geels 2002, 2011). Darauf stützt sich auch der WBGU (2011, siehe Abschn. 2.2.2) in seiner Darstellung von Transformationsprozessen und möglichen Lösungswegen. Wie die MLP, so spricht auch der WBGU kleinen Nischenakteur*innen eine wichtige Rolle bei Transformationen zu, wobei der WBGU diese insbesondere zu Beginn des Prozesses sieht, wo es um die Verbreitung neuer Werthaltungen und das Experimentieren an neuen Innovationen geht, die als kleine Teilschritte einer Transformation dann von der Politik unterstützt und institutionalisiert werden müssen. Die MLP fokussiert dagegen meist auf die Prozesse der Diffusion in die Regime hinein (siehe Abschn. 2.2.1). Die Rolle der Politik wird über einzelne von dort agierende Nischenakteur*innen hinaus bei der MLP kaum betrachtet.

Vom WBGU (2011) wurde auch der Forschungsansatz der transformativen Forschung eingeführt, bei dem die Forschenden selbst Ideen entwickeln und verbreiten, um Transformationsprozesse anzustoßen und zu unterstützen. Der WBGU (2011) sowie andere zentrale Autor*innen, die sich mit der transformativen Forschung beschäftigen (u. a. Schneidewind und Augenstein 2016) setzen zwar auf der MLP sowie weiteren theoretischen Konzepten (u. a. Kristof 2010) auf, doch trotzdem bleiben bislang einige Fragen offen und der Ansatz erscheint weiterhin nicht hinreichend theoretisch fundiert. So bleibt unklar, ob die verschiedenen kleinen Innovationen und Maßnahmen dabei wirklich einzelne Schritte einer Transformation darstellen oder eher die entsprechenden Werthaltungen verbreiten, die als Grundlage notwendig sind. Wie diese Experimente gestaltet sein müssen, damit sie Transformationspotenzial haben und auch den geforderten Paradigmenwechsel herbeiführen können, wird ebenfalls nicht deutlich. Daneben ist bisher unklar, wie die verschiedenen beobachteten Transformationsblockaden überwunden werden können (WBGU 2011, S. 346).

Hier zeigen sich einige Überschneidungen mit der Theorie des diskursiven Institutionalismus, bei der es auch um die Entwicklung, Verbreitung und Umsetzung von neuen Ideen, sowohl für neue Instrumente als auch alternative Paradigmen, geht, die unterschiedliche Arten von Wandel – so auch Transformationen – mit sich bringen können. Wann dies laut diskursivem Institutionalismus erfolgreich gelingt, welche Voraussetzungen dafür vorliegen müssen und wie die Veränderungsprozesse ablaufen, wird im folgenden Kapitel erläutert. Am Ende dieses Kapitels (Abschn. 3.5) werden dann die Transformationsverständnisse der transformativen Forschung und der MLP mit der Transformationsdefinition des diskursiven Institutionalismus verglichen und Schlussfolgerungen für die Analyse gezogen.

Theorie des diskursiven Institutionalismus

3

Im Folgenden werden zunächst die Grundgedanken des diskursiven Institutionalismus dargelegt und danach ein Überblick über die zentralen Konzepte dieser Theorieströmung gegeben: Definitionen und Kategorien von Ideen, von Akteur*innen als Träger dieser Ideen, von Diskursen sowie Institutionen. Im darauffolgenden Schritt werden Arten von Politikwandel dargestellt – diese reichen von graduellem zu transformativem Wandel – sowie deren Voraussetzungen. Abschnitt 3.4 gibt einen Überblick, welche Studien bisher den diskursiven Institutionalismus verwendet haben. Im letzten Abschnitt dieses Kapitels wird dann ein Zwischenfazit gezogen, in dem die in dieser Arbeit verwendeten Kategorien und Begriffe herausgestellt und miteinander in Verbindung gebracht werden.

3.1 Grundgedanken des diskursiven Institutionalismus

Der diskursive Institutionalismus liefert einen Erklärungsansatz, wie sich Politik durch Ideen und Diskurse verändern kann. Er reiht sich damit in weitere Strömungen des *Neoinstitutionalismus* ein: den rational-choice-Institutionalismus, den historischen Institutionalismus und den soziologischen Institutionalismus, die unterschiedliche Erklärungen dafür bieten, wie Institutionen politische Entscheidungen beeinflussen, wie sie sich verändern und wie Institutionen zu definieren sind[1].

---

[1] Einige Autor*innen (u. a. Schimank 2007) zählen weitere Theorieansätze dazu, wie die Institutionenökonomik und den akteurszentrierten Institutionalismus. An dieser Stelle beziehe ich mich aber auf die meistverbreitete Kategorisierung in drei Hauptströmungen des Neoinstitutionalismus und die Neuerung des diskursiven Institutionalismus.

Laut rational-choice-Institutionalismus treffen Akteur*innen rationale und kalkulierte Entscheidungen und folgen dabei ihren persönlichen Interessen. Der historische Institutionalismus geht dagegen davon aus, dass politische Institutionen als routinierte Praktiken und regulierte Strukturen Handlungen leiten und betont die Einschränkung von Entscheidungen durch Pfadabhängigkeit. Veränderungen sind daher nur schwierig umzusetzen und geschehen weitestgehend durch Druck von außen, durch den sich sogenannte „windows of opportunities" beziehungsweise Gelegenheitsfenster auftun. Laut Capoccia und Kelemen (2007, S. 305) sind diese Ereignisse von kurzer Dauer im Vergleich zu den langen Phasen der Stabilität und ermöglichen es, neue Wege in der Politik einzuschlagen. Die dritte Strömung, der soziologische Institutionalismus, lenkt den Blick auf soziale Akteur*innen, die nach erlernten Handlungsmustern agieren und Erwartungssicherheit anstreben. Laut dieser Strömung ermöglichen Institutionen es, die Handlungen von anderen Akteur*innen einzuschätzen und das eigene Handeln daran zu orientieren (Schimank 2007, S. 164–170; Schmidt 2010, S. 2).

Campbell beschreibt Forderungen nach einem „Second Movement" im Institutionalismus seit den 1990er Jahren, bei dem die verschiedenen Strömungen zusammengebracht und sinnstiftend ergänzt werden (Campbell 2004, S. 4). Im Zuge dessen haben sich seit einigen Jahren vermehrt Autor*innen dieser verschiedenen Strömungen des Neoinstitutionalismus auch der Bedeutung von Ideen und Diskursen sowie Veränderungen gewidmet, die nicht auf Vorkommnisse von außen zurückzuführen sind. Sie brechen dabei teilweise mit den Traditionen ihrer neoinstitutionalistischen Schule, weshalb Schmidt diese als neue Strömung bezeichnet und sie diskursiven Institutionalismus nennt (Schmidt 2010, S. 2). Andere Autor*innen fassen diese Ansätze unter dem Namen konstruktivistischer Institutionalismus zusammen (u. a. Hay 2006, S. 57). In den vorliegenden Buch wird der häufiger verwendete Begriff des diskursiven Institutionalismus genutzt. Die meisten Überschneidungen gibt es dabei mit dem soziologischen Institutionalismus; aber auch aus dem rational-choice Institutionalismus und dem historischen Institutionalismus kommende Autor*innen können dem diskursiven Institutionalismus zugeordnet werden (Schmidt 2002, S. 8, 2010, S. 9–13). Bei diesen Autor*innen spielen jeweils außer Ideen und Diskursen auch noch weitere Aspekte wie rationale Entscheidungen, exogene Schocks und Veränderungen oder Machtgefüge ebenfalls eine Rolle (Schmidt 2010, S. 21). Daher ist nicht immer klar abzugrenzen, welche Ansätze sich zwar Diskursen widmen, aber noch in einer der drei älteren Strömungen verbleiben und welche dem diskursiven Institutionalismus zugerechnet werden können. Schmidt (2008, S. 304) empfiehlt, die Autor*innen dazu zu zählen, die in ihren Aussagen den Annahmen der anderen Institutionalismusansätze widersprechen.

Der diskursive Institutionalismus untersucht Diskurse und Ideen, um Veränderungen und Kontinuität von Politik zu erklären. Er beschäftigt sich außerdem mit dem institutionellen Kontext, in dem und durch den Ideen kommuniziert werden (Schmidt 2008, S. 314, 2010, S. 2–4). Im Gegensatz zu den anderen Neoinstitutionalismusansätzen wird dabei die Handlungsfähigkeit von Akteur*innen betont, die einerseits durch ihre Umgebung sozialisiert sind, andererseits aber auch strategisch handeln können (Hay 2006, S. 58; Schmidt 2008, S. 316). Aufbauend auf dieser Annahme wird beim diskursiven Institutionalismus davon ausgegangen, dass Veränderungen nicht immer nur als Reaktion auf exogene Schocks und andere Vorkommnisse zu verstehen sind, sondern auch durch interne Prozesse und Entscheidungen von Akteur*innen zu erklären sind (Hay 2006, S. 65; Schmidt 2010, S. 1).

Eine Analyse dieser Diskursprozesse ermöglicht zu erklären, warum einige Ideen einflussreich werden und andere nicht, je nachdem, wie sie in einem bestimmten Kontext von welchen Akteur*innen kommuniziert werden (Schmidt 2008, S. 309). Diese Theorieströmung eignet sich dazu, herauszufinden, wie sich neue Ideen, so auch die von Wissenschaftler*innen, verbreiten und wann sie erfolgreich Politik beeinflussen können.

3.2 Zentrale Konzepte des diskursiven Institutionalismus

3.2.1 Ideen

Die Autor*innen, die dem diskursiven Institutionalismus zugeordnet werden, unterscheiden verschiedene Kategorien von Ideen mit unterschiedlichen Funktionen in Diskursen. An dieser Stelle werden unterschiedliche Kategorisierungen von Schmidt (2008, 2017) und Campbell (2004) genannt und miteinander in Verbindung gebracht (siehe Tab. 3.1).

Schmidt (2008, S. 305) und Campbell (2004, S. 93) unterscheiden beide zwischen kognitiven Ideen – was vorhanden und was zu tun ist, um ein bestimmtes Ergebnis zu erreichen – und normativen Ideen – was gut und was schlecht ist und wie gehandelt werden sollte. *Kognitive Ideen* sind Richtlinien für politische Handlungen, die es erleichtern, politische Entscheidungen zu rechtfertigen, indem auf Interessen und Notwendigkeiten verwiesen wird (Schmidt 2008, S. 306). Sie sind auch Erklärungen über Ursache-Wirkungs-Zusammenhänge zwischen mehreren Variablen (Campbell 2004, S. 93). Ideen dieses Typs sind nur dann erfolgreich, wenn sie logisch, relevant und passend für den Kontext erscheinen. Dabei können

sie von wissenschaftlichen Erkenntnissen unterstützt werden, wobei der Wahr-
heitsgehalt nicht für den Erfolg einer kognitiven Idee entscheidend ist (Schmidt
2006, S. 251). *Normative Ideen* sind verknüpft mit Werten, die politische Entscheidungen legitimieren, indem sie auf deren Angemessenheit verweisen (Schmidt
2008, S. 307). Erfolgreich können sie also nur dann sein, wenn sie mit bestimmten Werten und Normen übereinstimmen, was sowohl neu aufkommende Werte
als auch bestehende sein können (Schmidt 2006, S. 252).

Gleichzeitig unterscheidet Schmidt (2008, 2017) zwischen drei Ebenen von
Ideen, die unterschiedlich leicht veränderbar sind: *policy ideas, programmatic
ideas* und *philosophical ideas*. Erstere sind konkrete politische Entscheidungen,
die sich häufig verändern, insbesondere, wenn die bisher angewandte Politik die
Probleme nicht mehr zu lösen scheint. Programmatic ideas verändern sich hin-
gegen seltener, und zwar zumeist in Zeiten hoher Unsicherheit. Sie beinhalten
Ideen über Methoden, Instrumente und Ziele von Politik und verbinden diese zu
einem umfassenden Programm. Die dritte Art von Ideen, philosophical ideas, bet-
tet die politischen Entscheidungen und Programme in eine größere Idee ein und
verändert sich nur sehr selten. Sie beinhalten beispielsweise Weltansichten oder
Ideologien (Schmidt 2017, S. 251). Klenk und Larson (2015, S. 21) beziehen sich
auf die Unterscheidung Schmidts und konkretisieren sie bezüglich einer zeitlichen
Komponente, indem sie argumentieren, dass policy und programmatic ideas eher
unmittelbar gedacht sind, während philosophical ideas die längerfristige Richtung
zeigen. Programmatic ideas verstehen sie außerdem als in enger Verbindung zu
Problemen und deren Lösungen stehend.

Andere Autor*innen nehmen abweichende Unterscheidungen zwischen den
Arten von Ideen vor. So unterscheidet Campbell (2004, S. 93) zusätzlich zu nor-
mativen und kognitiven Ideen noch zwischen Ideen, die im Hintergrund liegen und
Ideen, die im Vordergrund präsent sind und artikuliert werden (siehe Tab. 3.1).
Während sich die Ideen im Vordergrund leicht und häufig ändern, sind die Ideen
im Hintergrund langlebiger und hemmen Veränderungen (Campbell 2004, S. 93).
Eine Kombination der Unterscheidungen zwischen normativen und kognitiven
Ideen sowie im Hintergrund und im Vordergrund liegenden Ideen ergibt vier
Arten von Ideen: Paradigmen, öffentliche Empfindungen, Politikprogramme und
Rahmen (Campbell 2002, S. 21, 2004, S. 93).

Paradigmen sind laut Campbell (2004, S. 94 f.) kognitive Annahmen, die im
Hintergrund liegen und die Auswahl an Alternativen, die von Entscheidungsträger*innen als nützlich angesehen werden, einschränken. Dies sind beispielsweise
Annahmen darüber, wie Familienstrukturen aufgebaut sind, was Einfluss darauf
hat, welche Unterstützungen der Wohlfahrtsstaat bereitstellen sollte. Paradigmen
stecken ein Spektrum ab, innerhalb dessen Politik gemacht und Entscheidungen

Tab. 3.1 Kategorisierung von Ideen

	Nach Campbell (2004)		Nach Schmidt (2008, 2017)	
	Kognitiv	Normativ	Kognitiv/normativ	
Hintergrund	*Paradigmen*	*Empfindungen*	*Philosophical ideas*	3. Ebene
Vordergrund	*Programme*	–	*Programmatic ideas*	2. Ebene
	–	*Frames*	*Policy ideas*	1. Ebene

Die Tabelle zeigt verschiedene Kategorien von Ideen und deren Verortung im Hinter- und Vordergrund der Diskurse. Von Ebene eins bis drei, beziehungsweise vom Vorder- zum Hintergrund steigt der Schwierigkeitsgrad der Veränderung.
Quelle: Campbell (2004, S. 93) und Schmidt (2008, S. 305, 2017, S. 251). Eigene Darstellung.

getroffen werden. Somit beeinflussen Paradigmen, was als möglich angesehen wird (Campbell 2002, S. 22 f.): „[T]aken-for-granted paradigms constrain the range of policies that policy makers are likely to consider". In früheren Artikeln betonen bereits andere Autor*innen, die dem diskursiven Institutionalismus zugeordnet werden können (u. a. Hall 1993, S. 279; Hay 2001, S. 200), die Bedeutung von Politikparadigmen. Hall (1993, S. 279) führte diesen Begriff in die Strömung des Neoinstitutionalismus ein und argumentierte, dass Politiker*innen vor dem Hintergrund eines Sets an Ideen und Standards – den Politikparadigmen – handeln, welche beeinflussen, was als gegeben angesehen und nicht hinterfragt wird. Auch Kjaer und Pedersen (2001, S. 224) argumentieren, dass Paradigmen, ähnlich wie formale Institutionen, den politischen Diskurs strukturieren. Diese Art von Ideen ändert sich nur selten und geht mit Pfadabhängigkeiten einher. Sie entspricht in den Grundzügen den philosophical ideas nach Schmidt (2008).

Als zweite Art von Ideen nennt Campbell *öffentliche Empfindungen*. Diese liegen ebenfalls im Hintergrund, sind normative Annahmen darüber, was richtig und falsch ist. Dies sind Werte, Normen, Identitäten und geteilte Erwartungen, beispielsweise darüber, wofür ein Staat zuständig ist und wofür nicht, was wiederum politische Entscheidungen beeinflusst (Campbell 2004, S. 96 f.). Außerdem beeinflussen sie, wie Akteur*innen ihre Rollen und Interessen wahrnehmen. Sie schränken daher mögliche Entscheidungen ein, was als akzeptabel oder legitim angesehen wird. Die öffentlichen Empfindungen entsprechen keiner der drei von Schmidt genannten Kategorien im Detail. Da sie aber wie die Paradigmen im Hintergrund angesiedelt sind und Wandel eher hemmen, können sie den philosophical ideas zugeordnet werden.

Programme sind Theorien oder Konzepte, die den Entscheidungsträger*innen als Vorschläge dienen, wie ein bestimmtes Problem gelöst werden kann, beispielsweise Sozialprogramme, die konkrete Ziele und Schritte vorgeben. Dadurch beeinflussen und erleichtern sie die Entscheidungsfindung und den Politikwandel. Programme sind kognitive Ideen, die im Vordergrund des politischen Diskurses angesiedelt sind, also bewusst zugänglich und relativ leicht veränderbar sind, im Gegensatz zu den oft unbewussten Paradigmen und öffentlichen Empfindungen (Campbell 2004, S. 98). Programme entsprechen den von Schmidt (2008) genannten programmatic ideas.

Auch *Frames* sind im Vordergrund des politischen Diskurses angesiedelt, werden aber normativ begründet. Diese Art von Ideen erlaubt es Eliten, ihre Programme und institutionellen Veränderungen bewusst mithilfe von Symbolen und Konzepten zu legitimieren. So können politische Veränderungen beispielsweise mit Bezug auf den Frame der traditionellen Familienstruktur legitimiert werden. Frames können einerseits Politikwandel verhindern, können ihn aber auch erleichtern, je nachdem, wie sie eingesetzt werden. Sie spielen insbesondere dann eine Rolle, wenn Ideen und politische Entscheidungen der Öffentlichkeit präsentiert und legitimiert werden (Campbell 2004, S. 98–100). Da sie bewusst genutzt werden und leicht veränderbar sind, werden sie hier auf der Ebene der policy ideas eingeordnet, haben jedoch keine genaue Entsprechung bei Schmidts (2008) Kategorisierung.

Die zwei Kategorisierungen lassen sich also wie folgt zusammenführen (siehe auch Tab. 3.1): Auf der untersten Ebene befinden sich Policies (Schmidt 2017, S. 251) und Frames (Campbell 1998, S. 99 f.). Sie liegen im Vordergrund des politischen Diskurses und sind leicht veränderbar. Dabei können Frames als normativ und Policies als kognitiv beziehungsweise outcome-orientiert verstanden werden. In Campbells Unterscheidung fehlen die Policies, die hier jedoch einbezogen werden sollen. Warum Campbell diese außen vorgelassen hat, wird nicht deutlich. Auf der zweiten Ebene stehen Programme, die sich auch regelmäßig ändern, was jedoch mit größeren Hürden verbunden ist als bei der ersten Ebene. Auf der dritten Ebene, den philosophical ideas, sind letztlich Paradigmen und öffentliche Empfindungen, die beide im Hintergrund stehen, sich nur sehr selten ändern und Politikwandel eher hemmen.

3.2.2 Akteur*innen

Wie bereits erläutert nehmen Akteur*innen laut diskursivem Institutionalismus eine entscheidende Rolle bei Politikveränderungen ein, weil sie Ideen entwickeln und verbreiten. Den im vorherigen Abschnitt genannten Arten von Ideen ordnet Campbell dabei anhand ihrer Funktionen bestimmte Akteur*innengruppen zu. Er unterscheidet dabei Entscheidungsträger*innen, Theoretiker*innen, Framer*innen und Auftraggeber*innen sowie Vermittler*innen (Campbell 2004, S. 100 f.). *Entscheidungsträger*innen* – wie Politiker*innen und Verwaltungsmitarbeitende – wählen Programme aus oder entwickeln sie selbst. Wegen ihrer weitreichenden Entscheidungsbefugnis sind sie wichtige Akteur*innen in Bezug auf politischen Wandel. Die Entwicklung und Umsetzung von Programmen liegt hauptsächlich bei ihnen, wobei auch sie in ihrer Wahrnehmung und bei ihren Entscheidungen von verinnerlichten Paradigmen und öffentlichen Empfindungen beschränkt werden (Campbell 2004, S. 94–102).

*Theoretiker*innen* wie Wissenschaftler*innen oder andere Intellektuelle unterstützen und verbreiten einzelne Paradigmen; sie entwickeln und propagieren teilweise auch neue Paradigmen. Außerdem leiten sie daraus neue Programme her oder unterstützen bestehende (Campbell 2004, S. 102). Laut Skowronek (1982, S. 31) gibt es in allen stark institutionalisierten Staaten Gruppen von Intellektuellen, die über einen längeren Zeitraum enge Verbindungen zur Politik pflegen und mit Entscheidungsträger*innen Ideen austauschen.

*Framer*innen* beschreiben Programme passend zu bestehenden öffentlichen Empfindungen, damit diese als legitim angesehen werden und nutzen dafür bewusst geeignete Frames. Zu dieser Gruppe gehören beispielsweise Kampagnenmanager*innen und Medienberater*innen (Campbell 2004, S. 103).

Als weitere Gruppe sieht Campbell *Auftraggeber*innen* bzw. *Wähler*innen* (engl. Original: constituents), zu denen er die allgemeine Öffentlichkeit zählt. Je nachdem, wen eine politische Entscheidung betrifft, können jedoch auch Entscheidungsträger*innen selbst oder andere Gruppen Auftraggebende sein. An diese Gruppe richten sich die Framer*innen, wenn sie Programme rechtfertigen und sich dabei auf die verbreiteten öffentlichen Empfindungen beziehen (Campbell 2004, S. 104).

Die fünfte und letzte Gruppe von Akteur*innen, die *Vermittler*innen*, stehen zwischen den vorher genannten Gruppen und zwischen verschiedenen Arten von Ideen. Sie transportieren Ideen von einem Bereich in einen anderen. Zu ihnen zählen Berater*innen, Intellektuelle und Medien. Beispielsweise durch Policy Briefs bringen sie etwa Paradigmen oder Politikprogramme von der Forschung zur Politik und verbreiten ihre Ideen in der Presse, um so öffentliche Empfindungen zu beeinflussen (Campbell 2004, S. 104–107). Oft bilden Vermittler*innen epistemische Gemeinschaften („epistemic communities") – Netzwerke von Wissenschaftler*innen, Expert*innen oder NGOs zu bestimmten Themen – die neue Paradigmen und Programme entwickeln und diese an Entscheidungsträger*innen herantragen. Laut Haas (1992, S. 3 f., 27–29) werden diese epistemischen Gemeinschaften insbesondere dann um Rat gefragt, wenn hohe Unsicherheiten bestehen, beispielsweise zum Umgang mit Gefahren. Je mehr sich eine epistemische Gemeinschaft in einem politischen Kontext etabliert hat, umso mehr kann sie ihren Einfluss institutionalisieren. In der Folge werden ihre Ideen dann vermehrt in Politik und Gesellschaft akzeptiert.

Hier zeigt sich also eine Überschneidung zwischen den Theoretiker*innen und Vermittler*innen, die beide in der Wissenschaft verankert sein können, beide Paradigmen entwickeln und Programme daraus ableiten. Den Vermittler*innen spricht Campbell (2004, S. 104–107) die Rolle zu, die Ideen in unterschiedliche Bereiche zu verbreiten, wobei er insbesondere die Verbreitung von Programmen erwähnt, jedoch auch Paradigmen und andere Arten von Ideen:

> „Particularly since the early 1970s, think tanks in the United States and Europe have become increasingly interested in simplifying and disseminating the paradigms and programs of other researchers rather than conducting research themselves. They have learned to transmit these ideas to decision makers through pithy policy briefs designed to affect programmatic thinking." (Campbell 2004, S. 106)

Campbell (2004, S. 177 f.) nennt außerdem die Kategorie der *institutionellen Unternehmer*innen*, deren Vorhandensein Voraussetzung für Politikwandel ist, da diese neue Ideen voranbringen. Diese können aus den unterschiedlichen, vorher genannten Gruppen, kommen. Um ihre Ideen umzusetzen, müssen sie außerdem über finanzielle, politische und organisationale Ressourcen verfügen (Campbell 2004, S. 178). Campbell bezieht sich mit dem Begriff institutioneller Unternehmer*innen auf DiMaggio (1988, S. 14), der damit Akteur*innen beschreibt, die über Ressourcen verfügen und ein Interesse an institutioneller Veränderung haben, da sie in der Veränderung eine Möglichkeit sehen, ihre Interessen zu realisieren. Lawrence und Suddaby (2006, S. 217) haben diesen Begriff aufgegriffen jedoch argumentiert, dass es zusätzlich zu den institutionellen Unternehmer*innen weiterer Akteur*innen bedarf, die deren Arbeit unterstützen. Diese Unterstützungsaktivitäten verschiedener Akteur*innen haben sie analysiert und kategorisiert (Lawrence und Suddaby 2006, S. 220–229). Im Rahmen der Schaffung neuer Institutionen beobachten sie, dass Akteur*innen konkrete neue Regeln und Rechte einführen oder dafür werben. Als zweite Kategorie bezeichnen sie Aktivitäten, bei denen Glaubenssysteme, Identitäten, Normen und um diese herum gespannte Netzwerke verändert und konstruiert werden. Die dritte Art von Aktivitäten bezieht sich auf die abstrakteren Konzepte, wobei einerseits neue Ideen entwickelt werden und andererseits Methoden vermittelt werden, diese umzusetzen (Lawrence und Suddaby 2006, S. 220 f.). Diese unterschiedlichen Aktivitäten können zum Teil direkt den Akteur*innengruppen von Campbell zugeordnet werden. So wird hier angenommen, dass insbesondere Theoretiker*innen neue abstrakte Ideen entwickeln und insbesondere die Framer*innen Normen, Glaubenssysteme und Identitäten konstruieren.

In Gesellschaften existieren immer verschiedene Werte gleichzeitig, teilweise widersprechen sie sich, teilweise gelten sie nur in bestimmten Kontexten oder zu bestimmten Zeiten und sie verändern sich kontinuierlich. Wenn Politiker*innen sich in ihren Diskursen auf bestimmte Werte beziehen, ist dies immer ein selektiver Prozess, der strategisch geführt werden kann (Schmidt 2005, S. 232). Diese und andere rhetorische Strategien sind Machtinstrumente, die politische Eliten nutzen können, um Entscheidungen zu beeinflussen. Ihre Position garantiert den Politiker*innen, mit ihren Argumenten gehört zu werden und Diskurse mitzugestalten, was alleine jedoch nicht für Veränderung ausreicht (Grube und van Acker 2017, S. 195).

Zusammengefasst zeigt sich, dass die genannten Gruppen von Akteur*innen einige Überschneidungen zeigen, beispielsweise zwischen Theoretiker*innen und Vermittler*innen, zu denen jeweils epistemische Gemeinschaften gezählt werden. Jeder Gruppe werden bestimmte Arten von Ideen zugeordnet, die insbesondere von diesen verändert und vorangebracht werden. So entwickeln Entscheidungsträger*innen insbesondere Programme, während Theoretiker*innen Paradigmen verändern und vertreten können. Framer*innen legitimieren Programme mithilfe von Frames und adressieren damit insbesondere die Auftraggeber*innen mit ihren öffentlichen Empfindungen. Vermittler*innen nutzen Ideen aller Kategorien und bringen diese von einem Kontext in einen anderen (Campbell 2004, S. 101–105). Wie Paradigmen von einer Gruppe zur anderen kommen und ob sich lediglich die Theoretiker*innen und Vermittler*innen diese bewusstmachen und die anderen Akteur*innen nur die abgeleiteten Programme wahrnehmen, bleibt unklar. Außerdem fällt auf, dass auch hier keine Policies erwähnt werden. Abgeleitet von der in Abschnitt 3.2.1 genannten Unterscheidung wird hier davon ausgegangen, dass Theoretiker*innen neben Programmen auch Policies ableiten und verbreiten und Entscheidungsträger*innen und Vermittler*innen neben Programmen auch Policies entwickeln. Dementsprechend legitimieren Framer*innen nicht nur Programme, sondern auch Policies gegenüber den Auftraggeber*innen.

3.2.3 Diskurse

Schmidt (2002, S. 210) definiert Diskurse als interaktive Prozesse, in denen Ideen kommuniziert und ausgehandelt werden. Sie würden bestehen aus „whatever policy actors say to one another and to the public in their efforts to generate and legitimate a policy programme" (Schmidt 2002, S. 210). Da hier die Ideen mit dem Kontext, in dem sie formuliert werden, verschwimmen, werden in dieser Arbeit weitere Definitionen von Diskursen herangezogen und die Definition von Diskursen nach Schmidt (2002, S. 210) dementsprechend konkretisiert. Foucault (2015, S. 156) definiert Diskurse als „eine Menge von Aussagen, die einem gleichen Formationssystem zugehören". Kjaer und Petersen (2001, S. 220), Vertreter des diskursiven Institutionalismus, beschreiben Diskurse als

> „a system of meaning that orders the production of conceptions and interpretations of the social world in a particular context. In this view, ideas are always embedded in discourses and become meaningful only by being interpreted as part of a particular discursive system of meaning".

Schlussfolgernd werden Diskurse hier als die interaktiven Kontexte verstanden, in denen Ideen von bestimmten Akteur*innen dargelegt werden. Ideen, also Paradigmen, öffentliche Empfindungen, Policies, Programme und Frames sind dagegen die Inhalte dieser Diskurse, wobei insbesondere die drei letztgenannten offen formuliert werden.

Abgeleitet von der Unterscheidung kognitiver und normativer Ideen sieht Schmidt (2002, S. 213) zwei Funktionen von Ideen im Diskurs[2]: Die kognitive Funktion, bei der Politikprogramme gerechtfertigt werden, indem Vorteile bestimmter Lösungen kommuniziert werden und die normative Funktion, die bei der Legitimierung von Politikprogrammen die Angemessenheit in einem bestimmten Kontext und eine Verbindung zu bestehenden Werten aufzeigt.

So werden Ideen ihrer *kognitiven Funktion* in Diskursen nur gerecht, wenn sie relevant und die kommunizierten Informationen glaubwürdig erscheinen. Die empfohlenen Aktionen müssen außerdem als machbar und sinnvoll wahrgenommen werden und zeigen, wie sie die empfundenen Probleme lösen werden (Schmidt 2002, S. 217–219). Werden Ideen unterschiedlicher Ebenen (siehe Abschn. 3.2.1) im Diskurs miteinander verknüpft, müssen diese stimmig sein, die Konzepte, Normen, Methoden und Instrumente eines Politikprogrammes also

---

[2]Schmidt (2002, S. 213) bezeichnet diese als Funktionen von Diskursen. Aufgrund der eben erwähnten konkreteren Definition von Diskursen in dieser Arbeit werden diese Funktionen hier auf die Ideen innerhalb von Diskursen bezogen.

erklärt werden, ohne deutliche Widersprüche zu den genannten Policies oder Paradigmen zu offenbaren (Schmidt 2002, S. 219). Darüber hinaus muss eine Idee, um erfolgreich zu sein, im Vergleich zu anderen Politikprogrammen dargestellt werden, um zu zeigen, dass sie Probleme besser lösen kann, als die anderen möglichen Programme (Schmidt 2002, S. 219).

Darüber hinaus müssen die Ideen im Diskurs *normative Kriterien* erfüllen, um erfolgreich zu sein. So muss ein vorgeschlagenes Programm in Bezug zu bestehenden Normen und Werten gesetzt werden und zeigen, dass es diesen entspricht (Schmidt 2002, S. 219). Allerdings müssen Diskurse sich nicht immer auf bestehende Werte berufen. Fordert ein Diskurs eine radikale Transformation von bestehenden Werten, so kann er sich auch auf neu aufkommende Werte berufen und damit einen Wertewandel bestärken (Schmidt 2002, S. 221). Auch wenn Diskurse die Ideen verständlich und handlungsanleitend hervorbringen müssen, kann in einigen Fällen gerade auch eine Ungenauigkeit und Mehrdeutigkeit einem Diskurs zum Erfolg verhelfen, da sich Akteur*innen mit unterschiedlich ausgeprägten normativen Ideen ihm zuordnen können (Schmidt 2006, S. 253).

Schmidt unterscheidet zwei Arten von Diskursen (2002, S. 210, 2008, S. 303, 2010, S. 16): Auf der einen Seite den *koordinativen Diskurs*, bei dem politische Akteur*innen untereinander kommunizieren, Programme entwickeln und politische Entscheidungen in der Öffentlichkeit präsentieren, begründen und rechtfertigen. Akteur*innen sind sowohl Politiker*innen und Verwaltungsmitarbeitende, die die politischen Entscheidungen koordinieren, als auch Medien, Aktivist*innen, Intellektuelle, Expert*innen, Think-tanks, Interessengruppen, epistemische Gemeinschaften und soziale Bewegungen (Schmidt 2006, S. 253, 2008, S. 310). Hier spielen insbesondere die kognitiven Kriterien von Ideen eine Rolle (Schmidt 2002, S. 221).

Auf der anderen Seite findet der *kommunikative Diskurs* zwischen politischen Akteur*innen und der Öffentlichkeit statt und kommuniziert die im koordinativen Diskurs entwickelten Ideen wie Politikprogramme, vor allem in Bezug auf die normativen Kriterien der Ideen. Akteur*innen sind öffentliche Verwaltungsmitarbeitende, gewählte Vertreter*innen, Expert*innen, Interessengruppen und Aktivist*innen, die sich in politische Entscheidungen einbringen wollen sowie die allgemeine Öffentlichkeit (Schmidt 2006, S. 255, 2008, S. 310). Oft geht ein diskursiver Prozess von den politischen Eliten zur Öffentlichkeit, kann aber auch andersherum geschehen, von Aktivist*innen zur politischen Ebene, oder auch nur im Bereich der Zivilgesellschaft bleiben ohne die politische Ebene zu erreichen (Schmidt 2008, S. 311).

Diffundieren Ideen von einem Kontext in einen anderen – räumlich oder thematisch gesehen – müssen sie für den jeweiligen neuen Kontext als passend übersetzt werden (Campbell 2004, S. 65). *Diffusion* wird dabei von Campbell (2004, S. 77) verstanden als „spread of institutional principles or practices with little modification through a population of actors". Je größer die Unterstützung für die neue Idee ist, umso wahrscheinlicher ist eine Übersetzung der Idee während der Diffusion ohne große Abwandlungen (Campbell 2004, S. 81).

Für die vorliegende Arbeit kann aus den vergangenen Absätzen geschlussfolgert werden, dass Ideen im Diskurs sowohl normativen als auch kognitiven Kriterien gerecht werden müssen. Welches Kriterium im Fokus ist, liegt am jeweiligen Diskurs, in dem die Ideen vorgebracht werden und den daran beteiligten Akteur*innen. Daneben müssen Ideen übersetzt werden, wenn sie von einem Kontext in einen anderen diffundieren. Je besser sie zu den dortigen Gegebenheiten passen, umso weniger werden sie im Laufe der Übersetzung abgewandelt.

3.2.4 Institutionen

Institutionen werden im diskursiven Institutionalismus als Regeln oder Strukturen verstanden, die das Handeln von Individuen und Gruppen leiten. Sie können sowohl formelle Gesetze als auch informelle Regeln sein. Campbell (2004, S. 1) definiert sie als

> „the foundation of social life. They consist of formal and informal rules, monitoring and enforcement mechanisms, and systems of meaning that define the context within which individuals, corporations, labor unions, nation-states, and other organizations operate and interact with each other."

Hier werden Überschneidungen zwischen Institutionen und den im Hintergrund liegenden Ideen deutlich, da auch Paradigmen als „systems of meaning" bezeichnet werden könnten und das Handeln von Akteur*innen beeinflussen. Im soziologischen Institutionalismus werden Institutionen definiert als „letztlich jede Art von (dauerhaft) reproduzierten sozialen Praktiken, die sich in der Empirie für eine Organisation als bedeutungsvoll herausgestellt haben" (Senge und Hellmann 2006, S. 18). Auch Normen, Orientierungspunkte für Handeln, Werte und unbewusste Handlungsroutinen sind Institutionen, da sie das Handeln von Organisationen bestimmen (Senge und Hellmann 2006, S. 18). An Hay (2001, S. 213) orientiert stellt dagegen ein Paradigmenwechsel nicht automatisch institutionellen Wandel dar. Die Übersetzung eines Paradigmas in Institutionen ist ein längerer Prozess, der nicht immer erfolgreich ist.

Campbell (2004, S. 1) weist darauf hin, dass die Institutionen stets die Ressourcen und Macht derjenigen reflektieren, die sie geschaffen haben und dadurch gleichzeitig die weitere Macht- und Ressourcenverteilung in einer Gesellschaft beeinflussen. Diese Institutionen beeinflussen, welche Ideen sich durchsetzen können und stellen daher wichtige Rahmenbedingungen dar. Sind neue Ideen einmal institutionalisiert, hemmen sie zukünftigen institutionellen Wandel und sorgen für Pfadabhängigkeit (Campbell 2004, S. 110). Dadurch und durch ihren Einfluss auf das Handeln von Menschen und wie sie ihre Umwelt wahrnehmen, tragen sie zu einer Stabilisierung der sozialen Welt bei (Campbell 2004, S. 1).

Durchlässige Institutionen ermöglichen es institutionellen Unternehmer*innen im Vergleich zu sehr isolierten Institutionen, sich einzubringen und Veränderungen anzustoßen (Campbell 2004, S. 178). Wie genau sich durchlässige Institutionen auszeichnen, wird jedoch bei Campbell (2004) nicht deutlich. Laut Sheingate (2003, S. 193) können institutionelle Unternehmer*innen Innovationen besonders gut dann einbringen, wenn Unsicherheiten oder Unklarheiten über institutionelle Strukturen bestehen. Dies kann durch externe Vorkommnisse geschehen, aber beispielsweise auch in Zeiten von Wahlkämpfen.

3.3   Politikwandel laut diskursivem Institutionalismus

3.3.1   Arten und Intensitäten von Politikwandel

Die Vertreter*innen des diskursiven Institutionalismus beschreiben unterschiedliche Intensitäten von Wandel, die mit der Veränderung von Ideen auf unterschiedlichen Ebenen einhergehen. Auch wenn im diskursiven Institutionalismus und anderen Strängen des Neoinstitutionalismus meist von Veränderungen von Institutionen gesprochen wird, geht diesen stets eine Veränderung von vorherrschenden Ideen sowie von politischen Entscheidungen und Policies voraus. Hier wird sich zunächst dem Politikwandel in seinen unterschiedlichen Ausprägungen zugewandt.

Verändern sich die Dimensionen einer Institution nach und nach und nur geringfügig und passen sich den neuen Gegebenheiten an, sprechen Vertreter*innen des diskursiven Institutionalismus (u. a. Blyth 2002; Campbell 2004; Quack 2006) von graduellem oder inkrementellem Wandel. Wenn sich alle Dimensionen eines Diskurses abrupt verändern, sprechen sie von revolutionärem oder transformativem Wandel und beziehen sich auf den Begriff der „Great Transformation" von Polanyi (1944).

Viele Autor*innen (u. a. Béland 2005; Blyth 2002; Cashore und Howlett 2007; Gardner 2017; Hay 2001; Schmidt 2008) verwenden dabei die von Hall (1993) eingeführte Klassifikation von Politikwandel. Er argumentiert, dass Politik aus drei zentralen Variablen besteht: Den Zielen der Politik, den Techniken oder Politikinstrumenten, die verwendet werden, um die entsprechenden Ziele zu erreichen sowie der spezifischen Ausgestaltung der Politikinstrumente (Hall 1993, S. 278). Politikwandel kann daraus abgeleitet von der geringfügigen Anpassung der Ausgestaltung der Instrumente (wie der Rentenhöhe, *Wandel erster Ordnung*), über eine Anpassung der Instrumente selbst (wie ein neues Rentensystem, *Wandel zweiter Ordnung*) bis hin zur Veränderung der Ziele dieser Politik (wie hinter der Altersvorsorge stehende Werte, *Wandel dritter Ordnung*) reichen. Während die Veränderungen erster und zweiter Ordnung einen gewöhnlichen Teil von Politik darstellen, ist die dritte Form der Veränderung eine radikale *Transformation* (Hall 1993, S. 278–281). Veränderungen erster und zweiter Ordnung geschehen regelmäßig, wenn Unzufriedenheit mit den bestehenden Instrumenten und vergangenen Erfahrungen aufkommt und die gesetzten Ziele nicht mehr zufriedenstellend erreicht werden (Hall 1993, S. 278–283). Veränderung dritter Ordnung passiert dagegen seltener und geht zudem mit einer Veränderung oder Erneuerung der bestehenden Paradigmen einher (Hall 1993, S. 279).

In diesem Zusammenhang argumentiert Hall, dass die Wahl zwischen konkurrierenden Paradigmen meist nicht nur auf Basis wissenschaftlicher Erkenntnisse getroffen werden kann und der Wechsel von einem vorherrschenden Paradigma zu einem neuen meist nicht nur von den Argumenten der Verfechter*innen des neuen Paradigmas abhängt, sondern auch von Macht- und Ressourcenverteilungen und äußeren Einflüssen (Hall 1993, S. 280). In demokratischen Gesellschaften findet der Kampf um konkurrierende Paradigmen und ein möglicher Paradigmenwechsel unter anderem in der Öffentlichkeit statt und beinhaltet Diskussionen und Abwägungen alternativer Paradigmen auch in den Medien (Campbell 2004, S. 34; Hall 1993, S. 286; Hay 2001, S. 200). Schmidt (2002, S. 223 f.) fügt dem jedoch hinzu, dass es keinen kompletten Austausch eines Paradigmas benötigt, um von Paradigmenwechsel zu sprechen, da stets unterschiedliche Paradigmen in einer Gesellschaft nebeneinander existieren. Ein Paradigmenwechsel ist also der Austausch des vorherrschenden Paradigmas, das politische Entscheidungen leitet, jedoch keine komplette Verdrängung oder Veränderung des früheren Paradigmas.

Laut Hay (2001, S. 213) kann transformativer Wandel beziehungsweise Paradigmenwechsel mit Institutionenwandel einhergehen, was aber nicht immer der Fall sein muss. Doch wenn es dazu kommt, kann die durchgesetzte Idee unabhängig von den Akteur*innen ein Eigenleben entwickeln und strukturiert damit Handeln und sorgt für Pfadabhängigkeiten (Berman 1998, S. 26 f.). Um diese unterschiedlichen Grade der Veränderung besser unterscheiden zu können, werden diese in diesem Buch weiter ausdifferenziert und anhand der Ebenen von Ideen (siehe Abschn. 3.2.1) zusammengeführt (siehe Abb. 3.1).

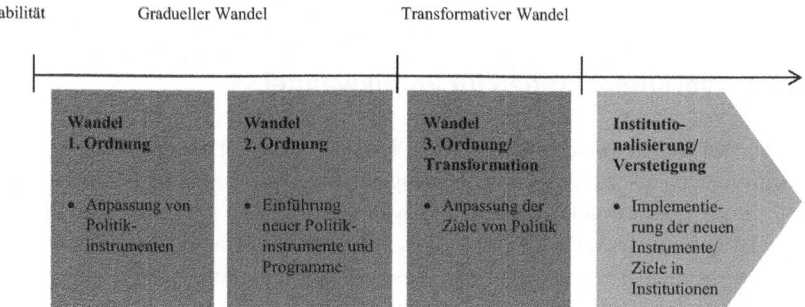

Abb. 3.1 Formen und Intensitäten von Politikwandel. *Die Abbildung zeigt die Grade von Politikwandel. Während Stabilität eine Zeit ohne Veränderung ist, werden beim graduellen Wandel nur Politikinstrumente bzw. Policies angepasst (Wandel erster Ordnung) oder auch neue Instrumente oder Programme eingeführt (Wandel zweiter Ordnung). Bei Transformation werden auch die Ziele von Politik und die dahinterstehenden Paradigmen und öffentlichen Empfindungen verändert (Wandel dritter Ordnung). Auf alle Grade des Wandels kann eine Implementierung der neuen Instrumente oder Ziele in neue Institutionen folgen, was jedoch nicht immer der Fall ist.* Quelle: Hall (1993), Blyth (2002), Campbell (2004) und Hay (2001). Eigene Darstellung

Stabilität beschreibt den Zustand ohne Veränderung. Inkrementeller oder gradueller Politikwandel ist eine Veränderung von Ideen auf den Ebenen der Policies und Programme. Eine erste Stufe hiervon ist Veränderung erster Ordnung, bei der lediglich die Politikinstrumente angepasst werden beziehungsweise neue Policies umgesetzt werden. Eine zweite Stufe graduellen beziehungsweise inkrementellen Wandels, der Wandel zweiter Ordnung, beinhaltet neben neuen Policies auch die Einführung neuer Programme, jedoch noch keinen grundlegenden Wandel. Eine weitere Stufe von Veränderung ist die Transformation, ein grundlegender Wandel dritter Ordnung, der die Veränderung der Ziele von Politik sowie der Paradigmen beinhaltet. An letzter Stelle dieser Abstufung unterschiedlicher Formen von Politikwandel steht eine Institutionalisierung, bei der Policies, Programme oder Paradigmen verändert werden und es zusätzlich zu einer formellen Überführung der neuen Ideen in Institutionen kommt. Dadurch erhalten die neuen Ideen zusätzliche Stabilität und sind schwieriger zu verändern. Institutionalisierung kann sich aber sowohl auf die Verstetigung von kleinen Policies als auch von umfassenden Programmen oder gar Paradigmen beziehen, also unterschiedliche Intensitäten haben. Ausschlaggebend ist hier die Langfristigkeit der Veränderung.

3.3.2 Voraussetzungen für Politikwandel

In den folgenden Abschnitten werden Thesen aus der Theorie des diskursiven Institutionalismus zu der Frage herausgearbeitet, unter welchen Voraussetzungen es zu Politikwandel kommt und wann die Chance für höhere Grade von Wandel besteht. Dabei wird sich insbesondere an von Campbell (2004, S. 174–181) genannten Thesen orientiert, diese jedoch mit den Annahmen weiterer Autor*innen zusammengeführt und anhand der drei Bereiche Krise, neue Idee und institutionelle Unternehmer*innen sortiert (siehe Abb. 3.2).

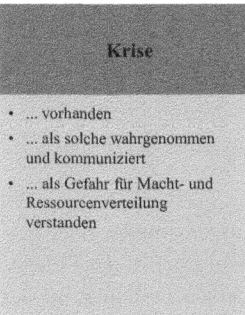

Krise	Neue Idee	Institutionelle Unternehmer*innen
• ... vorhanden • ... als solche wahrgenommen und kommuniziert • ... als Gefahr für Macht- und Ressourcenverteilung verstanden	• ... vorhanden • ... kommuniziert • ... als legitim, relevant, machbar angesehen • ... als passend für den Kontext angesehen • ... erscheint effektiver und nützlicher als andere Vorschläge	• ... vorhanden • ... kommunizieren alternative Lösungen • ... sind gut vernetzt • ... haben Zugang zu Entscheidungsträger*innen

Abb. 3.2 Kriterien für Politikwandel. *Die Abbildung zeigt Voraussetzungen für Politikwandel. Demnach muss eine Krise vorhanden sein, die von den Entscheidungsträger*innen als solche wahrgenommen und kommuniziert wird und als Gefahr für die Macht- und Ressourcenverteilung wahrgenommen wird. Daneben müssen Ideen vorhanden sein und artikuliert werden, die als legitime, machbare, passende, relevante und im Vergleich zu anderen Möglichkeiten als effektivere Lösung angesehen werden. Institutionelle Unternehmer*innen müssen vorhanden sein, die diese Lösung voranbringen und dafür über die nötigen Netzwerke verfügen.*
Quelle: Campbell (2004). Eigene Darstellung

(a) Politikwandel geschieht in Krisenzeiten, wenn durch Vorkommnisse von außen oder Widersprüche von innen Unsicherheiten vorhanden sind, welche die Akteur*innen zur Suche nach neuen Institutionen bewegen (Blyth 2002, S. 10 f.; Campbell 2004, S. 174 f.).

Einige Autor*innen argumentieren, dass in Zeiten von hoher Unsicherheit oder Krisen am ehesten institutioneller Wandel durch Ideen hervorgerufen wird. Dies können wirtschaftliche Katastrophen aber auch interne Widersprüche sein (Blyth 2002, S. 11, 270; Schmidt 2002, S. 225 f.). Krisen sind laut Hay (2006, S. 67) Momente, in denen Akteur*innen die Wahrnehmung ihrer Interessen in Frage stellen und in denen Kämpfe über die Definition der Krise und möglicher Lösungen stattfinden. In Krisenzeiten ist es für Akteur*innen schwierig oder unmöglich, mit ihren üblichen Programmen bestehende Probleme zu lösen (Campbell 2004, S. 115; Schmidt 2002, S. 225 f.). Auch ist den Entscheidungsträger*innen teilweise selbst unklar, was ihre Interessen sind (Campbell 2004, S. 115). In diesen Zeiten hoher Unsicherheit entsteht eine Offenheit gegenüber neuen Ideen und Werten, bestehende Werte und Ideen werden vermehrt herausgefordert. „It is only in those moments when uncertainty abounds and institutions fail that ideas have this truly transformative effect on interests" (Blyth 2002, S. 270). In diesen Phasen ermächtigen Ideen Akteur*innen dazu, bestehende Institutionen zu hinterfragen, reduzieren außerdem Unsicherheiten und ermöglichen Koalitionenbildung zwischen Anhänger*innen ähnlicher Ideen, ermöglichen die Konstruktion neuer Institutionen und koordinieren die Erwartungen der Akteur*innen (Blyth 2002, S. 15, 35). Doch auch interne Widersprüche können zu institutionellen Veränderungen führen, wenn beispielsweise kognitive und normative Argumente sich widersprechen (Schmidt 2002, S. 227) oder neue Machtkonstellationen entstehen:

> „Veränderungen in den Interessen- und Machtkonstellationen, sozialer Wandel sowie neue Einstellungen und Präferenzen in einer Gesellschaft veranlassen individuelle und kollektive Akteure dazu, sich Institutionen immer wieder neu anzueignen, sie zu interpretieren und ‚auszuhandeln': Dies sind die internen Triebfelder des Institutionenwandels." (Quack 2006, S. 180)

(b) Weitere Voraussetzung für Politikwandel ist, dass die Entscheidungsträger*innen die Situation als Krise und als Gefahr für die aktuelle Macht- und Ressourcenverteilung wahrnehmen (Blyth 2002, S. 9; Campbell 2004, S. 175 f.; King 1999, S. 39).

Das Vorhandensein von Krisen alleine führt nicht automatisch zu Politikveränderungen, da eine weitere Voraussetzung ist, dass die Krisen von den Entscheidungsträger*innen als solche wahrgenommen werden und eine Suche nach neuen
Lösungen angestoßen wird (Campbell 2004, S. 115–175).

Wird in Krisenzeiten das Versagen bestehender Politikinstrumente und Paradigmen deutlich und kann ein vorherrschendes Paradigma die Entwicklungen
nicht mehr ausreichend erklären, stehen die Chancen besonders gut, dass ein
neues Paradigma erfolgreich ein altes ersetzt (Hall 1993, S. 285). In diesen von
Unsicherheit geprägten Zeiten wird in der Politik zunächst versucht, bestehende
Instrumente oder das Paradigma geringfügig anzupassen oder das bestehende Problem umzudefinieren. Gelingt dies nicht, kann es zu einem Legitimationsverlust
der Paradigmen und einem Paradigmenwechsel kommen (Hall 1993, S. 280; Hay
2001, S. 193).

Dabei werden Akteur*innen einen Wandel eher unterstützen, wenn sie annehmen,
men, dass er ihre Ressourcen oder ihre Macht steigert, und eher versuchen ihn
zu verhindern, wenn er ihre Ressourcen oder Macht voraussichtlich verringern
wird (Campbell 2004, S. 176). Mit der Macht der Entscheidungsträger*innen ist
hier ihre Möglichkeit gemeint, die Denk- und Handlungsalternativen bestimmter Gruppen einzuschränken, indem politische Entscheidungen getroffen oder
indem Paradigmen und öffentliche Empfindungen beeinflusst werden (Knight
1992, S. 41 f.). Oder, bezogen auf drei von Carstensen und Schmidt (2016)
beschriebene Formen von Macht, verfügen die Entscheidungsträger*innen insbesondere über „power over ideas" – die Möglichkeit, zu beeinflussen, welche
Ideen diffundieren und politische Entscheidungen zu beeinflussen –, sowie „power
through ideas" – die Möglichkeit der bewussten Kommunikation von Ideen zur
Beeinflussung des Denkens und Handelns anderer. Sehen die Entscheidungsträger*innen diese Macht gefährdet, unterstützen sie eher eine Idee für politische
Veränderung, wenn sie annehmen, dass diese eine Stärkung ihrer Macht ermöglicht. Einmal von vielen Akteur*innen als gegeben angesehen, können jedoch
auch Ideen selbst eine Macht entfalten, „power in ideas" (Carstensen und Schmidt
2016), sich gegenüber anderen Ideen durchsetzen und Veränderungen verhindern
oder voranbringen. Pfadabhängigkeiten erschweren dabei aber Veränderungen, da
der Aufbau neuer Institutionen stets aufwändiger ist als das Beibehalten des Status
quo (Campbell 2004, S. 65–67).

**(c) Eine neue Idee muss vorhanden sein und so kommuniziert werden, dass
sie für das wahrgenommene Problem als im Vergleich zu anderen Ideen als
effektivere Lösung gesehen wird und als legitim, angemessen und nützlich
erscheint** (Campbell 2004, S. 117, 179; Dacin et al. 2002, S. 47; Schmidt 2002,
S. 217–219).

Eine Idee, beispielsweise ein neues Programm, kann am ehesten dann durchgesetzt werden, wenn glaubwürdig gezeigt werden kann, dass es effektiver ist als ein anderes Programm in Bezug auf die wahrgenommene Krise. Sie muss wünschenswerter und nützlicher erscheinen als die bisherige und als andere neue Lösungsideen (Dacin et al. 2002, S. 47; vgl. auch Schmidt 2002, S. 217–219). Daneben müssen Entscheidungsträger*innen überzeugt werden, dass die Idee für den jeweiligen lokalen Kontext angemessen und legitim ist und dass sie sich einfach umsetzen lässt. Dazu ist es hilfreich, wenn die Idee bereits in anderen Kontexten erfolgreich umgesetzt wurde (Campbell 2004, S. 179). Hier spielen die in Abschnitt 3.2.3 genannten normativen und kognitiven Kriterien von Ideen in Diskursen eine Rolle, sowie Frames, die zur Legitimierung der Ideen genutzt werden.

(d) Institutionelle Unternehmer*innen mit finanziellen Ressourcen müssen vorhanden sein und ihre Idee einfach und verständlich formulieren (Campbell 2004, S. 177 f.; Schmidt 2002, S. 304).

Die Kommunikation der neuen Idee ist eine weitere notwendige Voraussetzung für Politikwandel. Dazu muss die Idee von den institutionellen Unternehmer*innen einfach und verständlich als geeignete Lösung für die bestehenden Probleme artikuliert werden. Bei der Ablösung von Paradigmen gehören, zumindest in demokratischen Gesellschaften, auch Diskussionen der Paradigmen in der Öffentlichkeit dazu, beispielsweise in den Medien (Campbell 2004, S. 34; Hall 1993, S. 286; Hay 2001, S. 200). Dafür sind personelle und auch weitere Ressourcen notwendig, weshalb institutionelle Unternehmer*innen größere Chancen haben, ihre Ideen durchzusetzen, wenn sie über mehr finanzielle Ressourcen verfügen als die Verfechter*innen konkurrierender Ideen (Campbell 2004, S. 178 f.).

(e) Institutionelle Unternehmer*innen müssen vernetzt sein, insbesondere zu den Entscheidungsträger*innen und müssen die Idee an diese kommunizieren (Campbell 2004, S. 178 f.).

Um ihre Idee zu verbreiten und zur Umsetzung zu bringen, müssen die institutionellen Unternehmer*innen Zugang zu den jeweils relevanten Entscheidungsträger*innen haben und ihnen die Idee vermitteln. Daneben benötigen die institutionellen Unternehmer*innen Unterstützung von anderen Akteur*innen, weshalb sie ihre Idee in unterschiedlichen Kontexten verbreiten müssen (Campbell 2004, S. 178 f.).

Es lässt sich also festhalten, dass das Vorhandensein von Krisen, die als solche anerkannt und kommuniziert werden, notwendige Voraussetzung für Politikwandel ist. Darüber hinaus werden alternative Ideen für neue politische Lösungen benötigt sowie institutionelle Unternehmer*innen, die diese kommunizieren (siehe Abb. 3.2). Daneben gibt es eine Reihe von Kriterien dafür, ob der Wandel eher graduell oder transformativ ausfällt, die in den folgenden Thesen dargestellt werden und in Tabelle 3.2 aufgeführt sind.

Tab. 3.2 Voraussetzung für graduellen und transformativen Wandel

Gradueller Wandel	Transformativer Wandel
Ideen, die besser in den bestehenden Kontext passen	Ideen, die kaum in den Kontext passen und mehr Veränderung erfordern
Institutionelle Unternehmer*innen sind weniger vernetzt	Institutionelle Unternehmer*innen haben größere Netzwerke
Entscheidungsträger*innen sind nicht vollkommen von der Idee überzeugt und stellen nicht die nötigen Ressourcen bereit	Entscheidungsträger*innen stehen voll hinter der Idee und nutzen die notwendigen Ressourcen

*Die Tabelle zeigt Kriterien dafür, wann ein Politikwandel eher graduell, als Wandel erster oder zweiter Ordnung, und wann eher transformativ (Wandel dritter Ordnung) verläuft. Wie der Tabelle zu entnehmen ist, hängt dies von der Passung der Ideen, den Netzwerken der institutionellen Unternehmer*innen sowie den Einstellungen der Entscheidungsträger*innen ab.*
Quelle: Campbell (2004). Eigene Darstellung.

(f) Ideen, die besser in den bestehenden Kontext passen, können zwar einfacher umgesetzt werden, bewirken dann aber eher einen graduellen als einen transformativen Wandel (Campbell 2004, S. 179–181).

Ideen, die in bestehende institutionelle Kontexte passen, können sich leichter durchsetzen ohne abgewandelt oder verworfen zu werden als Ideen, die große Veränderungen erfordern. Dies betrifft sowohl die Übereinstimmung mit bestehenden Gesetzen als auch mit Paradigmen oder Empfindungen der Öffentlichkeit. Ideen, die besonders gut in den bestehenden Kontext passen – also Policies oder Programme, die mit bestehenden Paradigmen und Empfindungen übereinstimmen – sorgen folglich für einen Wandel eher geringeren Grades und hinterfragen nicht die im Hintergrund stehenden Ideen (Campbell 2004, S. 179–181).

(g) Institutionelle Unternehmer*innen, die verschiedenen Netzwerken angehören und dadurch Zugang zu einem breiteren Ideenspektrum haben, können eher radikale Ideen durchsetzen als Akteur*innen die weniger breit vernetzt sind (Campbell 2004, S. 178).

Neue Ideen sind in den meisten Fällen eine innovative Kombination aus verschiedenen vorhandenen Ideen. „[…] [A]ctors often craft new institutional solutions by recombining elements in their repertoire through an innovative process of *bricolage* whereby new institutions differ from but resemble old ones" (Campbell 2004, S. 69). Mit bricolage meint Campbell ebendiese Zusammenstellung vorhandener Ideen verschiedener Kontexte zu einer neuen innovativen Idee. Daher fällt der Wandel umso geringer aus, je näher die neue Idee an den bisher bestehenden ist und umso eher ist der Wandel von Pfadabhängigkeiten gekennzeichnet. Grundlegende Annahmen werden dann nicht in Frage gestellt.

Sind institutionelle Unternehmer*innen in verschiedenen Netzwerken verankert und haben aus diesem Grund Zugang zu einem breiten Ideenspektrum, so können sie radikalere neue Ideen formulieren. Sind sie weniger breit vernetzt, so bewirkt ihr Zugang zu einem nur sehr begrenzten Repertoire an Ideen das Entstehen weniger radikaler Ideen. Dementsprechend fällt der angestoßene Wandel dann eher graduell als transformativ aus (Campbell 2004, S. 178).

(h) Politikwandel kann eher dann einen höheren Grad erreichen, wenn die Entscheidungsträger*innen die neue Idee unterstützen und die nötigen Ressourcen für die Umsetzung einsetzen (Campbell 2004, S. 181).

Da die Veränderung von Paradigmen oder gar Institutionen mehr Aufwand bedeutet als ein Wandel erster oder zweiter Ordnung, werden Entscheidungsträger*innen stets erst versuchen, nur Policies und Programme zu verändern, es sei denn sie sind von der Notwendigkeit der neuen Paradigmen überzeugt. Dafür müssen sie zu der Einschätzung gelangen, dass sie über die dafür notwendigen Ressourcen verfügen und diese einsetzen können (Campbell 2004, S. 181). Daher ist ein transformativer Wandel wahrscheinlicher, wenn die Entscheidungsträger*innen die Idee unterstützen und ihre Ressourcen für dessen Umsetzung zur Verfügung stellen.

3.4 Bisherige Anwendungen des diskursiven Institutionalismus

Der theoretische Ansatz des diskursiven Institutionalismus und die sich daraus ergebenden Forschungsfragen und methodischen Vorgehen wurden in den vergangenen Jahren von zahlreichen Autor*innen verwendet. Nachdem in den vorangegangenen Abschnitten die Grundgedanken, Konzepte und Annahmen der Theorie dargestellt wurden, wird im Folgenden nun gezeigt, in welchen Themenfeldern und mit welchen Methoden der Theorieansatz bisher Anwendung fand. Daraus können möglicherweise Schlüsse gezogen werden, für welche Anwendungen sich die Theorie eignet, welche Methoden in Frage kommen und welche Fragen bisher offengeblieben sind.

In den meisten Studien ist bereits zu Beginn der Analyse deutlich, ob es zu
einer Veränderung kam oder nicht; die Autor*innen analysieren dann die Ursache
und den genauen Prozess der Veränderung. Bei einem Blick auf Studien, die den
diskursiven Institutionalismus als Grundlage verwenden, fällt außerdem auf, dass
die meisten Studien mit einzelnen Fallstudien die nationale Ebene untersuchen
oder Diskurse und politische Entscheidungen im Ländervergleich untersuchen
(u. a. Berman 1998; Boswell und Hampshire 2017; Di Gregorio et al. 2017; Kern
2011; Lieberman 2007; Ochieng et al. 2016; Schmidt 2002, 2014; K. Smith 2013;
Wallaschek 2020). Nur wenige Studien untersuchen Diskurse und Ideen auf lokaler Ebene (u. a. Gardner 2017; Granqvist et al. 2020; Romsdahl et al. 2017). So
beziehen sich auch die meisten Hypothesen zur Bedeutung von unterschiedlichen
Arten von Diskursen und Ideen auf die nationale Ebene der Politik.

Besonders häufig wurde der diskursive Institutionalismus außerdem im Zusammenhang mit Studien zur Europäisierung oder Politik der Europäischen Union
verwendet (u. a. Fairbrass 2011; Heidbreder 2013; Heron und Murray-Evans
2016; Herranz-Surralles 2016; Lauber und Schenner 2011; Nordin 2017; Rayroux 2014; Risse 2001; Schmidt 2006, 2014, 2016; Wallaschek 2020; Wendler
2019). Fairbrass (2011) findet in ihrer Studie heraus, dass die Diskussionen um
Corporate Social Responsibility auf europäischer Ebene hauptsächlich in koordinativen Diskursen unter Einbeziehung nur weniger Akteur*innen stattgefunden
haben.

Darüber hinaus wenden Autor*innen den diskursiven Institutionalismus im
Zusammenhang mit unterschiedlichen Entscheidungen und Entwicklungen in
wirtschafts- und finanzpolitischen Fragen an (u. a. Bakir 2009; Campbell-Verduyn
2017; Heron und Murray-Evans 2016; Hope und Raudla 2012; Schmidt 2002,
2016; Warren 2020; Widmaier 2016) und mit der Analyse von Veränderungen
der sozialdemokratischen Parteien in Deutschland und Schweden (Berman 1998).
Bei einem Vergleich der Steuerpolitik in Estland und den USA kommen Hope
und Raudla (2012) zu dem Schluss, dass der diskursive Institutionalismus auch
zur Erklärung von politischer Stabilität geeignet ist und auch der Mangel an Veränderung ein Ergebnis von Diskursaktivitäten sein kann. Andere Analysen, für
welche die Autor*innen den diskursiven Institutionalismus verwenden, beschäftigen sich unter anderem mit nationalen und europäischen Identitäten (Risse
2001), den politischen Entscheidungen für oder gegen die Einführung der Ehe
zwischen gleichgeschlechtlichen Paaren (Grube und van Acker 2017) oder der
Gesundheitspolitik (K. Smith 2013). Vermehrt wird diese Theorieströmung auch
für Studien im Nachhaltigkeitsbereich verwendet, wie zur Untersuchung von
Umwelt-, Energie- und Klimapolitik (u. a. Buijs et al. 2014; den Besten et al.
2014; Di Gregorio et al. 2017; Gillard 2016; Henrysson und Hendrickson 2020;
Kern 2011; Klenk und Larson 2015; Ochieng et al. 2016; Romsdahl et al. 2017;

Vijge 2013; Wendler 2019). In ihrer Studie kommen Romsdahl et al. (2017) zu dem Schluss, dass in unterschiedlichen Städten sich die Narrative und Diskurse über den Klimawandel durchaus unterscheiden, um besser an lokale Begebenheiten anzuschließen. Diese Diskursunterschiede können dann auch unterschiedliche politische Entscheidungen mit sich bringen.

Die meisten Studien verwenden als Methode zur Analyse der Ideen und Diskurse qualitative Interviews (u. a. Bosomworth 2018; Gardner 2017; Granqvist et al. 2020; Kern 2011; Kromidha und Cordoba-Pachon 2017; Lauber und Schenner 2011; Romsdahl et al. 2017), Online-Fragebögen (u. a. Bosomworth 2018; Romsdahl et al. 2017) und Dokumentenanalysen, beispielsweise von Zeitungsartikeln oder Politikdokumenten (u. a. Fairbrass 2011; Granqvist et al. 2020; Henrysson und Hendrickson 2020; Kern 2011; Kromidha und Cordoba-Pachon 2017; Lauber und Schenner 2011; Romsdahl et al. 2017; Stassen et al. 2010).

Boswell und Hampshire (2017) untersuchen in ihrer Studie verschiedene Strategien, die politische Akteur*innen nutzen, um ausgewählte Ideen gegenüber anderen hervorzuheben. Eine dieser Strategien ist das Betonen der technischen Seite einer Idee, wodurch mögliche Widersprüche zu verbreiteten normativen Ideen nicht deutlich werden und Diskussionen auf grundlegender Ebene möglichst vermieden werden können. Heidbreder (2013) zeigt am Beispiel der EU, wie öffentliche Empfindungen von Paradigmen entkoppelt werden, wenn sie sich widersprechen. So existieren die Werte und Ziele nationaler Souveränität parallel mit dem nach europäischer Integration, sowie Politikinstrumente für beide Seiten, gleichwohl die im Hintergrund liegenden Ideen sich widersprechen. Bei der Legitimierung der Ideen kann es in einigen Fällen jedoch zu Schwierigkeiten kommen, wenn Politikinstrumente offensichtlich nicht zu den öffentlichen Empfindungen passen.

Kern (2011) dagegen untersucht anhand der Energiepolitik in den Niederlanden und Großbritannien, wie Interessen, Diskurse und Institutionen zusammenhängen. Er kommt dabei zu dem Ergebnis, dass radikaler Wandel dann vorkommen kann, wenn die neuen Diskurse sowohl den bestehenden Interessen der im jeweiligen Feld wichtigen politischen Akteur*innen widersprechen, als auch bestehende Institutionen herausfordern. Ansonsten seien nur kleinere oder keine Veränderungen zu erwarten. Oft würden aber im Prozess der Institutionalisierung die neuen Ideen insoweit abgeschwächt, dass sie die bestehenden Interessen oder Institutionen unterstützen. Kern liefert allerdings keinen Ansatzpunkt, wann und mit welchen diskursiven Strategien diese erfolgreiche Durchsetzung von neuen Diskursen ohne Anpassung an bestehende Interessen und Institutionen erfolgreich ist. Wichtig für die vorliegende Arbeit ist jedoch seine Schlussfolgerung, dass durch unterschiedliche Interessen und Institutionen in verschiedenen Kontexten keine universelle Lösung für erfolgreiche Energietransformation möglich

ist, da aufgrund der bestehenden Rahmenbedingungen jeweils unterschiedlich auf
Lösungsvorschläge reagiert wird (Kern 2011, S. 1130). Dieses Forschungsergeb-
nis kann womöglich auch auf andere Bereiche von Transformation übertragen
werden, wo auch stets die Rahmenbedingungen einer gewünschten Veränderung
beachtet werden müssen, was in der vorliegenden Arbeit vorgenommen wird.

Bezüglich der Operationalisierung von Wandel erster, zweiter und dritter Ordnung schlägt Gardner (2017, S. 154 f.) vor, Wandel erster und zweiter Ordnung
als materiellen Wandel zu begreifen, während Wandel dritter Ordnung diskur-
siv erfolgt. Dies widerspricht jedoch dem Argument von Hall (1993, S. 179,
Endnote 21), Wandel dritter Ordnung würde zusätzlich die Veränderungen der
Instrumente (zweite Ordnung) und deren Ausgestaltung (erste Ordnung) mit sich
bringen. Umgekehrt beinhalten auch Veränderungen erster und zweiter Ordnung
diskursive Veränderungen, da dort ebenfalls Ideen ausgetauscht und durchgesetzt
werden.

3.5 Zwischenfazit: Zusammenführung der theoretischen Konzepte und Schlussfolgerungen für die Analyse

Der diskursive Institutionalismus ist im Vergleich zu den anderen Strömungen
des Neoinstitutionalismus dadurch gekennzeichnet, dass der Fokus auf der Rolle
von Ideen bei Politikveränderungen liegt. Gleichzeitig beinhaltet der diskursive
Institutionalismus aber auch einige Argumente der anderen Strömungen, indem
Pfadabhängigkeiten ebenfalls als einschränkend für Politikwandel wahrgenommen werden, die Interessen von Entscheidungsträger*innen und ihr Streben nach
Macht und Ressourcen auch eine Rolle spielen ebenso wie ihre Werte, Normen und Identitäten. Der Fokus liegt bei dem diskursiven Institutionalismus
jedoch auf der Kommunikation von Ideen durch Akteur*innen in Diskursen. Es
wird angenommen, dass Politikveränderungen nicht nur durch exogene Ereignisse
ermöglicht werden, sondern dass auch durch interne Widersprüche und Krisen
neue Ideen an Bedeutung gewinnen und in der Folge Politikwandel mit sich
bringen können.

Dieser Wandel kann unterschiedliche Arten von Ideen betreffen. So werden
hier, angelehnt an die drei Ebenen von Ideen nach Schmidt (2008) sowie die Kategorisierung von Campbell (2004), fünf Arten von Ideen unterschieden: Policies,
Programme, Frames, Paradigmen und öffentliche Empfindungen. Im Vordergrund,
in Diskursen explizit benannt und den Akteur*innen bewusst, sind die Policies,
Programme und Frames. Paradigmen und öffentliche Empfindungen dagegen liegen im Hintergrund der Diskurse, werden oftmals nicht explizit formuliert und

sind vielen Akteur*innen nicht bewusst. Während sich Policies und Frames häufig und leicht verändern, ist dies bei Programmen etwas schwieriger. Paradigmen und öffentliche Empfindungen lassen sich nur sehr schwer und selten verändern. Wenn dies aber geschieht, dann stellt es einen Wandel höherer Intensität dar, als lediglich die Einführung einer neuen Policy.

Daran schließt die Unterscheidung von drei Graden der Veränderung nach Hall (1993) an, die hier daher mit der Kategorisierung von Ideen nach Schmidt (2008) und Campbell (2004) in Verbindung gebracht wird (siehe Abb. 3.3). Wenn sich lediglich Policies oder Frames verändern, führt dies zu einem Wandel erster Ordnung. Werden umfassende Programme neu eingeführt, kommt es zu einem Wandel zweiter Ordnung. Beide Formen stellen einen graduellen Wandel dar. Verändern sich dagegen Paradigmen und öffentliche Empfindungen und damit einhergehend nach und nach auch die daraus abgeleiteten Policies, Programme und Frames, so kommt es zu einem Wandel dritter Ordnung. Dieser wird auch als Transformation bezeichnet. In allen drei Fällen kann es zu einer Institutionalisierung der neuen Ideen kommen, was aber nicht immer der Fall ist.

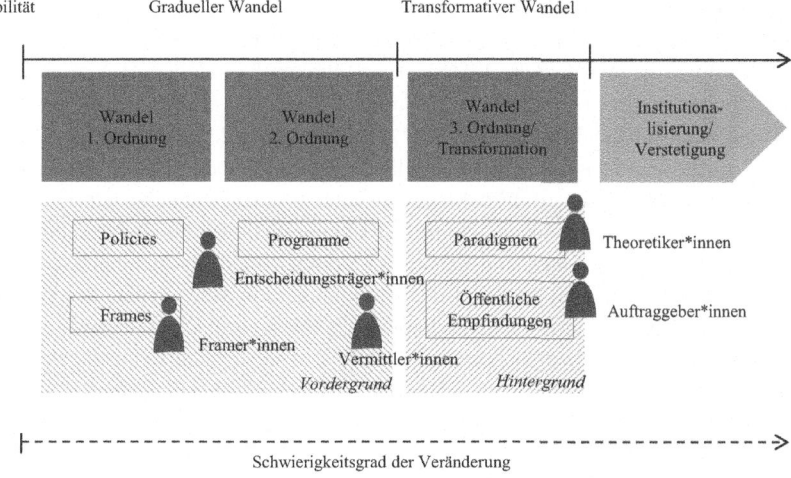

Abb. 3.3 Ideen, Akteur*innen und Wandel im diskursiven Institutionalismus. *Die Abbildung zeigt den Zusammenhang zwischen verschiedenen Kategorien von Ideen und Gruppen von Akteur*innen, die diese voranbringen. Außerdem werden die Ideen den unterschiedlichen Graden von Politikwandel zugeordnet, wobei die Institutionalisierung separat betrachtet werden muss, da aus allen Ideen und Graden von Wandel Institutionalisierung folgen kann.* Quelle: Schmidt (2008), Campbell (2004), Hall (1993), Hay (2001). Eigene Darstellung.

Während von einigen Autor*innen auch Paradigmen als Institutionen verstanden werden (Senge und Hellmann 2006, S. 18), werden hier, um die Unterscheidung zwischen Institutionen als formelle Regeln und Organisationen und den dahinterliegenden Sinnstrukturen aufrecht zu erhalten, Institutionen enger definiert (Hay 2001, S. 213), und zwar als formelle Regeln, Gesetze und Organisationsstrukturen. Statt von institutionellem Wandel wird hier daher allgemeiner von Politikwandel gesprochen, mit dem eine Veränderung der vorherrschenden Ideen (Paradigmen, Empfindungen, Frames, Programme und Policies) sowie in dessen Folge der in diesem Zusammenhang stehenden Institutionen gemeint ist. In der folgenden Analyse sind einerseits das Aufkommen und die Diffusion von neuen Ideen sowie daraus möglicherweise folgende Veränderungen von Politik von Interesse. Sind diese tiefgreifend auf der Ebene von Paradigmen angesiedelt, stellen sie eine Transformation dar. Werden die Paradigmen anschließend institutionalisiert, können sie längerfristig verstetigt werden. Andererseits werden hier auch institutionelle Veränderungen im Kontext der Fallbeispiele betrachtet, die jedoch im Sinne von veränderten Rahmenbedingungen betrachtet werden, innerhalb derer die institutionellen Unternehmer*innen agieren.

Ob und zu welchem Grad von Veränderung es kommt – ob also eine Transformation erfolgt oder lediglich Veränderungen erster oder zweiter Ordnung – hängt von der Art der vorgeschlagenen Lösungen, deren Passung mit dem bestehenden Kontext, der Art, wie die Lösungen im Kontext kommuniziert werden sowie zusätzlich von den Interessen, der Macht und den Ressourcen der beteiligten Akteur*innen ab (siehe Abschn. 3.3.2). Hierbei wird deutlich, wie der diskursive Institutionalismus in seinem Erklärungsansatz Aspekte aus verschiedenen Strömungen des Neoinstitutionalismus zusammenbringt. So liegt der Fokus auf Akteur*innen mit ihren Ideen und ihrer Kommunikation in Diskursen; die Rolle von Interessen, Ressourcen und Kontextfaktoren wird jedoch auch berücksichtigt. Dabei ist das Vorhandensein und die Kommunikation einer Krise, die von den Entscheidungsträger*innen als Gefahr für ihre Macht- und Ressourcenausstattung wahrgenommen wird, Voraussetzung für Politikwandel. Weiterhin muss eine neue Idee als alternative Lösung vorhanden sein und so kommuniziert werden, dass sie als geeignet, legitim, passend und machbar angesehen wird und einer anderen Idee vorgezogen wird. Dies geschieht, indem institutionelle Unternehmer*innen diese Idee voranbringen und dabei auf gute Netzwerke und den Zugang zu Entscheidungsträger*innen zurückgreifen können. Während Ideen, die besser in den Kontext passen, leichter umgesetzt werden können und einen graduellen Wandel mit sich bringen, können radikalere und weniger passende Ideen zwar schwieriger umgesetzt werden, bewirken, wenn sie erfolgreich sind, dann aber eher eine Transformation.

Den in der Theorie genannten Arten von Ideen können Gruppen von Akteur*innen zugeordnet werden, die diese in Diskursen voranbringen (siehe Abschn. 3.2.2). Nach der Unterscheidung von Campbell (2004, S. 100–107) bringen Entscheidungsträger*innen insbesondere Policies und Programme voran. Framer*innen helfen dabei, diese passend für den Kontext und die öffentlichen Empfindungen zu formulieren. Theoretiker*innen entwickeln Paradigmen, verbreiten diese und leiten daraus Programme und Policies her. Die Auftraggeber*innen sind als Zielgruppe der Programme und Policies von ihren Empfindungen, also Werten, Normen und Identitäten, beeinflusst und bewerten, ob eine vorgeschlagene Idee dazu passt. Zwischen diesen Akteur*innen stehen Vermittler*innen, die die Ideen von einem Diskurs in einen anderen und zwischen den Gruppen von Akteur*innen verbreiten und für den jeweiligen Kontext passend übersetzen. Die institutionellen Unternehmer*innen, die neue Ideen voranbringen und damit einen Politikwandel intendieren, können aus den unterschiedlichen Gruppen von Akteur*innen kommen (Campbell 2004, S. 178). Aufgrund der Verortung der Paradigmen bei den Theoretiker*innen stellt sich die Frage, ob ein Wandel dritter Ordnung nur möglich oder zumindest wahrscheinlicher ist, wenn die institutionellen Unternehmer*innen aus der Gruppe der Theoretiker*innen stammen oder ob auch andere Akteur*innen neue Paradigmen voranbringen und Transformation anstoßen können.

Eben diese Transformation wird bei der transformativen Forschung angestrebt, bei der Forschende selbst als institutionelle Unternehmer*innen – hier als Pionier*innen des Wandels bezeichnet – agieren, neue Ideen entwickeln und in politische Prozesse einbringen (siehe Abschn. 2.2.2). Da sie dies in den meisten Fällen auf der Ebene von Städten versuchen, der diskursive Institutionalismus jedoch bisher kaum die lokale Ebene betrachtet, stellt sich die Frage, ob Veränderungen dritter Ordnung, wie vom diskursiven Institutionalismus verstanden, in dem begrenzten Raum von Städten überhaupt möglich sind. Aufgrund der Überschneidung der Definitionen von Eigenlogik als „strukturierte und strukturierende Handlungen" (Löw 2008, S. 77) und Paradigmen sowie der Beobachtung von durchaus unterschiedlichen Krisendefinitionen, Lösungsstrategien und Diskursen in Städten (u. a. Barbehön et al. 2015; Barbehön und Münch 2017; Romsdahl et al. 2017) wird in der vorliegenden Arbeit davon ausgegangen, dass sich durchaus in Städten eigenständig neue Paradigmen entwickeln und verbreiten können (siehe Abschn. 2.3).

Auch die Transition-Forschung sowie das teilweise daran angelehnte Transformationsverständnis des WBGU (2011), der die transformative Forschungsperspektive vorgestellt hat, sehen in Städten durchaus die Möglichkeit einer umfassenden Transformation. Insgesamt zeigen diese drei Ansätze viele Ähnlichkeiten in ihrem Verständnis von Transformationsprozessen, wie deren Voraussetzungen, Dauer, Umfang sowie die Art der Veränderung (siehe Tab. 3.3). Während die Transition-Forschung und der WBGU lediglich Transformationen betrachten, unterscheidet und untersucht der diskursive Institutionalismus drei Grade von Veränderungen, von denen Transformation die umfassendste ist. Alle drei Ansätze verstehen Transformation als einen umfassenden, systemübergreifenden, fundamentalen Wandel, der einen Paradigmenwechsel beinhaltet, wobei eine Teilströmung der sich auf die MLP beziehenden Transition-Forschung auch das Ersetzen einzelner Technologien als Transformation bezeichnet. In Bezug auf die zeitliche Dauer der Veränderung kann diese über mehrere Jahrzehnte geschehen, wobei sowohl der WBGU (2011) als auch einige Autor*innen aus dem Kontext der MLP (u. a. Park et al. 2012) den eigentlichen Umbruch als weniger als zehn Jahre andauernd ansehen, dem ein längerer Prozess der Destabilisierung vorangegangen ist. Während der diskursive Institutionalismus sich allgemein mit Transformationen beschäftigt und diese als anhand von alternativen Paradigmen ausgerichtet ansieht, betrachten die Transition-Forschung sowie die transformative Forschung vor allem die von ihnen geforderte Nachhaltigkeitstransformation. Auch diese spezielle Form der Transformation ist in Richtung einer vorhandenen Vision einer nachhaltigen Gesellschaft ausgerichtet.

Größere Unterschiede der Betrachtungsweise, wenngleich nicht unbedingt Widersprüche, zeigen sich bezüglich des Kontextes, der Ursachen sowie der Prozesse der Transformation. So sehen zwar alle drei Perspektiven die Rolle von Akteur*innen mit neuen Ideen oder Technologien als zentral an. Der diskursive Institutionalismus beschreibt die Rolle der institutionellen Unternehmer*innen in allen Phasen der Transformation sowie ihre notwendigen Aktivitäten und Eigenschaften (siehe Abschn. 3.3.2). Während die MLP insbesondere die Diffusion der Innovationen in die Regime herein betrachtet, wenn Druck von außen die vorherrschenden Strukturen destabilisiert, spielen Nischenakteur*innen laut WBGU (2011) insbesondere am Anfang einer Transformation eine besondere Rolle, wenn neue Werthaltungen verbreitet und Alternativen aufgezeigt werden (siehe Abschn. 2.5). Der WBGU (2011) weist zusätzlich noch darauf hin, dass diese Ereignisse und Druck von außen nicht nur Wandel erleichtern, sondern im Gegenteil auch erschweren können. Auch der diskursive Institutionalismus betont die Rolle von äußeren Ereignissen und Problemen, differenziert hier jedoch noch weiter aus, dass Krisen von den Entscheidungsträger*innen wahrgenommen und kommuniziert werden müssen, was ein langer Prozess sein kann.

In allen drei Erklärungsansätzen spielen Pfadabhängigkeiten eine große Rolle, die Veränderungen hemmen. Alle drei Perspektiven nennen weitere förderliche

Tab. 3.3 Vergleich verschiedener Transformationsdefinitionen

	WBGU	MLP	Diskursiver Institutionalismus
Zeit	Über mehrere Generationen, Beginn in 1970er Jahren, eigentlicher Umbruch in weniger als 10 Jahren möglich	a) Über mehrere Generationen b) Weniger als 10 Jahre	Kann wenige Jahre aber auch mehrere Jahrzehnte andauern
Umfang	Systemübergreifender Wandel in Politik, Wirtschaft, Gesellschaft; Weltweit, aber parallel unterschiedliche Prozesse an verschiedenen Orten	a) Systemübergreifend b) In einzelnen Teilbereichen, z. B. einzelnen Technologien	Systemübergreifende Veränderung im Hintergrund liegender Paradigmen; Teilweise zusätzlich Institutionalisierung
Art	Fundamentaler Richtungswechsel, Paradigmenwechsel	a) Fundamentaler, nicht-linearer Paradigmenwechsel b) Graduell, kontinuierlich	Fundamentaler, revolutionärer Paradigmenwechsel
Richtung	Gelenkt in Richtung einer vorhandenen Vision	Gelenkt in Richtung einer vorhandenen Vision	An alternativen Paradigmen orientiert
Kontext	Regime als einschränkende Strukturen, die sich bei Druck von außen verändern können, und Nischeninnovationen unterstützen können; Nischen ermöglichen Raum für Experimente	Regime als einschränkende Strukturen, die aber auch Veränderungen ermöglichen; Veränderungen möglich, wenn Regime durch Ereignisse der Landscape unter Druck stehen	Paradigmen und öffentliche Empfindungen sowie Institutionen sind einschränkende Strukturen, die in Krisenzeiten (interne Widersprüche und Ereignisse von außen) aufgebrochen werden können

(Fortsetzung)

Tab. 3.3 (Fortsetzung)

	WBGU	MLP	Diskursiver Institutionalismus
Prozess	Pionier*innen des Wandels in Nischen treiben Innovationen voran, experimentieren (u. a. kleine Gruppen oder einzelne Personen aus Ministerien, NGOs, Unternehmen); Kleine Veränderungen/inkrementeller Wandel durch neue Ideen der Pionier*innen des Wandels führen aufsummiert bei veränderten Rahmenbedingungen zu einer Transformation; Nischen zu Beginn einer Transformation besonders wichtig zum Aufzeigen von Alternativen	In Nischen werden Innovationen entwickelt, von denen einige als geeignete Alternativen wahrgenommen werden; Können sich durchsetzen, wenn Regime destabilisiert sind; Nischen daher besonders wichtig, wenn Regime unter Veränderungsdruck stehen	Neue Paradigmen werden von institutionellen Unternehmer*innen (aus Wissenschaft, Politik u. a.) kommuniziert, diffundieren und werden von Entscheidungsträger*innen als geeignete Lösungen für wahrgenommene Probleme akzeptiert

(Fortsetzung)

Tab. 3.3 (Fortsetzung)

	WBGU	MLP	Diskursiver Institutionalismus
Voraussetzungen	Entsprechende Werthaltungen in der Gesellschaft; Lösungen müssen legitim, akzeptabel sein, Bevölkerung muss beteiligt werden	Druck aus der Landscape auf die Regime	Problem vorhanden und wahrgenommen, Paradigma als geeignete Lösung formuliert und von institutionellen Unternehmer*innen vorangebracht, von Entscheidungsträger*innen unterstützt, die darin Vorteil für Macht und Ressourcen sehen
Förderliche Faktoren	Vorhandene Technologien, staatliche Finanzierung der Experimente und deren Verbreitung, Begleitnutzen, globale Wissensnetzwerke	Netzwerke der Nischenakteur*innen, Raum für Experimente und gewisser Abstand zu Regimen	Erfolgreiche Umsetzung an anderen Orten, klare Kommunikation der Ideen, breite Netzwerke der institutionelle Unternehmer*innen

(Fortsetzung)

Tab. 3.3 (Fortsetzung)

	WBGU	MLP	Diskursiver Institutionalismus
Hinderliche Faktoren	Pfadabhängigkeiten, Interessen, Nichtvorhandensein von Vorbildern, globale Kooperationsblockaden, enges Zeitfenster, Urbanisierung, Verfügbarkeit von Kohlereserven	Pfadabhängigkeiten der Regime, Vereinnahmung von Nischen durch Regime	Pfadabhängigkeiten, bestehende Paradigmen, öffentliche Empfindungen, Fehlen von finanziellen Ressourcen
Bedeutung der Ebene von Städten	Vorteil ist, dass Pionier*innen des Wandels dort den Kontext kennen und geeignete Lösungen entwickeln können	In Städten ist Handlungsdruck höher, da Umweltauswirkungen bereits spürbar; In Städten oftmals viele Nischenakteur*innen vorhanden, die Innovationen entwickeln	–

Die Tabelle zeigt einen Vergleich der Transformationsverständnisse des diskursiven Institutionalismus mit den Annahmen der MLP sowie des WBGU. In einigen Feldern wurden unterschiedliche Perspektiven innerhalb der Strömungen mit a und b gekennzeichnet.
Quelle: Brown et al. (2013), Frantzeskaki et al. (2012, 2017), Fuenfschilling (2017), Fuenfschilling und Truffer (2014), Geels (2002, 2011), Kamp und van Lente (2013), Loorbach (2017), Loorbach et al. (2017), Loorbach und Shiroyama (2016), Martens und Rotmans (2005), Nevens et al. (2013), Park et al. (2012), Pel (2016), Seyfang und Smith (2007), Sievers-Glotzbach und Tschersich (2019), Späth und Ornetzeder (2017), WBGU (2011). Eigene Darstellung.

und hinderliche Faktoren für eine erfolgreiche Transformation (siehe Tab. 3.3), wobei der diskursive Institutionalismus dabei bereits tiefgreifender entwickelt ist als die anderen Perspektiven und konkrete Thesen nennt (siehe Abschn. 3.3.2), wohingegen bei der MLP und den Ausführungen des WBGU in seinem Gutachten von 2011 und anderer Autor*innen im Zusammenhang mit der transformativen Forschung einige Punkte unklar bleiben. So meint der WBGU (2011), dass verschiedene kleine Maßnahmen und Experimente der Pionier*innen des Wandels inkrementelle Veränderungen bewirken, die gemeinsam für eine Dynamik sorgen, welche unter veränderten Rahmenbedingungen vonseiten der Politik eine Transformation ermöglichen. Wie genau diese kleinteiligen Veränderungen zu einer Transformation – einem fundamentalen Paradigmenwechsel – führen, bleibt weitestgehend unklar. Die MLP, auf die sich die transformative Forschung stützt, widmet den veränderten Paradigmen nicht ausreichend Aufmerksamkeit, um diese Frage abschließend zu beantworten. Auch wird bei der MLP die Rolle der Entscheidungsträger*innen kaum beleuchtet und nicht genauer ausdifferenziert, welche Eigenschaften Nischeninnovationen erfüllen und welche Strategien Nischenakteur*innen anwenden müssen, um ihre Innovationen in die Regime zu überführen, wann also aus einer Diffusion eine Transformation folgt. An dieser Stelle könnte der diskursive Institutionalismus möglicherweise hilfreiche Beiträge leisten, um die von Forschenden angestoßenen Veränderungen in Richtung alternativer Paradigmen untersuchen zu können. Der diskursive Institutionalismus ist dagegen bisher nicht systematisch auf die lokale Ebene – beispielsweise eine Stadt – angewendet worden, wodurch weitestgehend offen bleibt, wie die Prozesse einer Transformation auf der lokalen Ebene konkret ablaufen, wobei die Perspektiven der MLP und der transformativen Forschung Ergänzungen liefern könnten.

Dadurch wird die Theorie des diskursiven Institutionalismus mit ihren in den vergangenen Abschnitten genannten zentralen Thesen weiterentwickelt und gleichzeitig für die transformative Forschung ein theoretisch fundiertes Analysetool entwickelt. Einerseits dienen die hier vorgestellten Transformationsdefinitionen der MLP sowie der transformativen Forschung zur Einordnung des Untersuchungsgegenstandes der transformativen Forschung. Die vorliegende Arbeit stützt sich auf das beschriebene Transformationsverständnis des diskursiven Institutionalismus. Da der WBGU sowie die MLP sich jedoch auch auf sehr ähnliche Definitionen beziehen, kann die transformative Forschung als Untersuchungsgegenstand gut in das Konzept des diskursiven Institutionalismus eingebettet und anhand daraus abgeleiteter Kriterien untersucht werden. Andererseits können daraus möglicherweise im Laufe der Analyse Thesen herausgearbeitet werden, die zur Weiterentwicklung des diskursiven Institutionalismus und zur spezifischen Anwendung auf der lokalen Ebene dienen.

Methodisches Vorgehen 4

Wie in den vorangegangenen Kapiteln dargestellt, beruht die transformative Forschung auf ähnlichen Annahmen wie die Theorie des diskursiven Institutionalismus, laut welcher Akteur*innen durch neue Ideen und Diskurse letztlich Politikveränderungen herbeiführen können. Um herauszufinden, inwieweit dies bei bisherigen transformativen Forschungsprojekten auch gelang oder was dafür nötig wäre, wird im Rahmen einer Analyse untersucht, ob mithilfe zweier Anwendungen transformativer Forschung in Wuppertal bereits erfolgreich die Ideen in städtischen Diskursen diffundiert sind, ob damit eine Grundlage für eine Transformation gelegt wurde oder ob dies sogar bereits erfolgreich war. Was für eine umfassende Transformation ansonsten noch notwendig wäre, soll im Anschluss an die empirische Analyse konzeptionell aus der Theorie und den Ergebnissen der Empirie geschlussfolgert werden, indem Handlungsempfehlungen für die transformative Forschung herausgearbeitet werden (siehe Abschn. 6.2). Daneben dient die Analyse einer Weiterentwicklung der Theorie (siehe Abschn. 6.1).

In den folgenden Abschnitten wird zunächst der Ansatz der Kongruenzmethode vorgestellt (Abschn. 4.1) und die Auswahl der beiden Fälle (Abschn. 4.2) erläutert. Daran anschließend werden die Prognosen dargestellt, die mithilfe der Kongruenzmethode auf Übereinstimmung mit der Empirie abzugleichen sind (Abschn. 4.3), und die Erhebungs- und Auswertungsmethoden dargelegt (Abschn. 4.4 und 4.5). Im abschließenden Teil dieses Kapitels wird die Methode sowie die Rolle der Autorin kritisch beleuchtet und die Strategien zur Einhaltung von Qualitäts- und Gütekriterien dargelegt (Abschn. 4.6).

Elektronisches Zusatzmaterial Die elektronische Version dieses Kapitels enthält Zusatzmaterial, das berechtigten Benutzern zur Verfügung steht https://doi.org/10.1007/978-3-658-32601-2_4.

4.1   Vergleichende Fallstudie mithilfe der Kongruenzmethode

Aus der im vorherigen Kapitel beschriebenen Theorie zum diskursiven Institutionalismus wurden Kriterien hergeleitet, wann es eher zu einer Politikveränderung
kommt und wann diese erschwert ist. Dabei wurde auch gezeigt, dass die meisten
Studien, die bisher den diskursiven Institutionalismus als Grundlage verwenden,
Fälle untersuchen, bei denen das Vorhandensein oder die Abwesenheit von Wandel bereits von vorneherein ersichtlich ist. Ob der diskursive Institutionalismus
auch in der Lage ist, kleinere Veränderungen zu erklären, soll in dieser Arbeit mithilfe der Kongruenzmethode geprüft werden. Dadurch, dass kleinräumige Projekte
bereits nach drei Jahren Laufzeit analysiert werden und das Vorhandensein von
Wandel zu erheben ist, stellt das vorliegende Buch auch eine methodische Weiterentwicklung des diskursiven Institutionalismus dar. Daneben bezieht sich die
transformative Forschung bisher weitestgehend auf Erkenntnisse der Transition-
Forschung, so insbesondere der MLP. Im Bereich der transformativen Forschung
und allgemein Prozessen der Nachhaltigkeitstransformation wurde der diskursive
Institutionalismus bisher kaum verwendet (siehe Abschn. 3.5). So können zum
Forschungsfeld der transformativen Forschung und allgemein der Nachhaltigkeit-
strausformation gegebenenfalls wertvolle Erkenntnisse generiert werden, sollte
sich der diskursive Institutionalismus als anwendbar herausstellen.

Der Ansatz der Kongruenzmethode wurde von George und Bennett (2005) eingeführt. Andere Autor*innen verweisen auf deren Buch „Case studies and theory
development in social sciences", verwenden dann allerdings teilweise den Begriff
Kongruenzanalyse (Blatter et al. 2018; Blatter und Blume 2008; Haverland 2010).
Im Folgenden werden die Begriffe Kongruenzmethode und Kongruenzanalyse
auswechselbar verwendet. Dieser Ansatz ist eher als Perspektive beziehungsweise
als eine Vorgehensweise bei Fallstudien zu verstehen, denn als ein spezifisches
Analysewerkzeug. Wie genau vorgegangen wird, bleibt in der genannten Literatur
größtenteils unklar. Als mögliche Datenquellen werden Interviews, Dokumente,
statistische Daten sowie Sekundärquellen wie wissenschaftliche Veröffentlichungen genannt (Blatter et al. 2018, S. 275). Meist wird qualitativ analysiert, teilweise
jedoch durch quantitative Berechnungen ergänzt. Spezifisch ist für die Kongruenzmethode, dass deduktiv aus einer oder mehreren Theorien heraus Erwartungen
abgeleitet werden, was laut dieser Theorien in einem oder mehreren Fällen zu
erwarten wäre. Der oder die Forschende untersucht dann jeweils, ob eine gewählte
Theorie die Beobachtungen in den ausgewählten Fällen erklären kann, ob also
die Prognosen aus der Theorie in der Empirie eingetreten sind (George und Bennett 2005, S. 181). Dabei schaut die Kongruenzmethode nicht auf den zeitlichen

Ablauf oder die Identifikation von Kausalmechanismen, sondern vergleicht die aus der Theorie hergeleiteten Prognosen mit den Ergebnissen in den Fallstudien (Blatter et al. 2007, S. 151). Die Fallauswahl sollte dahingehend erfolgen, was sie in Bezug zu einer oder mehreren Theorien erwarten lässt (Nordbeck 2013, S. 141). Folgendes Vorgehen wird dabei in der Literatur vorgeschlagen:

Im ersten Schritt der Kongruenzanalyse wird herausgearbeitet, was für eine Entwicklung die Theorie für einen ausgewählten Fall unter den gegebenen Voraussetzungen prognostizieren würde; Indikatoren dafür werden festgelegt (Blatter et al. 2007, S. 151; George und Bennett 2005, S. 181; Nordbeck 2013, S. 142). Im nächsten Schritt wird überprüft, ob sich diese Prognosen in der Empirie bestätigt finden, ob also eine Kongruenz zwischen Theorie und Empirie vorliegt. Diese Übereinstimmung kann jedoch noch nicht als Kausalität gedeutet werden. Dafür wäre eine weiterführende Analyse notwendig (Blatter et al. 2007, S. 151; George und Bennett 2005, S. 181; Nordbeck 2013, S. 142). Blatter et al. merken an,

„[…], dass die Kongruenz-Methode nach unserem Verständnis kaum auf die Feststellung der Kovarianz von abhängigen und unabhängigen Variablen zielt, sondern auf einen detaillierten Vergleich der vielfältigen Implikationen einer etablierten Theorie mit empirischen Tatbeständen in einem oder mehreren Fällen." (Blatter et al. 2007, S. 155)

So kann die Kongruenzmethode zur Theorieentwicklung beitragen, diese anpassen, stärken oder verwerfen (Blatter et al. 2007, S. 156; Blatter und Blume 2008, S. 325; George und Bennett 2005, S. 182). Die Methode kann außerdem helfen, einen Theoriediskurs zu erweitern, indem beispielsweise eine Theorie auf ein neues Untersuchungsfeld angewendet wird oder neue theoretische Perspektiven getestet werden (Blatter et al. 2018, S. 267 f.), was hier geschehen soll, indem der diskursive Institutionalismus in einem Teil des Feldes Nachhaltigkeitstransformation systematisch auf Anwendbarkeit getestet wird. Für die Kongruenzanalyse eignen sich insbesondere Theorien, die mehr als nur eine abhängige und eine unabhängige Variable in Verbindung bringen, sondern mehrere Variablen betreffen (Blatter und Blume 2008, S. 326). So können Übereinstimmungen zwischen mehreren Elementen der Theorie überprüft werden (Blatter et al. 2007, S. 151).

Laut George und Bennett (2005, S. 182 f.) ist die Kongruenzmethode sowohl für Einzelfallstudien als auch vergleichende Fallstudien geeignet und kann mithilfe einer oder mehrerer konkurrierender Theorien durchgeführt werden, wohingegen Blatter und Blume (2008, S. 325) sowie Blatter et al. (2018, S. 266) vorschlagen, mindestens zwei konkurrierenden Theorien zu verwenden. In dieser Arbeit soll die Kongruenzmethode, wie von George und Bennett (2005,

S. 182 f.) vorgeschlagen, als vergleichende Fallstudie mit lediglich einer Theorie durchgeführt werden, um zu untersuchen, ob der diskursive Institutionalismus die Vorgehensweise der transformativen Forschung erklären kann und ob bereits eine Veränderung eingetreten ist. Da dieser neue Forschungsansatz, ohne tiefgehend theoretisch fundiert zu sein, implizit doch an die gesellschaftliche Wirkung von neuen Diskursen und die spezifischen Akteur*innenkonstellationen von transformativen Forschungsprojekten glaubt, ist es zunächst sinnvoll zu prüfen, ob die im diskursiven Institutionalismus genannten Mechanismen und Prognosen mit der Empirie übereinstimmen. Die Kongruenzmethode stellt hier eine hilfreiche Vorgehensweise dar, um die Theorie mit den Fällen auf Übereinstimmung zu prüfen.

Dazu wird eine vergleichende Analyse von zwei Fällen durchgeführt, die beide zum Ziel haben, Veränderungen anzustoßen, bei denen jedoch davon ausgegangen wird, dass sie aufgrund ihrer kurzen Projektlaufzeit noch keine umfassende Transformation – also keinen Paradigmenwechsel – bewirkt haben. Ob sie bereits die Diffusion von neuen Ideen im städtischen Kontext bewirkt und Diskurse verändert haben, soll im Rahmen der Analyse aufgedeckt und diese Ergebnisse mit den Prognosen aus der Theorie auf Kongruenz überprüft werden. Da Fallstudien ein tieferes Verstehen weniger Fälle ermöglichen, mit dem Ziel, existierende Theorien weiterzuentwickeln (Blatter et al. 2007, S. 127; Kaiser 2014, S. 4; Muno 2009, S. 121), wird hier das Vorgehen einer vergleichenden Fallstudie mit dem Vorgehen der Kongruenzmethode verknüpft.

4.2   Fallauswahl

Wie im Abschnitt 3.3.2 beschrieben, hängt erfolgreiche Veränderung von Ideen, Politik und Institutionen von folgenden Kriterien ab: Vorhandensein, Wahrnehmung und Kommunikation einer Krise oder eines Widerspruchs – sowohl aus inneren Herausforderungen als auch exogenen Ereignissen heraus – die als Gefahr für die bestehende Macht- und Ressourcenverteilung wahrgenommen wird; das Vorhandensein einer Idee, die als legitim, relevant, umsetzbar und für den Kontext angemessen, sowie als effektiver oder nützlicher als andere Vorschläge erscheint. Außerdem müssen institutionelle Unternehmer*innen vorhanden sein, die die neue Idee vertreten und deren Umsetzung fordern. Sie benötigen Zugang zu Entscheidungsträger*innen und müssen breit vernetzt sein, um die Idee erfolgreich umsetzen zu können.

Für die Analyse werden daher zwei Fallbeispiele ausgewählt, die sich in mehreren dieser Kriterien unterscheiden, jedoch auf dasselbe Paradigma beziehen.

Ausgehend von der Theorie werden einem der Fälle größere Erfolgsaussichten beim Anstoßen von Veränderung prognostiziert als dem anderen, weshalb sie sich gut für eine Kongruenzanalyse eignen. Im Folgenden wird der Kontext beider Fallbeispiele sowie die Auswahl der Fälle erläutert und begründet.

Transformative Forschung als neuer Forschungsansatz wurde bisher nur in wenigen Projekten explizit erprobt. Maßgebliche Akteur*innen dabei sind unter anderem der WBGU sowie das WI. Durch die Position von Professor Uwe Schneidewind als Präsident des WI von 2010 bis 2020 und seine Mitgliedschaft im WBGU von 2013 bis 2020 ist Wuppertal ein räumlicher Fokus transformativer Forschung geworden. Erste Projekte, die sich selbst im Sinne transformativer Forschung verstehen, wurden vom WI und dem Transzent in Wuppertal durchgeführt und standen miteinander im Zusammenhang. Dadurch stellt diese Stadt einen interessanten Fall für eine Analyse der Wirkungen dieses Forschungsansatzes dar.

Als Zeitraum der Analyse wird die Laufzeit des Forschungsprojektes Wohlstands-Transformation Wuppertal (WTW) von Mai 2015 bis Mai 2018 gewählt[1], welches das erste große gemeinsame Projekt der beiden Institute (WI und Transzent) darstellt und wohl eines der ersten Projekte war, das sich explizit als transformatives Forschungsprojekt bezeichnete. Im Rahmen dessen hat das Transzent enge Kontakte mit der Stadtgesellschaft und -politik geknüpft und ist vermehrt als Akteur der Transformation in der Stadt aufgetreten (Schneidewind et al. 2018, S. 16; Transzent und WI 2018). Zwei Projekte, die als Teilprojekt beziehungsweise eng angeschlossenes Projekt stattgefunden haben, werden im Rahmen einer vergleichenden Fallanalyse genauer betrachtet. Ob diese Projekte bereits zu einer Veränderung geführt beziehungsweise erfolgreich neue Ideen in die städtischen Diskurse eingebracht haben, wird in der folgenden Analyse untersucht.

Diese zwei ausgewählten Fälle beziehen sich beide auf die Forderung nach neuen Wohlstandsmodellen und einem Ersetzen des Wachstumsparadigmas (siehe Abb. 4.1): Die Entwicklung von Wohlstandsindikatoren für Wuppertal im Rahmen des Projektes WTW sowie die Entwicklung der App „Glücklich in Wuppertal".

Zur Entwicklung der *Wohlstandsindikatoren für Wuppertal* wurde die Stadtgesellschaft stichprobenartig im Rahmen eines Workshops mit Mitgliedern von zivilgesellschaftlichen Organisationen und einer Umfrage mit einer Zufallsstichprobe von Wuppertaler Einwohner*innen ab 16 Jahren zu ihren Vorstellungen

---

[1]Projektstart war Mai 2015. Projektende am WI Juli 2018, am Transzent April 2018, was der ursprünglichen Laufzeit ohne Verlängerung entspricht. Da jedoch einige der Abschlussveröffentlichungen zwar im April verfasst, aber erst im Mai erschienen sind, wurde als Untersuchungszeitraum Mai 2015 bis Mai 2018 gewählt.

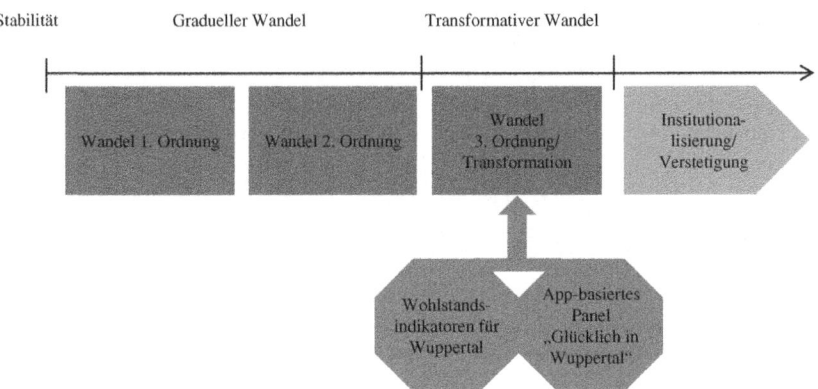

Abb. 4.1 Veränderungsintension der Fallbeispiele. *Die Abbildung zeigt, an welcher Stelle die Fallbeispiele mit ihren Zielen Veränderungen bewirken wollen. Zugeordnet zu den drei Graden der Veränderung nach Hall (1993) intendieren beide Fallbeispiele einen Wandel dritter Ordnung beziehungsweise eine Transformation.* Quelle: Hall (1993). Eigene Darstellung

des guten Lebens befragt. Anschließend wurde der BLI mit seinen elf Dimensionen und dazugehörigen Indikatoren auf die Stadt Wuppertal angepasst und zu zwölf Dimensionen weiterentwickelt. Zusätzlich wurde in Gesprächen und städtischen Prozessen die Etablierung der Indikatoren und Dimensionen in der Stadtpolitik und -verwaltung angestoßen. Ziel war es, ein erweitertes Verständnis von Wohlstand zu schaffen, das städtische Entscheidungen in Zukunft lenken kann. Angesiedelt war das Projekt am Transzent. Das WI war Projektpartner und hat die Projektidee von Beginn an maßgeblich vorangebracht. Finanziert wurde es vom Bundesministerium für Bildung und Forschung (BMBF) in der Förderlinie Nachhaltiges Wirtschaften für die Dauer von drei Jahren.

Die Entwicklung der Wohlstandsindikatoren war in eine Reihe weiterer Teilprojekte eingebettet, die das Ziel hatten, mithilfe des Reallaboransatzes (Wanner et al. 2018) lokale Projekte regionalen Wirtschaftens aufzubauen oder zu begleiten, die eine Transformation in Wuppertal unterstützen sollten. Die Wohlstandsindikatoren stellten dabei als Klammer des Projektes die Zielrichtung der Veränderung dar, um den Wohlstand bei geringem Ressourcenverbrauch zu erhöhen. Daneben wurden die Wohlstandsdimensionen zur Abschätzung der Beiträge der Reallabore zum Wuppertaler Wohlstand im Rahmen von transdisziplinären Workshops abgeschätzt (Transzent 2018a). Auch in städtische Prozesse wurden diese Wohlstandsdimensionen bewusst eingebracht, so als Kriterienset zur Bewertung von Projektvorschlägen im Rahmen eines Bürgerbudget-Prozesses der Stadt Wuppertal im Jahr 2017. Eine ähnliche Nutzung wurde für die Stadtentwicklungsstrategie W2025 geplant, jedoch nie realisiert (Transzent 2018a, 2018b). Während die zwölf Wohlstandsdimensionen mehrmals genutzt wurden, sind die konkreten Indikatoren bisher nicht zur Anwendung gekommen. Die Berechnungen dieser Indikatoren für die Stadt Wuppertal im Zeitvergleich sind bisher auch noch nicht vollständig öffentlich dokumentiert.

Der zweite Fall, das Projekt „*Glücklich in Wuppertal*", zielt darauf ab, mit der Entwicklung und Anwendung einer App die Datenlage zu subjektiven Indikatoren in Wuppertal zu verbessern und den Blick auf subjektive, nicht-materielle Faktoren von Lebensqualität zu lenken. Gleichzeitig sollte durch kurzfristige Panelbefragungen der Bevölkerung ein neues Beteiligungsinstrument geschaffen und Einschätzungen der Teilnehmenden zu stadtpolitischen Fragen erhoben werden. Die App wurde von einem Konsortium aus WI und Happiness Research Organisation (HRO) mit Unterstützung der Stadtsparkasse Wuppertal und den Wuppertaler Stadtwerken (WSW)[2] entwickelt und in Wuppertal umgesetzt. Ermöglicht wurde das Projekt durch Anschubfinanzierung vom Forschungsinstitut Gesellschaftliche Weiterentwicklung (FGW), Eigenanteile der beteiligten Forschungsinstitute sowie finanzielle Unterstützung der WSW und Stadtsparkasse Wuppertal.

Der Fragebogen der App wurde zwischen 2017 und 2018 über 2000 Mal ausgefüllt, ein stabiles Panel konnte bisher jedoch noch nicht aufgebaut werden und die Erhebung ruht derzeit (Haake et al. 2019). Im Rahmen städtischer Prozesse konnten die ersten Ergebnisse der Erhebungen trotzdem bereits genutzt werden. So wurden im Rahmen des Stadtentwicklungskonzeptes Wuppertal 2030 (STEK2030) zusätzliche Fragen in den Fragebogen aufgenommen und die Einschätzung der Teilnehmenden zu Stadtentwicklungsthemen in das Konzept integriert. Für die Evaluierung der vorhergegangenen Stadtentwicklungsstrategie W2025 war es geplant, die App zu nutzen, wozu es dann allerdings nicht mehr gekommen ist (Haake et al. 2019; Stadt Wuppertal 2018, o. J.).

Das WI versteht die verschiedenen Aktivitäten in Wuppertal als gesamtstädtisches Reallabor (Schneidewind et al. 2018, S. 16). Die beiden zur Analyse ausgewählten Projekte stellen dabei zwei Vehikel dar, die zur Transformation beizutragen und alternative Verständnisse von Lebensqualität zu fördern

---

[2]Beide lokalen Unternehmenspartner werden in der folgenden Analyse als stadtnahe Betriebe bezeichnet, da sie eng mit der Stadt verbunden sind. Die Stadtsparkasse Wuppertal ist Anstalt des öffentlichen Rechts (Stadtsparkasse Wuppertal o.J.). An den WSW hält die Stadt Wuppertal 99.39 % der Unternehmensanteile (WSW o. J.).

versuchen. Eine vergleichende Analyse kann daher spannende Erkenntnisse darüber liefern, welcher der Fälle, die sich insbesondere hinsichtlich der Akteur*innenzusammensetzung, der vorhandenen Netzwerke und Kommunikationsmaßnahmen unterscheiden, ein größeres Potenzial und eine größere Wirkung hat und mit welchen Diskursen, Ideen und Akteur*innenkonstellationen transformative Forschung erfolgreicher ist.

4.3   Prognosen für die Kongruenzanalyse

Die beiden ausgewählten Projekte beziehen sich auf dieselbe Forderung der transformativen Forschung und finden im selben städtischen Kontext statt (siehe Abschn. 2.4), beziehen sich dabei aber auf sehr unterschiedliche Begrifflichkeiten und Ideen (Glück vs. Wohlstand) und werden von sehr unterschiedlichen Kooperationspartner*innen durchgeführt (Forschungsinstitutionen und lokale Unternehmen vs. lediglich Forschungsinstitutionen). Dadurch ist davon auszugehen, dass die Ideen Zugang zu unterschiedlichen Diskursarenen hatten und durch die jeweiligen Konstellationen von Akteur*innen auch unterschiedliche Veränderungen anstoßen konnten. Auch ist davon auszugehen, dass die Verwendung der zwei Konzepte Glück und Wohlstand unterschiedliche Akteur*innen mobilisieren konnte und die Anschlussfähigkeit mit bestehenden Ideen und Diskursen variiert (siehe Abschn. 3.3.2). Daher sollen die zwei Fälle im Hinblick auf die Ideen, Akteur*innen, Diskurse und Anzeichen für Politikwandel untersucht werden.

Die heterogene Zusammenstellung des Projektkonsortiums bei „Glücklich in Wuppertal" und die damit einhergehenden größeren Netzwerke könnten laut diskursivem Institutionalismus ein Indiz für eine Stärke dieses Falls gegenüber den Wohlstandsindikatoren sein. Ebenso könnte es sein, dass der Begriff Glück gegebenenfalls leichter an lokale vorhandene Ideen anknüpfen kann als die Umdefinition des Begriffes Wohlstand und weniger deutlich das bestehende Wachstumsparadigma hinterfragt, was ebenfalls darauf hindeuten würde, dass „Glücklich in Wuppertal" größere Chancen hätte, Veränderungen anzustoßen. Gleichzeitig ist davon auszugehen, dass eine Umdefinition des Begriffes und eine andersartige Messung von Wohlstand eine tiefergehende Veränderung darstellen würde als die vermehrte Verwendung des Begriffes Glück, weshalb – wenn erfolgreich – die Wohlstandsindikatoren einen Wandel höherer Ordnung (siehe Abschn. 3.3.1) anstoßen könnten als „Glücklich in Wuppertal". Wie im vorangegangenen Abschnitt erörtert, intendieren jedoch beide Fälle einen Paradigmenwechsel – also eine Transformation – vom Wachstumsparadigma hin zu alternativen Wohlstandsverständnissen. Aus dem diskursiven Institutionalismus werden daher folgende Prognosen zu den beiden Fällen abgeleitet (siehe Tab. 4.1), die mithilfe der Kongruenzmethode auf Übereinstimmung mit der Empirie überprüft werden:

Tab. 4.1 Prognosen zur Kongruenzanalyse

	Wohlstandsindikatoren für Wuppertal	App-basiertes Panel „Glücklich in Wuppertal"
Ex-ante Beobachtungen der Fälle in Bezug auf die zentralen Konzepte des diskursiven Institutionalismus		
Wahrgenommene Krisen	Die knappe Finanzlage wird in Wuppertal als Krise wahrgenommen	Die knappe Finanzlage wird in Wuppertal als Krise wahrgenommen
Ideen	Neue Ideen sind vorhanden, die insbesondere auf der Ebene von Paradigmen angesiedelt sind, Ideen für Policies und Programme werden kaum vorangebracht; Erscheinen zwar legitim und relevant aber auch schwierig umsetzbar; Würden umfassende Veränderungen voraussetzen	Neue Ideen sind vorhanden, die auf der Ebene von Paradigmen angesiedelt sind, jedoch auch Ideen auf den niedrigen Ebenen (Policies und Programme); Sind relativ einfach fassbar, umsetzbar und passend für den Kontext; Setzen keine umfassenden Veränderungen voraus
Institutionelle Unternehmer*innen	Institutionelle Unternehmer*innen sind vorhanden, die die Ideen umsetzen wollen; Sind im Bereich Wissenschaft verortet; Verfügen bereits über einige Netzwerke, aber insbesondere im Bereich der Stadtverwaltung erst im Laufe des Analysezeitraumes entstehend	Institutionelle Unternehmer*innen sind vorhanden, die die Ideen umsetzen wollen; Sind in den Bereichen Wissenschaft und Unternehmen verortet; Sind gut vernetzt

(Fortsetzung)

Tab. 4.1 (Fortsetzung)

	Wohlstandsindikatoren für Wuppertal	App-basiertes Panel „Glücklich in Wuppertal"
Prognosen	Die Idee, alternative Wohlstandsindikatoren in der Stadt einzuführen, fordert eine tiefgreifende Veränderung 2. oder 3. Ordnung – die sehr schwierig umzusetzen und daher laut diskursivem Institutionalismus unwahrscheinlich ist; Aufgrund der nur kleinen lokalen Netzwerke der institutionellen Unternehmer*innen und der Ansiedlung der Idee auf der Ebene von Paradigmen, ist eine starke Ausbreitung der Idee über einen Kreis ausgewählter Akteur*innen hinaus unwahrscheinlich; Ideen niedriger Ebene werden kaum vorangebracht, weshalb eine breite Diffusion unwahrscheinlich ist	Die Ideen niedriger Ebenen haben gute Chance in der Stadt unter unterschiedlichen Gruppen von Akteur*innen zu diffundieren; Wenn erfolgreich umgesetzt, würden sie eine Veränderung 1. Ordnung bedeuten; Eine Verbreitung der ebenfalls vorhandenen Idee höherer Ebene werden kaum kommuniziert und ist daher laut diskursivem Institutionalismus unwahrscheinlich

Die Tabelle zeigt zu beiden Fällen die aus im Vorfeld bekannten Informationen sowie aus der Theorie abgeleiteten Prognosen für die Kongruenzanalyse.
Quelle: eigene.

4.4   Erhebungsmethode: Expert*inneninterviews

4.4.1   Methode der Expert*inneninterviews

Expert*inneninterviews eignen sich bei Fallstudien als Datenerhebungsmethode meist in Kombination mit anderen Datenquellen, wie der Analyse von Presseberichten oder Protokollen. Das Durchführen von Expert*inneninterviews ist ein

„[…] systematisches und theoriegeleitetes Verfahren der Datenerhebung in Form der Befragung von Personen, die über exklusives Wissen über politische Verhandlungs- und Entscheidungsprozesse oder über Strategien, Instrumente und die Wirkungsweise von Politik verfügen." (Kaiser 2014, S. 6)

Ziel dabei ist es, Informationen über Prozesse, Kontexte und Zusammenhänge zu erhalten und weniger, dahinter liegende Wertvorstellungen der Befragten zu ermitteln (Kaiser 2014, S. 2–4). Der oder die Interviewte steht mit seiner bzw. ihrer Funktion als Expert*in im Vordergrund und ist als Person an sich nicht von Interesse für die Forschungsfrage (Gläser und Laudel 2010, S. 12; Hildebrandt 2015, S. 251 f.; Lamnek 1995, S. 38; Lamnek und Krell 2016, S. 687). Empfindungen und Position der Expert*innen sind nur insofern von Interesse, als dass sie für die Einordnung der Interviewaussagen relevant sind (Gläser und Laudel 2010, S. 12).

Dabei gelten wie bei anderen qualitativen Verfahren die Gütekriterien der intersubjektiven Nachvollziehbarkeit, eine theoriegeleitete Vorgehensweise sowie die Neutralität und Offenheit des Forschenden (Kaiser 2014, S. 6–8). Aus diesem Grund werden im Folgenden die Expert*innenauswahl, der Interviewleitfaden sowie Informationen zu den Interviewsituationen und den Analysemethoden offengelegt.

Das leitfadengestützte Expert*inneninterview ist die klassische Form des Expert*inneninterviews. Es ist systematisch und theoriegeleitet und hat das Ziel, spezifische Informationen zu gewinnen (Kaiser 2014, S. 29–35). Um zu einer Beantwortung der Forschungsfragen zu gelangen, waren auch in dieser Arbeit die Expert*inneninterviews durch einen Interviewleitfaden (Blatter et al. 2007, S. 62; Gläser und Laudel 2010, S. 43; Kaiser 2014, S. 5; Meuser und Nagel 2009, S. 472) strukturiert. Dieser war für alle Interviewten ähnlich aufgebaut, jedoch mit leichten Anpassungen an die jeweilige Gruppe von Akteur*innen, wobei die Vergleichbarkeit erhalten blieb (Gläser und Laudel 2010, S. 152; Kaiser 2014, S. 53, siehe Abschn. 9.2 im Anhang). Ziel dabei war es, wie von Kaiser beschrieben, unterschiedliche Arten von Wissen abzugreifen: Betriebswissen über Vorgänge in den Organisationen wie beispielsweise über Probleme und Lösungsansätze, die in der Organisation diskutiert wurden; Kontextwissen über die Rahmenbedingungen; und Deutungswissen über die subjektiven Wahrnehmungen der Expert*innen. Kontext- und Deutungswissen helfen insbesondere bei der Einordnung der Aussagen der Expert*innen (Kaiser 2014, S. 5, 42 f.). Im Vorfeld wurden außerdem explorative Expert*inneninterviews (Kaiser 2014,

S. 29 f.) durchgeführt, um die Hypothesen zu formulieren und erste Informationen über den Untersuchungsgegenstand zu gewinnen.

Im ersten Schritt nach der Durchführung jedes Interviews wurde ein kurzes Protokoll (Gläser und Laudel 2010, S. 192; Kaiser 2014, S. 86 f.) angefertigt, in welchem Informationen über den Ablauf des Interviews, zur Atmosphäre, zu den Reaktionen der interviewten Person, zu Länge, Ort und Zeit des Interviews sowie Informationen zur Vereinbarung zum Umgang mit den erhobenen Daten festgehalten wurden. Im Anschluss an die Durchführung der Interviews wurden diese transkribiert. Daraufhin wurden nach den im folgenden Abschnitt genannten Regeln weitere Interviewpartner*innen ausgewählt und kontaktiert.

4.4.2   Auswahl und Ansprache der Expert*innen

Zu beiden Fällen wurden zunächst jeweils die Projektleiter*innen, wenn vorhanden Teilprojektleiter*innen sowie die jeweils zuständigen Mitarbeitenden des Projektes befragt. Zusätzlich wurde jeweils eine Person aus den beteiligten Projektpartnerinstitutionen befragt. Nach der Befragung dieser internen Projektbeteiligten wurde bei der Auswahl weiterer Expert*innen im Schneeballverfahren, ausgehend von den Interviews sowie den analysierten Dokumenten (siehe Abschn. 4.5.1), vorgegangen.

Expert*innen werden durch ihre Position und ihren Status definiert, die ihnen Zugang zu bestimmten Informationen verschaffen, welche für die Beantwortung der Forschungsfrage notwendig sind (Kaiser 2014, S. 38; Mayring und Fenzl 2014, S. 570 f.). Dabei ist die Rolle als Expert*in nicht unbedingt an den Beruf gebunden, jedoch an eine Funktion, die der entsprechenden Person Zugang zu exklusivem Wissen verschafft. Dies kann auch durch ehrenamtliches Engagement in einem Verein oder einem bestimmten Bereich geschehen (Meuser und Nagel 2009, S. 468). Wichtig für die Definition einer Person als Expert*in für die spezifische Forschungsfrage ist, dass sie über die nötigen Informationen verfügt und diese auch herausgeben kann (Kaiser 2014, S. 72). Daher wurden in der vorliegenden Analyse neben den Expert*innen aus den durchführenden Organisationen der Projekte auch Beteiligte aus Stadtpolitik und -verwaltung sowie aus der Zivilgesellschaft befragt, um analysieren zu können, inwieweit sich die Ideen der Projekte und der transformativen Forschung in der Stadt verbreitet haben.

Um diese auszuwählen, wurde in den Interviews jeweils nach beteiligten Personen oder Organisationen gefragt und die in die Analyse einbezogenen Dokumente nach weiteren beteiligten Akteur*innen durchsucht. Aufgrund der großen Zahl an beteiligten Personen durch beispielsweise größere Veranstaltungen, konnten nicht alle Personen mit dem notwendigen Detailsgrad befragt werden, die in den Interviews und Dokumenten erwähnt wurden. Im Analysekapitel (Kap. 5) wird jedoch dargestellt, wie viele Personen bei Veranstaltungen, bei denen die Projekte zur Sprache kamen, anwesend waren und wer in Interviews mit den Projekten in Verbindung gebracht wurde.

Die Personen oder Organisationen bzw. bei größeren Organisationen einzelne Bereiche, die in den Interviews oder Dokumenten mindestens zweimal genannt wurden, wurden für ein Interview angefragt. Wurden in den Dokumenten oder Interviews unterschiedliche Personen in einer Organisationseinheit genannt, so wurde jeweils die erstgenannte Person zuerst angeschrieben. Sollte sich mit dieser kein Interviewtermin vereinbaren lassen, so wurde dann die zweitgenannte Person kontaktiert.

Für die Interviews wurden die ausgewählten Personen jeweils per E-Mail angeschrieben, um einen Terminvorschlag für ein Interview gebeten und, soweit die Telefonnummer verfügbar war, ein Anruf angekündigt. Gab es innerhalb einer Woche keine Antwort mit einem Vorschlag für einen Interviewtermin, wurden die Personen von der Autorin entweder angerufen oder, falls nicht möglich, nochmals per E-Mail angeschrieben. Insgesamt wurden die gewünschten Interviewpartner*innen zweimal erinnert, falls zunächst kein Interviewtermin zustande kam. Auf diese Weise konnten mit Vertreter*innen aller für Interviews ausgewählten Organisationen außer einer zivilgesellschaftlichen Organisation Interviews durchgeführt werden, was einer Rücklaufquote von 97 Prozent entspricht. Alle Interviewten waren in den Interviews sehr gesprächsbereit und zeigten sich offen und interessiert am Forschungsthema.

Zu den Wuppertaler Wohlstandsindikatoren wurden 13 Interviews durchgeführt, zu „Glücklich in Wuppertal" 20, die alle zwischen August 2018 und April 2019 stattfanden und durchschnittlich 33 Minuten dauerten (siehe auch Tab. 4.2). Die meisten davon (29) fanden an den Arbeitsorten der Interviewten statt. Durch die Wahl des Interviewzeitraumes waren die Projekte zwar bereits abgeschlossen, lagen jedoch noch nicht so lange zurück, dass sich die Interviewten sehr weit zurück erinnern mussten.

Tab. 4.2   Verteilung und Dauer der geführten Interviews

	Wohlstandsindikatoren für Wuppertal	App-basiertes Panel „Glücklich in Wuppertal"
Anzahl der Interviews		
Gesamt	13	20
Projektintern	4	5
Entscheidungsträger*innen	4	11
Stadtnahe Betriebe	1	3
Zivilgesellschaft	4	1
Dauer der Interviews		
Min. – Max	16–68 Minuten	16–46 Minuten
Durchschnitt	35 Minuten	31 Minuten

Die Tabelle zeigt die Verteilung und Dauer der geführten Expert*inneninterviews zu beiden Fällen.
Quelle: eigene.

4.4.3   Interviewleitfaden

Die Entwicklung der Interviewfragen orientiert sich an Kaisers (2014, S. 57) Vorschlag einer mehrstufigen Operationalisierung, bei der aus der Forschungsfrage zunächst Analysedimensionen entwickelt und im Anschluss daraus Fragekomplexe hergeleitet werden („konzeptionelle Operationalisierung"). Im nächsten Schritt, der sogenannten instrumentellen Operationalisierung, wurden aus den Fragekomplexen dann letztlich Interviewfragen abgeleitet. Der in Abschnitt 9.2 im Anhang dargestellte Interviewleitfaden wurde in leicht veränderter Form für die Projektmitarbeitenden und die Expert*innen aus Stadtverwaltung und -politik sowie Zivilgesellschaft verwendet.

4.5   Auswertungsmethoden

4.5.1   Dokumentenanalyse

Neben den Expert*inneninterviews wurden weitere Dokumente in die qualitative Inhaltsanalyse einbezogen, um herauszufinden, wie sich die in den beiden Fällen angestoßenen Ideen in der Stadt verbreitet haben und um durch Methodentriangulation die Ergebnisse wechselseitig zu validieren (siehe Abschn. 4.6).

Eine Dokumentenanalyse sollte die Diffusion der Ideen aufdecken, also unter welchen Akteur*innen und in welchen Medien sich die Projekte verbreitet haben und wo darüber berichtet wurde. Folgende Dokumente wurden sowohl in die Inhalts- als auch Dokumentenanalyse einbezogen: Protokolle oder Transkripte von Treffen zwischen den Projektpartner*innen sowie von Workshops mit Bürger*innen, Berichte in lokalen Medien, Beiträge von lokalen Akteur*innen in sozialen Medien sowie Projektdokumentationen wie Broschüren oder Texte auf den Webseiten der Projektpartner*innen. Außerdem wurden wissenschaftliche Publikationen, die auf den Webseiten der Projekte hochgeladen wurden, in die Analyse einbezogen. Auch wenn diese in internationalen Zeitschriften oder auf Tagungen publiziert wurden und somit nicht direkt zum lokalen Diskurs zählen, so wurden diese aus folgenden Gründen trotzdem einbezogen: Zum einen werden diese Publikationen auf den Webseiten der Projekte zur Verfügung gestellt, zum anderen sollte herausgefunden werden, ob der Fokus laut Projektbeteiligten auf der Produktion wissenschaftlicher Erkenntnisse lag oder auf dem transformativen Charakter. Dazu sollte die Analyse der eigenen Darstellung der Fälle in wissenschaftlichen Diskursen dienen. Einbezogen wurden Dokumente, die während des Untersuchungszeitraumes von Mai 2015 bis Mai 2018 veröffentlicht wurden beziehungsweise, wenn es sich um interne, nichtöffentliche Dokumente handelt, in diesem Zeitraum verfasst wurden.

Die Dokumentenanalyse dient in der vorliegenden Studie insbesondere dazu, die Prozesse zu rekonstruieren sowie zu analysieren, welche Akteur*innen wie eingebunden wurden und wie sich die Ideen in welchen Diskursen verbreitet haben. In der Dokumentenanalyse wurde untersucht, wo sich Informationen zu den beiden Fällen finden lassen, von wem sie herausgegeben und wo veröffentlicht wurden. Im anschließenden Schritt, der qualitativen Inhaltsanalyse, wurden dieselben Dokumente herangezogen und der konkrete Inhalt der Dokumente betrachtet und analysiert. So konnte die Idee aus Sicht der Projekte selbst in Protokollen untersucht und durch die Analyse der Presseberichterstattung verglichen werden, wie hoch die Resonanz in den Medien und der Öffentlichkeit bei den beiden Projekten war. Die Expert*inneninterviews ergänzen die fehlenden Informationen zum Verständnis der Ideen, deren Passung, Anwendbarkeit und Relevanz in der Stadtpolitik und -verwaltung und ermöglichen, detaillierter und theoriegeleitet die Charakteristika der jeweiligen Ideen und beteiligten Akteur*innen sowie Möglichkeiten für Wandel aufzudecken.

Für die Dokumentenanalyse des ersten Falles, der Wohlstandsindikatorenentwicklung, wurde in Lokalzeitungen, in Facebook, Twitter, auf den Webseiten beteiligter Organisationen und deren Blogs sowie, um möglicherweise weitere Artikel zu finden, in der Suchmaschine Google Search nach der Kombination der Begriffe „Wohlstandsindikatoren Wuppertal" oder „gutes Leben Indikatoren Wuppertal" gesucht. Außerdem wurden in einem explorativen Interview mit einem Projektmitarbeiter projektinterne Dokumente angefragt und in die Analyse einbezogen, wie Protokolle und Mitschnitte von Veranstaltungen. Dabei wurden insgesamt 40 Dokumente gefunden und in die Analyse einbezogen (siehe Tab. 4.3 und elektronisches Zusatzmaterial 2).

Für die Dokumentenanalyse des zweiten Falls, der App „Glücklich in Wuppertal", wurde auf denselben Plattformen und mit denselben Suchmaschinen nach Dokumenten gesucht, die die Stichworte „App", „glücklich" und „Wuppertal" enthalten. Darüber hinaus wurden in einem explorativen Interview mit einem Projektmitarbeiter projektinterne Dokumente angefragt und in die Analyse einbezogen. Dabei wurden 216 Dokumente gefunden, die in die Analyse einbezogen wurden (siehe Tab. 4.3 und elektronisches Zusatzmaterial).

Tab. 4.3 Übersicht der in die Analyse einbezogenen Dokumente

	Wohlstandsindikatoren für Wuppertal	App-basiertes Panel „Glücklich in Wuppertal"
Dokumente auf Webseiten der Projektpartner*innen	21	11
Dokumente auf Webseiten anderer Akteur*innen	3	3
Berichte in lokalen Medien	5	69
Beiträge in sozialen Medien	0	125
Nicht-öffentliche Dokumente	11	8
Dokumente insgesamt	**40**	**216**

Die Tabelle zeigt die Anzahl der in die Analyse einbezogenen Dokumente sowie die Verteilung der öffentlichen Dokumente auf die jeweiligen Kanäle der Verbreitung.
Quelle: eigene.

4.5.2 Qualitative Inhaltsanalyse

Die Dokumente und Expert*inneninterviews wurden zunächst getrennt voneinander ausgewertet, werden jedoch gemeinsam in der Auswertung dargestellt. Ziel der qualitativen Inhaltsanalyse ist eine detaillierte Erkenntnis über die

Akteur*innen, Ideen und Diskurse in den Projekten. Aus der Kombination aus Expert*inneninterviews und weiteren Dokumenten sollte ein möglichst detailliertes und tiefgehendes Bild darüber entstehen, welche Ideen sich durch welche Akteur*innen wo verbreitet haben und ob es bereits zu einer Diffusion der Ideen oder gar einer Politikveränderung gekommen ist.

Im Gegensatz zu der von beispielsweise Lamnek (1995, S. 197–199) vorgeschlagenen sehr offenen Vorgehensweise wird bei der Inhaltsanalyse nach Mayring (2010, S. 603) bereits zu Beginn ein Kategoriensystem entwickelt. Da in der vorliegenden Analyse deduktiv vorgegangen wurde, eignete sich die Methode nach Mayring besonders gut. Er empfiehlt für Inhaltsanalysen zunächst festzulegen, welches Material in die Analyse einbezogen und interpretiert wird. Im nächsten Schritt müssen Informationen zu dem Material dargelegt werden: Wie das Material entstanden ist und wer bei der Erhebung beteiligt war (Mayring 2010, S. 603). Daraufhin sollen Analyseregeln formuliert werden, nach denen die Textanalyse vorgenommen wird. Diese Regeln können während der Analyse jedoch überarbeitet werden (Mayring 2010, S. 603).

Diese regelgeleitete Vorgehensweise wurde gewählt, um die intersubjektive Nachvollziehbarkeit des Forschungsprozesses so gut es geht zu ermöglichen (Mayring und Fenzl 2014, S. 543, siehe auch Abschn. 4.6). Die Analyse des gesamten Datenmaterials wurde mithilfe der Software MAX-QDA durchgeführt. Dabei entsprachen die Analysekategorien in der vorliegenden Analyse den Fragekomplexen des Interviewleitfadens für die Expert*inneninterviews (Abschn. 4.4.3, sowie Abschn. 9.2 im Anhang).

Die Expert*inneninterviews wurden nach dem von Kaiser (2014) vorgeschlagenen Vorgehen, einer an Mayring (2000) orientierten, jedoch leicht angepassten Methode, analysiert. Die nach dem in Abschnitt 4.4 bereits beschriebenen Vorgehen durchgeführten und transkribierten Interviews wurden kodiert, indem Textpassagen den vorab festgelegten Analysekategorien und Indikatoren zugeordnet wurden. Stellte sich heraus, dass für wichtige Aussagen in den Interviews noch Kategorien fehlten, wurden diese aus dem Text heraus induktiv hergeleitet und ergänzt, woraufhin die in Tabelle 4.4 dargestellten Kategorien und Indikatoren feststanden.

Als Analyseeinheit wurde in dieser Arbeit ein Absatz im transkribierten Interview gewählt, der, wie von Kaiser (2014, S. 102) empfohlen, dadurch abgegrenzt wird, dass ein neuer Gedanke im Interview eingeführt wird. Wenn in unterschiedlichen Passagen eines Interviews identische Angaben zu einer Analysekategorie gemacht wurden, wurden diese Doppelungen im folgenden Schritt zusammengefasst (vgl. Kaiser 2014, S. 105 f.). Nachdem alle Interviews unabhängig

Tab. 4.4 Operationalisierung der Voraussetzungen für und Anzeichen von Politikwandel

Analysedimension	Kategorie	Indikator
Rahmenbedingungen	Vorhandensein und Kommunikation von Krise	In mind. 2 Datenquellen als wahrgenommenes Problem oder Widerspruch genanntes Thema, das neue Lösung erfordert und öffentlich kommuniziert wird
	Institutioneller Kontext	Institutionelle Veränderungen oder Rahmenbedingungen, die als wichtig für die Ideen genannt werden
Ideen	Veränderungsintension allgemein	Ideen des Falls werden in Datenquellen mit gewünschten Veränderungen in der Stadt in Verbindung gebracht
	Intension Wandel 1. Ordnung	Ideen des Falls werden in Datenquellen als einzelne, einzuführende Instrumente beschrieben
	Intension Wandel 2. Ordnung	Ideen des Falls werden in Datenquellen als Instrumente im Zusammenhang mit übergreifenden Strategien und Leitlinien beschrieben, um konkrete Probleme zu lösen
	Intension Wandel 3. Ordnung	Ideen des Falls werden in Datenquellen als Teil zu verändernder übergreifender Ideen, Ziele und Glaubenssysteme genannt
	Passung, Anschlussfähigkeit und Umsetzbarkeit	Idee wird von externen Personen als anschlussfähig an laufende lokale Prozesse, als passend und als umsetzbar beschrieben

(Fortsetzung)

Tab. 4.4 (Fortsetzung)

Analysedimension	Kategorie		Indikator
	Verständlichkeit		Ideen werden von Interviewten und in Dokumenten Externer korrekt verstanden (Übereinstimmung mit Beschreibung der internen Personen/Dokumente)
Akteur*innen	Institutionelle Unternehmer*innen		Die Wissenschaftler*innen beschreiben ihre Rolle als aktiv ihre Idee voranbringend und werden von den anderen Interviewten so beschrieben; Weitere Personen geben an, sich aktiv für die Idee eingesetzt zu haben oder werden in Dokumenten so beschrieben
	Entscheidungsträger*innen	Sind informiert	Entscheidungsträger*innen wissen über das Projekt Bescheid
		Unterstützen Idee	Entscheidungsträger*innen geben in Interviews an, dass sie sich für das Projekt engagiert haben oder tun dies laut anderen Interviews oder Dokumenten
	Netzwerke		Die Ideen wurden in verschiedenen Netzwerken publik gemacht und die institutionellen Unternehmer*innen sind in vielen Netzwerken integriert
Wandel	Diffusion der Ideen und diskursiver Wandel		Externe Interviewte haben viel Wissen über die Ideen oder in der Presse finden sich viele Berichte darüber und die Ideen werden ähnlich beschrieben (Übereinstimmung laut Projektbeteiligten und externen Personen)

(Fortsetzung)

Tab. 4.4 (Fortsetzung)

Analysedimension	Kategorie	Indikator
	Wandel 1. Ordnung	Es werden in Datenquellen Entscheidungen auf die Ideen zurückgeführt
	Wandel 2. Ordnung	Es wird in Datenquellen die Einführung neuer Instrumente auf die Ideen des Falles zurückgeführt
	Wandel 3. Ordnung	Es werden in Datenquellen Veränderungen der Paradigmen auf die Ideen des Falles zurückgeführt

Die Tabelle zeigt die aus der Theorie abgeleiteten Analysekategorien sowie die dazugehörigen Indikatoren.
Quelle: eigene.

voneinander auf diese Weise kodiert waren, wurden die Kategorien und dazugehörigen Aussagen aus den unterschiedlichen Interviews zusammengeführt (Kaiser 2014, S. 108). Induktiv gebildete Kategorien sind in diesem Schritt ergänzt und angepasst worden, sofern in mehreren Interviews sich überschneidende Kategorien gebildet wurden. Daraufhin wurden Kernaussagen zu den Fragekomplexen identifiziert (vgl. Kaiser 2014, S. 108). Im weiteren Verlauf der Analyse wurden dann die Kernaussagen aus den Interviews mit der Theorie in Verbindung gebracht und interpretiert sowie die Kernaussagen induktiv Subkategorien zugeordnet.

Nach Abschluss dieser Analyse von Expert*inneninterviews und Dokumenten wurden die Ergebnisse der Analyse von Dokumenten und von Expert*inneninterviews zusammengeführt, um zu einer Beantwortung der Forschungsfrage zu gelangen. Dies geschah ebenfalls anhand der Zusammenführung der vergebenen Kodierungen. Neben der Frage, ob die Prognosen aus der Theorie eingetroffen sind (Kongruenzmethode), sollten Anzeichen für möglicherweise vorhandene Kausalitäten aufgedeckt werden. Durch den anschließenden Vergleich der beiden Fälle konnte einerseits die Kongruenz der Prognosen mit der Theorie überprüft und andererseits Schlussfolgerungen hergeleitet werden, warum womöglich einer der beiden Fälle erfolgreicher war als der andere.

4.6 Kritische Betrachtung des methodischen Vorgehens

Selbstverständlich kann durch eine begrenzte Anzahl an Interviews nicht der komplette städtische Diskurs abgebildet und nicht alle Wirkungsmechanismen in den untersuchten Fällen aufgedeckt werden. Durch eine strategische Auswahl an Interviewpartner*innen (siehe Abschn. 4.4.2) war es jedoch ermöglicht, herauszufinden, bis wohin die Ideen der beiden Fälle gedrungen sind und eventuell schon stattgefundene Veränderungen aufzudecken. Auch bezüglich der Datenerhebung und -auswertung wurden Strategien gewählt, um Qualitäts- und Gütekriterien der qualitativen Forschungsergebnisse gerecht zu werden, auf die im Folgenden genauer eingegangen wird[3]. Besonderes Augenmerk liegt dabei auch auf der Rolle der Autorin als Forscherin und ihrer Nähe zum Untersuchungsgegenstand.

Dabei ist diese Nähe auf der einen Seite ein Gütekriterium qualitativer Sozialforschung, da nur durch das Eintauchen in den Fall dieser wirklich verstanden und der Kontext der Erhebung berücksichtigt werden kann (Lamnek und Krell 2016, S. 151; Mayring 2016, S. 146). In der vorliegenden Analyse wurde das dadurch ermöglicht, dass einerseits die Autorin dieses Buches selbst als wissenschaftliche Mitarbeiterin am Transzent im ersten der beiden Fälle (Entwicklung der Wohlstandsindikatoren) involviert war und über den zweiten Fall („Glücklich in Wuppertal") aus dieser institutionellen Einbindung heraus ebenfalls nähere Einblicke hatte. Um jedoch im Vorfeld über beide Fälle ausreichend Informationen zu besitzen und diese von der subjektiven Erfahrung als Projektmitarbeiterin zu lösen, wurden vor Beginn der eigentlichen Analyse explorative Interviews mit Beteiligten beider Fälle durchgeführt. Daneben stützt sich die Analyse der beiden Fälle nicht auf das durch die Involviertheit gesammelte Vorwissen, sondern lediglich auf die Interviews und Dokumente. Der empirische Teil der Arbeit fand außerdem erst nach Ende der Untersuchungszeiträume statt, als die Projekte bereits abgeschlossen waren.

So sehr diese Involviertheit und Nähe zum Gegenstand den Einstieg in die Fälle und die Kontaktaufnahme mit den Interviewpartner*innen erleichterte, so könnte dies auch als Kritikpunkt bezüglich der Objektivität beziehungsweise Neutralität (Kaiser 2014, S. 6–8) gedeutet werden, was jedoch eine generelle Schwierigkeit qualitativer Sozialforschung ist. Lamnek und Krell (2016, S. 174) nennen dazu die Aspekte:

---

[3]Zur Anwendbarkeit der klassischen Gütekriterien Validität, Reliabilität und Objektivität und ihre Übertragbarkeit auf qualitative Sozialforschung siehe Lamnek und Krell (2016, S. 141–180) und Flick (Mayring 2016, S. 140–148).

„Der Objektivitätsbegriff der qualitativen Sozialforschung ist dialektisch, weil einerseits die Subjektivität be- und gewahrt wird, andererseits diese aber durch die Lösung vom Subjekt aufgehoben wird. Objektivität wird vor allem dadurch erzielt, dass die Relevanz vom untersuchten Subjekt bestimmt wird. Transparenz ist wichtiger als Objektivität, d. h. der Forschungsprozess ist zum Zwecke der Nachvollziehbarkeit offen zu legen."

Um diese Transparenz zu ermöglichen, wurden die Schritte der Datenerhebung und Analyse genau dokumentiert (siehe Abschn. 4.4 und 4.5). Bei der Auswahl der Interviewpartner*innen und der Dokumente wurden konkrete Kriterien formuliert und davon geleitet vorgegangen und die einzelnen Schritte festgehalten. Auch die qualitative Inhaltsanalyse wurde regelgeleitet durchgeführt. Diese Dokumentation und Strukturiertheit des Vorgehens soll eine intersubjektive Nachvollziehbarkeit ermöglichen (Flick 2014, S. 420 f.; Lamnek und Krell 2016, S. 147–152; Mayring 2016, S. 144 f.). Gleichzeitig wurde die Offenheit beibehalten, das Vorgehen bei der Erhebung sowie die Analysekategorien bei Bedarf anzupassen, um die Nähe zum Untersuchungsgegenstand nicht zu verlieren (Lamnek und Krell 2016, S. 167).

Um trotzdem mögliche Unstimmigkeiten in der Kodierung der Daten aufzudecken, wurde außerdem die Intrakoderübereinstimmung (Mayring und Fenzl 2014, S. 546) geprüft, indem Stichproben des Datenmaterials im Nachgang von der Autorin noch einmal kodiert und mit den ursprünglich vergebenen Codes verglichen wurden.

Zusätzlich muss selbstverständlich beachtet werden, dass Intervieweffekte dafür sorgen könnten, dass die Interviewten positiver über die Ideen der Fälle und die beteiligten Wissenschaftler*innen sprechen, als sie es in anderen Kontexten formulieren würden und dies die Validität der Daten infrage stellen könnte. Diese möglicherweise vorhandenen Verzerrungen werden aber auf zweierlei Weise weitestgehend ausgeglichen: Erstens war es für die Analyse zwar wichtig, die Unterstützung durch Entscheidungsträger*innen und andere Akteur*innen zu erheben, gleichzeitig aber auch ihr Wissen über die Ideen der beiden Fälle aufzudecken. Sollten von einem/einer Interviewten aus Gründen von sozialer Erwünschtheit positivere Einschätzungen formuliert werden als bei anderen Gelegenheiten, dann würde trotzdem deutlich werden, wenn bei diesem/dieser Interviewten eigentlich kaum Wissen über die Ideen vorhanden ist und diese*r sich nicht genauer mit den Ideen auseinandergesetzt hat und nicht formulieren kann, wieso er/sie die Ideen für unterstützenswert hält. Dies könnte auf den Intervieweffekt der sozialen Erwünschtheit hindeuten. Zweitens können durch Methoden- und Datentriangulation der Dokumente mit den Interviews die Ergebnisse wechselseitig validiert werden und dabei Unstimmigkeiten in den Aussagen aufgedeckt werden. Die Stärken und Schwächen der unterschiedlichen Erhebungs- und Auswertungsmethoden können sich so ausgleichen und der Untersuchungsgegenstand in seiner Komplexität besser verstanden werden (Flick 2014, S. 411; Lamnek und Krell 2016, S. 155).

Durch die in den vorangegangenen Absätzen beschriebene Vorgehensweise kann in der vorliegenden Analyse von einer hohen Glaubwürdigkeit der Ergebnisse ausgegangen werden. Um diese auch auf andere Fälle verallgemeinern zu können, wurde nach den von Flick vorgeschlagenen Schritten vorgegangen, indem die zwei Fälle zunächst unabhängig voneinander analysiert und ausgewertet wurden und erst im Nachgang ein Vergleich vorgenommen und Generalisierungen abgeleitet wurden (Flick 1990, S. 186 f.). So wird im folgenden Analysekapitel nun auch vorgegangen.

Analyse zweier transformativer Forschungsprojekte

5

Um herauszufinden, ob durch die von den transformativen Forschungsprojekten geführten Diskurse schon ein Wandel in Wuppertal stattgefunden hat, werden im Folgenden die beiden Fälle zunächst getrennt voneinander analysiert und später verglichen. So können Rückschlüsse darauf gezogen werden, welche Charakteristika der Projekte möglicherweise die Erfolgsaussichten erhöht oder verringert haben. Dazu wurden jeweils die transkribierten Interviews sowie die Dokumente einer Inhaltsanalyse unterzogen und mithilfe der Dokumentenanalyse jeweils die Verbreitung der in den Fällen vertretenen Ideen untersucht.

In der folgenden Darstellung (Abschn. 5.1) wird auf die aus der Theorie des diskursiven Institutionalismus herausgearbeiteten Kategorien (siehe Abschn. 3.5) eingegangen, zunächst auf die vorhandenen Akteur*innen und Ideen, dann auf den institutionellen Kontext des Projektes, auf vorhandene Herausforderungen und relevante externe Veränderungen. Danach wird auf die Anschlussfähigkeit, Umsetzbarkeit und Relevanz der Projektideen eingegangen und auf bereits wahrgenommene Veränderungen beziehungsweise Umsetzungen der Ideen. Im letzten Teil des Kapitels wird auf die Prognosen der Kongruenzanalyse (siehe Abschn. 4.3) Bezug genommen und abgeglichen, ob die vom diskursiven Institutionalismus prognostizierte Situation in der Empirie beobachtet werden kann. In Abschnitt 5.2 werden die Analyseergebnisse des zweiten Falles mit demselben Vorgehen geschildert, in Abschnitt 5.3 folgt dann ein Vergleich der beiden analysierten Fälle.

Elektronisches Zusatzmaterial Die elektronische Version dieses Kapitels enthält Zusatzmaterial, das berechtigten Benutzern zur Verfügung steht https://doi.org/10.1007/978-3-658-32601-2_5.

5.1   Wohlstandsindikatoren für Wuppertal

5.1.1   Akteur*innen und Ideen

5.1.1.1 Institutionelle Unternehmer*innen und deren Ideen

Erste Voraussetzung für erfolgreichen Wandel ist das Vorhandensein von institutionellen Unternehmer*innen, die Ideen voranbringen. Diese benötigen außerdem Ressourcen, um ihre Ideen zu verbreiten. Auch welches Ansehen und welche Netzwerke die institutionellen Unternehmer*innen haben, spielt laut diskursivem Institutionalismus für den Erfolg eine Rolle (siehe Abschn. 3.3.2) und soll im Folgenden analysiert werden.

Im Projekt zur Entwicklung der Wuppertaler Wohlstandsindikatoren waren zwei wissenschaftliche Institute Teil des Projektkonsortiums (DI2, DI5, DI11, DI38, DI40)[1]: Das Transzent der BUW und das WI. In beiden Institutionen arbeiteten Personen für das Projekt, das für drei Jahre vom BMBF gefördert wurde (I1–4, DI39). Ressourcen, um eine Idee voranzubringen, die laut Campbell (2004, S. 178 f., siehe Abschn. 3.3.2) wichtiger Faktor für erfolgreiche Veränderung sind, waren also vorhanden. Mit dem Projekt wurden unterschiedliche Ideen verfolgt. So sollte einerseits der BLI der OECD auf eine Stadt angepasst und am Beispiel Wuppertals herausgefunden werden, was Lebensqualität oder Wohlstand in dieser Stadt bedeutet beziehungsweise ob der BLI geeignet ist, diese abzubilden (DI2, DI7–9, DI14–15, DI29, DI32–34, DI37). Damit zusammenhängend sollte herausgefunden werden, wie Wohlstand und Ressourcenverbrauch sich entkoppeln lassen, wie also ressourcenleichter Wohlstand in Wuppertal aussieht (DI2–3, DI5, DI7, DI18–19, DI29, DI36, DI38–40). Diese Ideen wurden als der wissenschaftliche Beitrag des Teilprojektes beschrieben (I2–4, DI5, DI7–8, DI18, DI28–29, DI33–34, DI36–40). Dieser wissenschaftliche Beitrag alleine wäre noch nicht als innovative Idee zu verstehen, die von institutionellen Unternehmer*innen in der Stadt verbreitet wurde. Andererseits wurde aber von drei der vier projektinternen Interviewten sowie in zahlreichen Dokumenten formuliert, das Projekt ziele außerdem darauf ab, einen umfassenden Blick auf Wohlstand zu etablieren, weg von rein ökonomischen Aspekten von Wohlstand und deren Messung durch das BIP hin zu weiteren Aspekten wie Gesundheit, Bildung oder Umwelt (DI5–6,

---

[1]Um die Verweise auf Interviews und Dokumente exakt, aber in kurzer Form anzugeben, wurden diese jeweils nummeriert (siehe elektronisches Zusatzmaterial). DI1–DI40 stehen für die analysierten Dokumente des ersten Falles, der Indikatorenentwicklung, I1–I13 für die Expert*inneninterviews dieses Falles. DG1–DG216 bezeichnen die Dokumente über „Glücklich in Wuppertal" und G1–G20 die dazu geführten Interviews.

DI8, DI12, DI16, DI18, DI29, DI31). Ein Interviewter des Projektteams fasste dies folgendermaßen zusammen:

„Und auch eine Kommune ist eigentlich im Wettbewerb mit anderen Kommunen immer dabei zu schauen, dass es als Wirtschaftsstandort, oder … sich da wirklich behaupten kann. Andere Indikatoren eben wie Umwelt, Gesundheit, Bildung und so weiter rücken immer in den Hintergrund vor diesem wirtschaftlichen Wachstumsgedanken. Und gerade wenn wir über Wohlstand sprechen – im Sinne von Wohlfahrt auch, dass man sich wohl fühlt – dann ist es eben nicht nur abhängig vom BIP sondern eben auch von den anderen bereits genannten Faktoren und von vielen mehr. Und das systematisch in Beziehung zu bringen, das war einfach das Anliegen von AP 1[2] […] Und damit eben auch einen weiteren Blick auf Wohlstand nach vorne bringen, der nicht eben reduziert ist auf unternehmerische Perspektive und BIP." (I1)

Das Vorhandensein dieser Idee eines erweiterten Verständnisses von Wohlstand wurde als der transformative Beitrag des Projektes beschrieben (I1–2, I4). Die Anpassung des BLI auf Wuppertal als Better Life Index urban (BLI-u) sollte nicht nur getestet, sondern dieser daraufhin auch genutzt und als Kompass für städtische Entscheidungen dienen (I2–3, DI4, DI7, DI12, DI16, DI30–31, DI34–35, DI40). Der BLI-u sollte als alternatives Wohlstandsverständnis neues Paradigma werden, das Politik leitet (I1–2, DI8, DI31). Die Forschenden sahen es dabei auch als ihre Rolle, die Implementierung der Indikatoren in städtische Prozesse aktiv mit voranzutreiben (DI14, DI32). Hier wird also deutlich, dass die institutionellen Unternehmer*innen eine Veränderungsintension auf der Ebene eines Paradigmas, also eines Wandels dritter Ordnung, hatten.

Konkreter heruntergebrochen war außerdem die Idee vorhanden, die Indikatoren und Dimensionen könnten als Instrument und Angebot eingesetzt und dazu genutzt werden, Projekte zu bewerten (I2, DI12). Bezüglich dieser Nutzung der Dimensionen als Bewertungskriterium für kleinere Projekte argumentiert einer der Interviewten, dass diese kleineren Anwendungen als Projektbewertung zwar auch im Sinne des Projektes seien, die Wohlstandsdimensionen aber eigentlich nur als übergreifendes Leitbild bzw. Paradigma ihrem Sinn gerecht werden würden (I2). Trotzdem wird hier eine Veränderungsintension auf der Ebene von konkreten Policies deutlich, teilweise auch die Idee, dies längerfristig in Programme zu integrieren. Diese Ideen beziehen sich also auf einen von den Projektbeteiligten angestrebten Wandel erster und zweiter Ordnung.

---

[2]Das Arbeitspaket 1 umfasste im WTW-Projekt die in diesem Fall analysierte Entwicklung von Wohlstandsdimensionen und -indikatoren für Wuppertal mithilfe eines partizipativen Forschungsprozesses.

Bei einem Blick auf die öffentlichen Dokumente des Projektes (Broschüren, Webseiten, Protokolle) fällt auf, dass die Beschreibung der Idee sich meist auf die Wohlstandsdimensionen bezieht, die genauen Indikatoren und deren Berechnung jedoch, wenn überhaupt, nur beispielhaft auftauchen. Die Kommunikation blieb also meist auf der Ebene der Wohlstandsdimensionen. Drei von vier projektinternen Interviewten sahen diese transformative Wirkung auf Ideen und damit auf politische Entscheidungen in der Stadt als ein Ziel (I1–2, I4). Der vierte Projektbeteiligte (I3) sagte, dies sei nicht Ziel gewesen, erwähnte es im späteren Verlauf des Interviews jedoch auch als Nebeneffekt. Die Priorisierung zwischen den Zielen wurde also unterschiedlich verstanden von verschiedenen Projektbeteiligten, die alle jedoch auch den transformativen Beitrag erkannten.

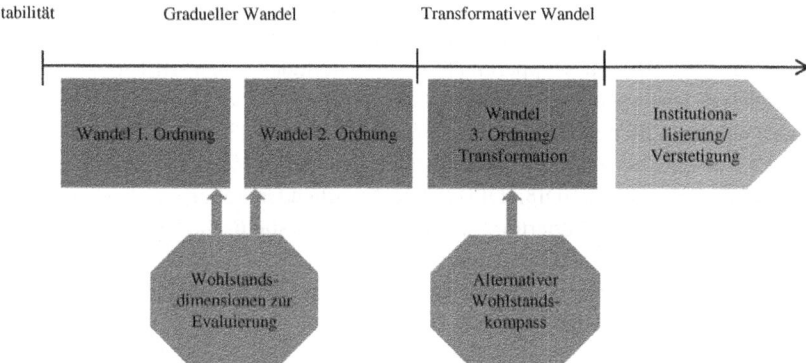

Abb. 5.1 Zuordnung der Ideen zu Veränderungsintensionen (Wohlstandsindikatoren). *Die Abbildung zeigt die Zuordnung der Ideen der institutionellen Unternehmer*innen im Fall der Wohlstandsindikatoren zu den drei Graden der Veränderung nach Hall (1993). Die Wohlstandsindikatoren zur Evaluierung von Stadtentwicklungsprojekten zu nutzen würde je nach Ausgestaltung einen Wandel erster oder zweiter Ordnung bedeuten, während die Einführung eines alternativen Wohlstandskompasses eine Transformation mit sich bringen würde.* Quelle: Hall (1993) und eigene. Eigene Darstellung

Das Projekt zielte also neben dem klassischen wissenschaftlichen Beitrag auch auf eine Veränderung von Ideen unterschiedlicher Ebenen in der Stadt ab (siehe Abb. 5.1). Die Projektpartner*innen agierten als institutionelle Unternehmer*innen, indem sie ihre Idee eines erweiterten Wohlstandsverständnisses als neuen Kompass für Stadtentwicklung voranbrachten, der im Sinne eines Paradigmas (Campbell 2002, S. 22 f., 2004, S. 94 f.; Schmidt 2017, S. 251) verstanden werden kann und einen Wandel dritter Ordnung bezweckte. Die Wohlstandsindikatoren zur Projektbewertung zu nutzen, kann je nach konkreter Ausgestaltung dagegen als Policy oder Programm (Schmidt 2017, S. 251) verstanden werden und lediglich Wandel der ersten oder zweiten Ordnung herbeiführen.

5.1.1.2 Unterstützung durch zivilgesellschaftliche Akteur*innen und Unternehmen

Um erfolgreich Wandel herbeizuführen, unabhängig davon, auf welcher Ebene, benötigen institutionelle Unternehmer*innen Unterstützung und Netzwerke zu anderen Akteur*innen. Im Folgenden wird daher zunächst dargelegt, ob und von wem die institutionellen Unternehmer*innen des Projektes Unterstützung aus der Zivilgesellschaft oder von Unternehmen bekamen, bevor sich später anderen Gruppen von Akteur*innen zugewendet wird.

In diesem Fall wurden punktuell Vereine und engagierte Zivilgesellschaft eingebunden, insbesondere im Rahmen von Workshops zur Indikatorenentwicklung und -nutzung und in Wirkungsabschätzungsworkshops mit den im WTW-Projekt aufgebauten Reallaboren (I1–2, I4, I6, I8, I11, DI14, DI15, DI32). So fand zu Beginn des Projektes ein Workshop zur Entwicklung der Wohlstandsindikatoren statt, bei dem 20 Personen von 16 Vereinen und Initiativen teilnahmen und über Dimensionen des guten Lebens aus ihrer Sicht sprachen, diese sammelten und priorisierten (DI5). Im Nachgang fand eine Befragung statt, bei der zwar kein persönlicher Kontakt entstand, aber eine Information über das Forschungsprojekt an 1000 zufällig ausgewählte Wuppertaler*innen mit Bitte um Beantwortung eines Online-Fragebogens versendet wurde. Dieser fragte ebenfalls Aspekte des guten Lebens und deren Gewichtung sowie sozio-demografische Merkmale der Befragten ab (DI7, DI29, DI31, DI40).

In den Interviews wurden zwei Vertreter der Zivilgesellschaft besonders herausgestellt, die in die Indikatorenentwicklung involviert waren: Ein Repräsentant von Utopiastadt und ein Mitglied des Kompetenznetz Bürgerhaushalt. Beide haben die Idee der Wohlstandsindikatoren in andere städtische Kontexte getragen, beispielsweise in den Stadtentwicklungsprozess W2025 (I2) und das Bürgerbudget (I11). Daher können sie beide als Vermittler*innen (Campbell 2004, S. 104 f.) verstanden werden, die zur Verbreitung der Ideen beigetragen haben. Der Vertreter des Kompetenznetz Bürgerhaushalt könnte zusätzlich selbst auch als institutioneller Unternehmer (Campbell 2004, S. 177 f.) verstanden werden, der seine Ideen in der Stadt umsetzen will und dafür Gelegenheiten und Verbündete sucht, wo sich die Wohlstandsindikatoren anboten. Aus diesem Grund schlug er sie zur Nutzung in anderen Kontexten vor und erleichterte dadurch die Vernetzung und Diffusion, aber auch erste Umsetzungen (I9). Mit diesen beiden Vertretern konnte das Projekt

Unterstützer gewinnen, die die Projektziele und die Idee alternativer Wohlstands-konzepte voranbrachten. Weitere zivilgesellschaftliche Akteur*innen waren eher punktuell eingebunden und gaben an, nur wenig über den Projektverlauf gewusst und nur sporadisch von Veranstaltungen erfahren zu haben, die sie später kaum mehr in Erinnerung hatten (I11–12).

Daneben wurde Kontakt zur Wirtschaftsförderung hergestellt, die als Anstalt des öffentlichen Rechts sehr enge Kontakte zur Stadtverwaltung pflegt und teilweise in städtischen Gremien vertreten ist. So hat eine Person in der Wirt-schaftsförderung sich für die Ideen der Wohlstandsindikatoren eingesetzt, indem sie diese in den Kontext der Stadtentwicklungsstrategie W2025 integriert hat und so in neue Netzwerke hereingeholt hat (I2, I8). Daher kann auch sie als Vermitt-lerin im Sinne von Campbell (2004, S. 104 f.) verstanden werden. Der Austausch zwischen ihr und einem der Projektmitarbeitenden wurde als regelmäßig beschrie-ben, so dass sie über die Entwicklungen im Projekt informiert war (I8). Mit ihr konnte das Projekt also eine weitere Unterstützerin gewinnen, in diesem Fall aus einem städtischen Betrieb. Sie stellte den Kontakt zu einem städtischen Kontext her, in dem die Ideen des Projektes vorgestellt wurden und durch die die meisten der genannten Personen der Stadtverwaltung von den Ideen erfuhren.

Insgesamt konnte das Projekt also bereits einzelne Unterstützer*innen aus der Zivilgesellschaft und Unternehmen gewinnen, die sich aktiv dafür einsetzten und die Ideen voranbrachten, und erreichte während der Befragung oder dem Bürger-budget eine größere Gruppe an Personen mit allgemeinen Informationen zu Ideen über Wohlstand. Daneben konnten bereits zwei Unterstützer*innen aus der Zivil-gesellschaft sowie eine aus einem städtischen Unternehmen gewonnen werden, die die Ideen in andere Kontexte trugen.

5.1.1.3 Zugang zu Entscheidungsträger*innen

Neben Unterstützung aus der Bürgerschaft benötigen institutionelle Unterneh-mer*innen außerdem Zugang durch und Unterstützung von Entscheidungsträ-ger*innen, um die Ideen in der Stadt umzusetzen (siehe Abschn. 3.3.2), welche in diesem Fall eher punktuell eingebunden wurden (DI7, DI30, DI40). Hier wurde die Statistikstelle, das Dezernat für Stadtentwicklung, der Oberbürgermeister und die Stabsstelle Bürgerbeteiligung genannt (I1–6, I8, I13). Mit dem Mitarbeiter der Statistikstelle bestand Kontakt, als es um städtische Daten über Wuppertal ging und um eine Stichprobe von Wuppertaler Einwohner*innen (I5).

Durch den Einsatz der Vertreterin der Wirtschaftsförderung wurden die Wohlstandsdimensionen bei einem Termin des Lenkungskreises der Stadtent-wicklungsstrategie W2025 vorgestellt, bei dem 19 Personen, größtenteils aus der Stadtverwaltung, anwesend waren. Die Mitglieder dieses Gremiums entschieden sich für eine Nutzung der Dimensionen in diesem Kontext, was bisher jedoch noch nicht realisiert wurde. Mitglieder des Lenkungskreises waren Projektverantwortliche der 13 Schlüsselprojekte, die aus verschiedenen Bereichen der Verwaltung kommen: der Oberbürgermeister und sein Büroleiter, die Dezernenten für Soziales, Kultur und Sport, Beteiligung, der Zoodirektor, die Leitungen der Ressorts Stadtentwicklung und Umweltschutz, des Presseamtes und des Rechtsamtes, der Gleichstellungsstelle und des Bereichs Schulen sowie stadtnahe Betriebe und Zivilgesellschaft (DI13). Durch eine Präsentation in diesem breit besetzten Gremium konnten also Entscheidungsträger*innen über das Projekt und die damit verbundenen Ideen informiert werden.

Ein zweiter städtischer Kontext, in dem die Ideen vorgestellt wurden, waren Gespräche der Bürgerbegleitgruppe zum Bürgerbudget 2017, bei dem die Mitarbeitenden der Stabsstelle Bürgerbeteiligung sowie sieben Bürger*innen anwesend waren. Dort wurden die Dimensionen ebenfalls vorgestellt und sich für eine Nutzung dieser entschieden (I6, I9, DI17), die dann später in einer Bürgerwerkstatt mit circa 120 Teilnehmenden umgesetzt wurde. Dort wurden die Dimensionen dann erneut vorgestellt (DI20). Die Beteiligten der Bürgerbegleitgruppe haben sich also für die Dimensionen entschieden und die Projektziele und die verfolgten Ideen damit ein Stück vorangebracht.

Insbesondere bei diesen zwei Projekten gab es einen längerfristigen Austausch zwischen den Beteiligten des Projektes und der Stadtverwaltung und beide Seiten profitierten von der Zusammenarbeit. Im Fall des Bürgerbudgets war die Stabsstelle Bürgerbeteiligung auf der Suche nach Kriterien für einen Gemeinwohlcheck und nahm die Beratung der Wissenschaftler*innen gerne an, die dadurch wiederum Öffentlichkeit erzeugen und die Verwendung der Dimensionen erproben konnten (I6).

Auch zum Oberbürgermeister und dessen Büro bestand neben dem W2025-Prozess zusätzlich Kontakt durch einen regelmäßigen Erfahrungsaustausch zwischen dem Oberbürgermeister und dem Leiter des WI, gleichzeitig Projektleiter (I13). Insgesamt zeigt sich also, dass diese von Campbell (2004, S. 178 f.) genannte Voraussetzung für institutionellen Wandel, Zugang zu Entscheidungsträger*innen zu haben, vorliegt. Dies kam insbesondere durch zwei Unterstützer*innen beziehungsweise Vermittler*innen zustande, die die Ideen in städtische Kontexte trugen. Dieser Austausch wurde aber nur in Einzelfällen intensiviert und es ist bisher keine größere Unterstützung von Entscheidungsträger*innen zu beobachten. Darauf, welche der Ideen die Entscheidungsträger*innen wahrnahmen und gegebenenfalls unterstützten, wird später genauer eingegangen.

5.1.1.4 Öffentliche Diskurse und Diffusion der Ideen

Neben dem Zugang zu Entscheidungsträger*innen und der Unterstützung verschiedener Akteur*innen könnte außerdem eine öffentliche Diskussion über die angesprochenen Ideen einen Wandel wahrscheinlicher machen beziehungsweise eine Grundlage dafür schaffen. Darüber hinaus kann an der Verbreitung der Ideen über die Wohlstandsindikatoren im städtischen Diskurs erkannt werden, wie weit die Ideen diffundiert sind und ob es bereits zu einem diskursiven Wandel gekommen ist. Nutzen bereits andere Akteur*innen die Ideen und Begriffe des Projektes, wer agiert in dem Diskurs und wer wurde dadurch erreicht? Um herauszufinden, wie weit die öffentliche Kommunikation der Ideen ging und ob es schon zu einer diskursiven Veränderung kam, wurden diese öffentlichen Diskurse und Kommunikationskanäle ebenfalls untersucht.

Die Prozesse und Ideen des Projektes wurden hauptsächlich über die eigenen Kanäle wie Blog, Webseiten oder Broschüren verbreitet (I1–2, I4). Artikel in Zeitungen und anderen Pressemedien sind nur wenige erschienen, was auch die Ergebnisse der Dokumentenanalyse bestätigen. So wird in 24 der 40 gefundenen Dokumente die Indikatorenentwicklung nur am Rande erwähnt und es wird hauptsächlich etwas anderes oder ein allgemeineres Thema behandelt. Bei den 16 Dokumenten, die hauptsächlich das Projekt der Indikatorenentwicklung thematisieren, handelt es sich zur Hälfte um nichtöffentliche projektinterne Dokumente wie Protokolle oder Transkripte von Workshops. Die anderen acht Dokumente, bei denen die Indikatorenentwicklung im Mittelpunkt steht, sind öffentliche Dokumente.

Von allen öffentlich verfügbaren Dokumenten, die in die Analyse einbezogen wurden, sind neun Einträge auf eigenen Webseiten der Projektpartner*innen und vier auf einem eigenen Blog veröffentlicht. Bei fünf Dokumenten handelt es sich um Projektberichte wie Broschüren oder Kurzinformationen und bei zwei um Artikel in wissenschaftlichen Zeitschriften. Auf diese wurde jeweils ebenfalls auf der Projekthomepage verwiesen. Ein wissenschaftliches Poster und fünf wissenschaftliche Vorträge wurden auf Tagungen präsentiert und die dazugehörigen Abstracts oder Präsentationsfolien auf der projekteigenen Webseite veröffentlicht. Daneben berichtete die Presse in vier Artikeln in den Lokalzeitungen unter anderem über die Ideen der Indikatorenentwicklung sowie in einem Radiobeitrag. Zusätzlich sind auf Internetseiten anderer Anbieter dreimal Artikel auf Blogs und in Newsbereichen anderer Akteur*innen zu finden.

Bei der Dokumentenanalyse wird deutlich, dass in der zweiten Hälfte des Untersuchungszeitraumes mehr Dokumente über die Indikatorenentwicklung veröffentlicht wurden. Während 2015 fünf Dokumente entstanden, 2016 elf, entstanden im ersten Halbjahr 2017 bereits elf Dokumente, im zweiten Halbjahr weitere vier. 2018 wurden bis zum Ende des Untersuchungszeitraumes und damit auch Ende der Förderlaufzeit des Projektes zehn Dokumente verfasst, von denen die meisten auch öffentlich verfügbar sind. Einige der 2016 beispielsweise im Zusammenhang mit wissenschaftlichen Präsentationen entstandenen Dokumente wurden erst im Laufe des Jahres 2018 hochgeladen, um zum Projektende hin die Ergebnisse Interessierten zur Verfügung zu stellen. Autor*innen der meisten Dokumente waren die Projektmitarbeitenden, also die institutionellen Unternehmer*innen selbst oder sehr eng daran Beteiligte (wie die Pressestellen der beteiligten Organisationen). Acht Dokumente wurden von Journalist*innen oder anderen Personen verfasst, die nicht zu den projektdurchführenden Einrichtungen gehörten.

Schlussfolgernd aus den Kanälen, über die die Dokumente verbreitet wurden, sowie deren Inhalte, hat sich herausgestellt, dass Zielgruppe von circa der Hälfte der Dokumente (19) unter anderem die Bürgerschaft in Wuppertal und der Region ist, beispielsweise bei Broschüren und Presseartikeln. Ebenfalls 19 Dokumente richten sich unter anderem an Akteur*innen der Wissenschaft und Wissenschaftspolitik oder Fördergeber, wobei es hier einige Überschneidung mit der Zielgruppe Bürgerschaft gibt. Die nichtöffentlichen Dokumente sind an Projektmitarbeitende oder Teilnehmende von Sitzungen gerichtet und dienen der Dokumentation des Prozesses.

Die meisten Dokumente berichten direkt über Veranstaltungen im Rahmen des Projektes oder über Projektergebnisse. Neunmal werden die Indikatoren auch im Zusammenhang mit Bürgerbeteiligung in Wuppertal genannt, alle im Zusammenhang mit der Nutzung der Wohlstandsdimensionen in einer Bürgerwerkstatt des Bürgerbudget-Prozesses, bei dem parallel mehrere Protokolle an mehreren Tischgruppen angefertigt wurden. Zusätzlich werden die Indikatoren in zwei Dokumenten im Rahmen einer Sitzung des Lenkungskreises der Stadtentwicklungsstrategie W2025 genannt. Achtmal wurde das Projekt in wissenschaftlichen Abhandlungen erwähnt und analysiert.

Die Wohlstandsindikatoren tauchen in keinem öffentlichen städtischen Dokument auf, sondern lediglich in einem Protokoll einer städtischen Sitzung zur Stadtentwicklungsstrategie W2025. Die Ideen scheinen also nicht Schwerpunkt in städtischen Prozessen geworden zu sein. Die größte Zahl der Dokumente wurde von den institutionellen Unternehmer*innen des Projektes selbst oder über ihre Kanäle veröffentlicht, wodurch davon ausgegangen werden kann, dass nur ein spezifischer Teil der Bevölkerung in Wuppertal mit den Ideen erreicht wurde, die schon zuvor an den Themen interessiert waren. Dies wurde auch in den Interviews mit den Projektbeteiligten so eingeschätzt (I1–4). Dort und in einigen Dokumenten wurde außerdem angemerkt, dass hauptsächlich engagierte Personen mit hohem Bildungsstatus und meist ohne Migrationshintergrund von den Ideen erfuhren und diese nicht in die Breite der Bevölkerung getragen wurden (I1–2, I4, DI5, DI8, DI21–26, DI29–31, DI40). Auch die Interviewten außerhalb des Projektes merkten an, dass bisher noch wenig Öffentlichkeitsarbeit geschehen ist, was jedoch in der verfügbaren Zeit kaum möglich gewesen wäre (I7–8) und darüber hinaus verschiedene Bevölkerungsgruppen unterschiedlich angesprochen werden müssten (I11).

Dies lässt schlussfolgern, dass die Ideen des Projektes vor allem die bereits involvierten oder über die Arbeit der Institute informierten Akteur*innen erreicht haben und insbesondere die eigenen Kanäle verwendet wurden. Darüber hinaus sind die Ideen des Projektes kaum in die Breite der Bevölkerung diffundiert. Neben der lokalen Bürgerschaft wurden andere Wissenschaftler*innen sowie Wissenschaftsförderer adressiert. Die Entscheidungsträger*innen wurden dagegen in keinem Dokument explizit angesprochen und andersherum spielen die Ideen auch bisher in keinem öffentlichen städtischen Dokument eine Rolle. Möglicherweise lässt sich aus der geringen Resonanz in den lokalen Medien auf mangelnde Anschlussfähigkeit oder wenig Vernetzung und Öffentlichkeitsarbeit schließen, worauf in Abschnitt 5.1.3 genauer eingegangen wird. Ob diese Kommunikation in ausgewählte Kreise der Zivilgesellschaft hinein statt in die Breite die Wahrscheinlichkeit für erfolgreiche Veränderungen verringerte, wird ebenfalls noch an späterer Stelle untersucht.

5.1.1.5 Kommunikation der Ideen

Nachdem nun allgemein die Verbreitung der Ideen dargestellt wurde, wird nun dargelegt, von welchen Ideen die Personen aus Zivilgesellschaft und Stadtverwaltung beziehungsweise städtischen Betrieben Kenntnis bekommen haben und ob diese Wahrnehmung sich von den ursprünglichen Ideen der institutionellen Unternehmer*innen unterscheidet, ob also die Übersetzung zu einer Abwandlung der Ideen geführt hat. Daran kann erkannt werden, inwieweit welcher Teil der Ideen diffundiert ist und wie gut die Kommunikation dieser Ideen in verschiedene Netzwerke hinein gelungen ist.

Von den externen Interviewten wurde einerseits der wissenschaftliche Beitrag genannt, herauszufinden, was Wohlstand oder gutes Leben in Wuppertal über rein materielle Aspekte hinaus ausmacht (I11–12), dafür ein Indikatorenset zu entwickeln und zu messen (I8–9, I13). Im Laufe des Gesprächs erinnerte sich ein Interviewter der Zivilgesellschaft wieder an die Bedeutung des Begriffes Wohlstand:

> „Also für mich ist wirklich Wohlstand insgesamt eine weitere Zufriedenheit mit meiner Lebenssituation, die auch … gut es muss eine gewisse materielle Basis sein aber

irgendwann hört es auf, an der Stelle weiter zu gehen. Es hat sehr viel mit Sozialkontakten zu tun, sehr viel mit sozialer Zufriedenheit. Ja, hat was mit Sicherheit zu tun, mit Wohlfühlen, natürlich auch was mit Gesundheit. Und soweit ich weiß, so langsam erinnere ich mich, haben wir eigentlich ähnliche Sachen diskutiert." (I12)

Gleichzeitig wurde gesehen, dass hinter der Wohlstandsdefinition und dem Projekt die Idee steht, den Blick zu weiten und nicht-monetäre Aspekte von Wohlstand in den städtischen Diskurs zu bringen (I5–6, I9, I12), also eine Veränderungsintension auf der Ebene von Wandel dritter Ordnung vorhanden ist. So formulierte ein Interviewter der Stadtverwaltung die Zielsetzung als

„[…] eigentlich so diese alternative Zielsetzung, vielleicht jetzt auch diese alte Diskussion: Bruttoinlandsprodukt oder so, ist das jetzt, was ja häufig als Wohlstandsindikator genommen wird, letztendlich in Ermangelung anderer, ist ja dann auch schon ewig umstritten. Und dass das jetzt einfach mal so eine Alternative bietet." (I5)

Mehrere externe Interviewte verstanden die Wohlstandsindikatoren als Angebot für einen Kompass oder Instrument für städtische Entscheidungen (I5–6, I9). Von einem Interviewten wurde außerdem als Ziel gesehen, eine Transformation anzuregen und die Stadtgesellschaft zu aktivieren (I11). Diese Interviewantworten zeigen, dass von einigen der externen Personen also der gewünschte transformative Beitrag des Projektes erkannt wurde, der von den institutionellen Unternehmer*innen angestrebt wurde.

Aus den Diskussionen rund um das Stadtentwicklungskonzept W2025 wurden die Wohlstandsindikatoren außerdem als Maßstab für Lebensqualität und als Instrument zur Evaluierung von Projekten der Stadt verstanden (I7–8, DI13). Wie genau diese Evaluierung durchgeführt werden soll, wurde jedoch weder von den Interviewten noch im Protokoll eines W2025-Treffens beschrieben (I7–8, DI13). Da es sich dabei um konkrete Vorschläge für Instrumente handelt, sind hier Ideen angesprochen, die als neue Policies einen Wandel erster Ordnung bewirken können.

Einige der externen Interviewten konnten nicht alle Projektziele wiedergeben, kannten nur einen Teilbereich davon oder vermischten es gedanklich mit anderen Projekten wie der App „Glücklich in Wuppertal" oder den Reallaboren des WTW-Projektes (I5, I8–9, I11–12). Bei einer Befragten stand die subjektive Bewertung städtischer Entwicklungen im Vordergrund (I8). Auch von einigen Entscheidungsträger*innen wurde eingeräumt, dass sie über die Ergebnisse des Projektes nicht Bescheid wussten und nicht über den Verlauf informiert wurden (I5, I7). Teilweise hätten sie sich mehr Informationen gewünscht.

„Ja, also ich fände das super, wenn es quasi so einen jährlichen, zweijährlichen Bericht, wo man halt auch dann wiederum Entwicklungen festmachen kann. Also, das fände ich für unsere Arbeit interessant. […] Und wenn man da einfach ein institutionalisiertes Instrument hat, was von mir aus alle zwei Jahre da ist, und einfach auch dann mal über zehn Jahre vielleicht schaut: Okay, was haben… wie entwickelt sich Stadt? In der Richtung fände ich das höchst willkommen." (I6)

Auch zwei Interviewte aus der Zivilgesellschaft hätten sich regelmäßige Informationen über das Projekt gewünscht (I9, I11). Da es sich bei diesen Personen bereits um die handelt, die oder deren zivilgesellschaftliche Initiative mindestens zweimal in Dokumenten oder Interviews genannt wurde (siehe Abschn. 4.4.2), ist davon auszugehen, dass andere Personen der Zivilgesellschaft eher noch weniger Bescheid wussten. In einem Zeitungsartikel über die Bürgerwerkstatt wurde geschrieben, dass eine Mitarbeiterin der Universität die Spielregeln der Bürgerbeteiligungsveranstaltung vorstellte, obwohl die zwölf Wohlstandsdimensionen als Kriterien für den Gemeinwohlcheck vorgestellt wurden und das Vorgehen der Veranstaltung an sich von der Moderatorin erläutert wurde (DI20). Die Inhalte und Ziele der Dimensionen wurden also nicht korrekt wiedergegeben.

Bei der Analyse der Dokumente ist außerdem auffällig, dass keines der Dokumente genauer über die eigentliche Berechnung der Indikatoren oder deren Entwicklung im Zeitverlauf berichtet, also quantitative Ergebnisse liefert. Meist bleiben die Informationen auf der Ebene der Dimensionen und nennen keine konkreten Zahlen. Zum Ende des Untersuchungszeitraumes waren auf der Webseite zu den Indikatoren nur zu drei der zwölf Wohlstandsdimensionen Zahlenreihen der Indikatoren hinterlegt. Und auch diese wurden erst spät im Laufe des Prozesses veröffentlicht, nachdem sich aus dem Beteiligungsprozess zwölf Dimensionen herausgestellt hatten. Dies wurde ebenfalls kritisch von einem Projektbeteiligten reflektiert:

„Und um glaube ich in so einen Impact zu kommen, wäre es glaube ich besser gewesen, wir hätten uns intern in einem sehr kleinen Workshop darauf verständigt: Das sind jetzt die Elf für Wuppertal. Die hauen wir jetzt mal raus. Jetzt gucken wir, wer darauf reagiert, und dann in dem Prozess passen wir sie nochmal an. Also, das war akademisch vermutlich total redlich, aber jetzt unter so einem transformativen Aspekt, den man sich gewünscht hätte, vielleicht nicht ganz optimal." (I4)

Es wurden also durchaus alle in diesem Zusammenhang stehenden Ideen der institutionellen Unternehmer*innen kommuniziert, es gelangte aber jeweils nur ein Teil davon zu den jeweiligen Adressaten. Die meisten externen Projektbeteiligten haben die Ziele des Projektes nicht in Gänze und nicht auf allen Ebenen von dahinterliegenden Ideen überblickt. Andere vermischten versehentlich die Ideen des Projektes mit anderen Projekten. Dies und auch die Darstellung in den Medien weist darauf hin, dass das Projekt schwer zu vermitteln und zu verstehen war. Dies deutet darauf hin, dass die Ideen des Projektes nicht, wie von Campbell als Kriterium für erfolgreichen institutionellen Wandel formuliert, einfach und verständlich kommuniziert wurden (Campbell 2004, S. 177 f.). Ein Interviewter eines Reallabores formulierte diese Problematik:

> „Ehm, ja, ich hatte so durchweg im Projekt teilweise so das Gefühl, dass das sehr abstrakt ist irgendwie. Das fand ich jetzt irgendwie immer, wenn man von... da musste man immer aufpassen und glaube ich einen guten Weg finden, das überhaupt zu vermitteln und... ich meine gut, das war klar, dass es auch um Wissenschaft geht, deswegen ist es halt auch so. Aber das fand ich immer sehr schwierig, immer mal wieder. Selbst für mich war es teilweise nicht... [lacht] Oder mir wurden am Anfang auch ein paar Sachen nicht gesagt, oder..." (I10)

Daneben wurde teilweise der Begriff Wohlstand verwendet, teilweise von Dimensionen des guten Lebens gesprochen. Beim Bürgerbudget 2017 wurden die 12 Dimensionen außerdem noch mit dem Thema Gemeinwohl zusammengebracht. So war die Kommunikation oft nicht einheitlich. Zwar erleichterte dies, an Diskurse anzuknüpfen, führte insgesamt aber auch zu einer Unklarheit. Laut Schmidt (2006, S. 253) kann Mehrdeutigkeit auch förderlich für den Erfolg einer neuen Idee sein, da sich dann Akteur*innen unterschiedlicher Perspektiven zuordnen, was in dem Fall jedoch nur bedingt erfolgreich war. Die Vielschichtigkeit und die Komplexität wurden hier eher als Nachteil denn als Vorteil empfunden, da so die Öffentlichkeitsarbeit und Suche nach Unterstützer*innen erschwert war und die meisten das Gefühl hatten, die Ideen nicht einordnen zu können (I2, I4).

Zusammenfassend lässt sich also feststellen, dass zwar alle von den institutionellen Unternehmer*innen propagierten Ideen von einigen externen Interviewten wahrgenommen wurden, jedoch von den meisten jeweils nur ein Ausschnitt verstanden und in Dokumenten nur einzelne Aspekte erwähnt wurden. Während einigen in der Zivilgesellschaft das alternative Paradigma und damit die Intension einer Transformation klar wurde, so erfuhren die meisten Entscheidungsträger*innen lediglich von den Policies und teilweise Ideen neuer Programme, die Veränderungen erster oder zweiter Ordnung bewirken würden. Die Komplexität und Mehrdeutigkeit durch die Ideen unterschiedlicher Ebenen und unterschiedlichen Formulierungen stellten eher eine Schwierigkeit dar. Einfache und verständliche Kommunikation war hauptsächlich bezüglich der Ideen auf den Ebenen von Policies und Programmen möglich, schwieriger in Bezug auf die Paradigmen.

5.1.1.6 Rolle der Wissenschaft

Da für die Analyse der Ideen, Akteur*innen und Veränderungsprozesse auch von Relevanz ist, wie die Wissenschaftler*innen wahrgenommen wurden und welche Funktionen sie außer der von institutionellen Unternehmer*innen noch einnahmen, widmet sich das folgende Teilkapitel nochmals dieser Gruppe mit einem Fokus auf den ausgeführten Rollen und der Wahrnehmung bei Personen außerhalb der Wissenschaft.

Das Transzent und das WI wurden von den externen Interviewten als glaubwürdig, engagiert und mit hoher Reputation beschrieben (I6, I8–9, I11, I13). Dadurch wurde es als positiv wahrgenommen, dass lediglich wissenschaftliche Partner*innen und keine Unternehmen in das Projekt involviert waren, um die Glaubwürdigkeit und Wissenschaftlichkeit zu erhalten (I6, I13). Die Wissenschaft profitierte dabei von einem Vertrauensvorschuss in der Stadt und verfügte über eine gute Stellung (I2, I4).

In den Interviews und in Dokumenten nannten die Wissenschaftler*innen selbst zwei verschiedene Rollen die sie eingenommen hätten: die klassische forschende und die transformierende Rolle, in der die Wissenschaftler*innen Stellung zu städtischen Themen beziehen (I1–4, DI6–7, DI9, DI14, DI31–32, DI37–38, DI40). Die Wissenschaftler*innen beschrieben sich selbst als transformativ Forschende, die „sozial robustes Wissen" (Nowotny et al. 2001, S. 167) produzieren und selbst aktiv Transformation und die Implementation der Indikatoren voranbringen wollen (DI10–11) und schrieben sich damit klar die Rolle institutioneller Unternehmer*innen zu, wie bereits in Abschnitt 5.1.1.1 dargestellt. Indem die Forschenden ihre Rolle hinterfragten und an die wahrgenommenen Herausforderungen anpassten und mit der Gründung des Transzent dazu sogar eine neue Organisation geschaffen wurde, kann hier ein Ansatz einer Modus-3-Wissenschaft erkannt werden (siehe Abschn. 2.2.2) Auch wenn die Wissenschaft immer wieder aus dem transformativen Prozess heraustreten sollte, um diesen zu reflektieren, um die Unterscheidung von Forschung zu den Tätigkeiten der Zivilgesellschaft aufrecht zu erhalten (I1), so wurde doch genau diese aktive Rolle als wichtig beschrieben, da diese von niemand anderem eingenommen würde:

> „Und da zeigt ja einfach die Erfahrung, dass alleine das Erstellen [eines Indikatorensets] einfach nicht reicht. Es wäre sicherlich denkbar, dass andere Akteure das machen. Intermediäre Akteure, Journalisten, Wissenschaftsjournalisten, die dann diese Arbeiten aufgreifen und auf konkrete Prozesse beziehen. Aber realistisch ist es ja einfach, dass das nicht stattfindet. Genau wie in der Klimawissenschaft, wo Klimawissenschaftler immer aktivistischer geworden sind, weil sie gemerkt haben: Es bringt nichts, das nur ins Journal zu schreiben. Genauso ist es auch da einfach klar, dass die Wissenschaft da einfach ihr Wissen aktiver transportieren muss." (I2)

Auch von den meisten externen Personen wurden beide Seiten der Tätigkeiten der Wissenschaft beschrieben (I6, I8–13) und größtenteils beide positiv bewertet. Einerseits wurden die Wissenschaftler*innen als Akteur*innen wahrgenommen, die die Indikatoren entwickeln, den Wohlstand messen und dabei anwendungsorientiert forschen (I6, I11–12), andererseits aber auch mit ihren praktischen Tätigkeiten: als Impulsgeber*innen und Berater*innen, die neue Ideen in die Stadt bringen und Veränderungen anstoßen (I5, I9, I12, DI13, DI17, DI37). Ein Interviewter der Stadtverwaltung formulierte den Vorteil der Wissenschaft als Impulsgeberin folgendermaßen:

> „Also von städtischer Seite wäre jetzt keiner auf so eine Idee gekommen. Ja weil es einfach hier so ein bisschen praktischer am Alltagsgeschäft orientiert ist und ich würde sagen, dass wirklich nur, ja was heißt nur, aber ja dass die Wissenschaft da Impulsgeber für so neue Modelle ist und die Stadt das dann eventuell aufgreift." (I5)

Die Wissenschaftler*innen wurden also neben der Rolle als Forschende auch im Sinne von institutionellen Unternehmer*innen (Campbell 2004, S. 177 f.) oder epistemischen Gemeinschaften (Campbell 2004, S. 106 f.; Haas 1992, S. 27–29) angesehen, die neue Ideen voranbringen und Politik durch ihre Expertise unterstützen. Allerdings ist zu beobachten, dass die Wissenschaftler*innen sich meist selbst als Berater*innen in städtischen Prozessen angeboten haben und nicht aus der Stadt heraus angefragt wurden. Die Initiative ging also meist von der Wissenschaft aus (I3).

Zusätzlich wurden in diesem Fall auch die Wissenschaftler*innen selbst im Sinne von Vermittler*innen (Campbell 2004, S. 104 f.) beschrieben, die ihre Ideen von einem Netzwerk in ein anderes vermitteln und ihre Ideen an die Öffentlichkeit bringen. So beschrieben einige Interviewte sie als Netzwerker*innen (I10–12). In dieser Rolle wurden insbesondere die Leitungen der beiden Institutionen und des Projektes genannt, die in der Stadt gut vernetzt und anerkannt sind (I1–4, DI29–31, DI40). Dazu zählen beispielsweise ein regelmäßiger Austausch zwischen dem Präsidenten des WI und dem Oberbürgermeister[3] (I13) sowie auch die langjährige Zusammenarbeit auf unterschiedlichen Ebenen zwischen Universität und Stadt (I7). Im Laufe des Projektes wurde außerdem ein wissenschaftlicher Beirat des Oberbürgermeisters gegründet, in dem auch die Projektleitung vertreten ist, was die Vernetzung mit der Stadt und anderen Akteur*innen noch intensivierte (I1). Daneben hatten die Projektveranstaltungen einen Netzwerkeffekt innerhalb der Gruppe der Nachhaltigkeitsakteur*innen, der von einigen aus der Zivilgesellschaft

---

[3]Diese und folgende Funktionsbezeichnungen beziehen sich jeweils auf die personelle Besetzung zum Zeitpunkt der Interviews.

als positiv hervorgehoben wurde (I10–12). Ein Interviewer der Zivilgesellschaft beschrieb die Netzwerkfunktion und das Engagement der Wissenschaftler*innen:

> „Sicherlich sehr gut und relevant ist, dass die Wissenschaftler hier vor Ort ansässig waren und sind und auch eben viele Akteure kennen und Anknüpfungspunkte haben in der Stadtgesellschaft." (I9)

Auch die Einladung eines Projektmitarbeiters zu den Treffen des Lenkungskreises W2025 intensivierte den Austausch zwischen Stadt und Wissenschaft (I7–8, I13). Durch diese verschiedenen Prozesse sowie die Stellung, die Universität und WI bereits genossen, kann die Voraussetzung von Politikwandel, dass die institutionellen Unternehmer*innen über Netzwerke verfügen, insgesamt als vorliegend beobachtet werden (Campbell 2004, S. 178, siehe Abschn. 3.3.2).

Zusammenfassend lässt sich also festhalten, dass die Wissenschaftler*innen neben der Rolle als institutionelle Unternehmer*innen außerdem noch als Vermittler*innen agierten. Beide Funktionen wurden von den Interviewten als positiv wahrgenommen und die Wissenschaftler*innen als epistemische Gemeinschaft anerkannt. Ihre hohe Reputation und Glaubwürdigkeit erleichterten so den Zugang zu den Netzwerken und Entscheidungsträger*innen.

5.1.2 Rahmenbedingungen

Für den Erfolg institutioneller Unternehmer*innen bei der Umsetzung ihrer Ideen spielen außerdem Rahmenbedingungen wie Probleme und Widersprüche (Blyth 2002, S. 10 f.; Campbell 2004, S. 174 f.) sowie Veränderungen von Machtkonstellationen (Quack 2006, S. 180) eine Rolle, weshalb diese im folgenden Abschnitt dargestellt werden.

In den Interviews und Dokumenten wurden verschiedene Rahmenbedingungen genannt, unter denen das Projekt stattgefunden hat. Einige davon können im Sinne von Hay (2006, S. 67) als Krisen verstanden werden, die als solche wahrgenommen und kommuniziert werden und neue Lösungen erfordern (siehe Abschn. 3.3.2). So wurden insbesondere die hohe Verschuldung der Kommune und die schlechte wirtschaftliche Lage infolge des Strukturwandels in vielen Interviews sowie in zahlreichen Dokumenten beschrieben (I1–4, I7–9, I11, DI2, DI5–6, DI10–11, DI30, DI38, DI40).

> „Das größte Problem der Stadt ist das Schuldenproblem. Die Stadt ist überschuldet und der Schuldenberg ist so groß, dass die Stadt das nicht aus eigener Kraft lösen kann

und dadurch sind erstmal die Gestaltungsmöglichkeiten der Stadt von vorne herein auf unbegrenzt lange Zeit massiv eingeschränkt. So, das ist ein großes Problem." (I9)

Die Interviewten beschrieben dies als Herausforderung, die auch in der Stadtgesellschaft als solche wahrgenommen und kommuniziert wird. Aufgrund der hohen Schulden wurde oft der mangelnde Entscheidungsspielraum der Kommune als negativer Punkt genannt (I1–4, I11) und an vielen Stellen wurde derart gespart, dass nun einige Prozesse in der Verwaltung nicht mehr wie gewünscht funktionierten (I8, I11). Zusätzlich wurden ein Mangel an Arbeitsplätzen (I1, I4), eine hohe Armutsquote (I1, I4–5, I10, I13, DI30), niedrige Bildungsabschlüsse (I5, I7, I11) sowie Ungleichheit und damit zusammenhängend eine Spaltung der Gesellschaft (I10, DI30) genannt. Zusätzlich sieht sich Wuppertal mit Herausforderungen in Bezug auf die Integration von Geflüchteten und anderen Migrant*innen konfrontiert (I1, I7, I10, DI6). Auch die Themen Bildung und Armut wurden von den Interviewten als offen kommunizierte Krisen angesehen (I5–7, I9, I13). Daneben leidet Wuppertal unter einem schlechten Image und Selbstbild der Stadt, und schneidet auch in Städterankings meist schlecht ab (I1–2, DI10). An diesen Rankings kritisierte ein Interviewter, dass die negative Bewertung niedriger Mieten im Gegensatz zu den positiven Effekten für Niedrigverdienende stehe. Hier liegt also ein Widerspruch vor zwischen der negativen Bewertung in Rankings und dem auch dadurch schlechten Image der Stadt auf der einen Seite und dem eigentlich positiven Aspekt niedriger Mietkosten für die Bevölkerung auf der anderen Seite (I2).

Des Weiteren gibt es eine hohe Leerstandsquote und heruntergekommene Straßenzüge (I1, I10, DI10, DI30–31). Damit zusammenhängend nannte ein Interviewter energetische Sanierung, Wohnen im Alter sowie den Erhalt des Gebäudebestandes als Herausforderungen (I10). Ein anderer erwähnte die Herausforderung, Wohnraum zu schaffen (I13). Weiterhin wurde das Thema Mobilität genannt, beispielsweise der Wunsch, den ÖPNV zu verbessern und auch das Thema Verkehrslärm (I9–11). Ein Interviewter nannte außerdem den Widerspruch zwischen verschiedenen Entwicklungspfaden der Stadt, einerseits alternative Projekte zu unterstützen und andererseits investorengetriebene Entscheidungen zu treffen (I2). Auch glaubte ein Interviewter, viele Verwaltungsangestellte würden gerne nach Nachhaltigkeitskriterien entscheiden, seien aber oft an wirtschaftliche Aspekte gebunden (I11). Die Interviewten sahen noch weitere Widersprüche, wie zum Beispiel zwischen ökonomisch motivierten Entscheidungen und den ökologischen und teilweise auch ökonomischen negativen Folgen (I1). Neben diesen speziell in Wuppertal vorhandenen Rahmenbedingungen und Krisen wurden auch einige Themen genannt, die über die Stadtgrenzen hinausreichen. So wurden der

Klimawandel und die Übernutzung von Ressourcen als Bedrohung beschrieben, die die Notwendigkeit einer Nachhaltigkeitstransformation mit sich bringt (I1, I9, I11–12, DI2, DI11, DI18, DI32, DI36, DI38–40). Dafür seien neue Instrumente und neue Werte notwendig (I9) und neue Gewohnheiten in der Gesellschaft:

> „Also die Nachhaltigkeit in die Stadt bringen und so, dass sie eben Spaß macht. Dass es auch eine Selbstverständlichkeit wird. Es darf nicht mehr so einfach sein, das Verkehrte zu tun […]. Es muss in Fleisch und Blut übergehen. Andere Sachen sind ja auch einfach normal. Wenn ich über die Straße gehe, dann gucke ich auch vorher rechts und links, weil ich weiß, das gefährdet mein Leben. Aber mit dem Klimawandel gehe ich einfach so locker um, als ob der mich gar nicht angeht." (I11)

Das Thema Nachhaltigkeit wurde hauptsächlich von den institutionellen Unternehmer*innen und den Mitgliedern zivilgesellschaftlicher Gruppen, nicht jedoch von den Entscheidungsträger*innen genannt. Dieses sowie weitere genannte Herausforderungen stellen daher keine Krisen dar, die zu einem Hinterfragen bestehender Programme und Paradigmen führten. Die schlechte wirtschaftliche Lage und die daraus resultierenden hohen Schulden der Kommune, die hohe Armutsquote und die Notwendigkeit einer Verkehrswende wurden dagegen öffentlich als Krisen wahrgenommen und kommuniziert, die neue Lösungen erfordern (Hay 2006, S. 67).

> „Also wenn ich rumfrage zum Beispiel nach dem größten Problem der Stadt, ist das eigentlich fast immer bei den Leuten im Kopf, dass das das Schuldenproblem ist, dass Mobilität ein Problem ist auch und eigentlich auch, dass es viele arme Leute gibt in der Stadt und viel Armut, insbesondere bei den Kindern, das wird auch seit Jahren immer wieder in der WZ zum Beispiel und in der Rundschau gebracht. Also das sind keine Sachen, die verdeckt sind, sondern da steht die Stadt schon dazu, dass das Herausforderungen sind, an denen man wirklich hart arbeiten muss. Und die nicht leicht zu lösen sind." (I9)

Die Themen Verschuldung, Mobilität und Armut wurden auch von Entscheidungsträger*innen, deren Wahrnehmung und Kommunikation eines Problems eine besondere Rolle für die Chance eines Wandels spielt (Campbell 2004, S. 115, siehe Abschn. 3.3.2), beschrieben und könnten daher für die Durchsetzung neuer Ideen geeignete Anknüpfungspunkte darstellen. Bei den weiteren oben genannten Themen stellen die Chancen sich als schwieriger dar, da die Entscheidungsträger*innen diese nicht klar als Krisen definieren und davon auszugehen ist, dass sie auch ihre Macht und Ressourcen davon nicht gefährdet sehen.

Des Weiteren beschrieben die Interviewten einige Veränderungen, die während oder vor dem Untersuchungszeitraum stattgefunden haben und die die Verbreitung und Umsetzung der Ideen möglicherweise beeinflusst haben. Auch wenn hier einige Punkte aus Abschnitt 2.4 wieder aufgegriffen werden, stellt dies nicht lediglich eine Wiederholung dar, da es an dieser Stelle darum geht, welche Veränderungen die interviewten Expert*innen – nicht die Autorin – mit den Ideen des ersten Falles in Verbindung bringen. So wurde der Umbau des Bahnhofsvorplatzes Döppersberg bereits einige Jahre zuvor begonnen und von vielen als negativ wahrgenommen (I1, I11–12). Während des Untersuchungszeitraumes wurden dann die Flüchtlingswelle 2015 (I1, DI18), die Gründung des Dezernats für Bürgerbeteiligung, heute Stabsstelle Bürgerbeteiligung, beobachtet und als relevant angesehen (I2, I9, DI30). In diese Zeit fielen außerdem die Wahl eines neuen Oberbürgermeisters (I4, DI30) und die Gründung des wissenschaftlichen Beirates des Oberbürgermeisters (I1). Nach der Oberbürgermeisterwahl entstand die Konstellation einer stabilen Mehrheit einer Koalition aus SPD und CDU im Stadtrat mit gleichzeitig einem Oberbürgermeister, der für viele Entscheidungen keine Mehrheit hinter sich hatte (I2, I11). Außerdem fand eine Landtagswahl mit anschließendem Regierungswechsel statt (I4). Zusätzlich gab es einige Prozesse auf der Stadtebene: Der Stadtentwicklungsprozess W2025 war auf der Suche nach einem Maßstab zur Evaluierung der 13 enthaltenen Projekte (I2, I7, I13, DI12, DI13), mit der Entwicklung der neuen Stadtentwicklungsstrategie STEK2030 wurde begonnen (I4), das erste Bürgerbudget wurde durchgeführt und benötigte dafür geeignete Gemeinwohlkriterien (I11, DI17, DI20). Die Offene-Daten-Strategie der Stadt Wuppertal wurde umgesetzt und das Thema gewann an Bedeutung (I2). Besonders die institutionellen Veränderungen durch die neue Stabsstelle Bürgerbeteiligung, dadurch vermehrte personelle Ressourcen in dem Bereich sowie die Stadtentwicklungsstrategien könnten den Erfolg der Projektideen vorangebracht haben. In beiden Bereichen waren die institutionellen Strukturen noch nicht verfestigt und insofern noch offener für neue Impulse.

In Bezug auf die Forschungslandschaft in Wuppertal gab es vor Projektbeginn Veränderungen, die eine Rolle gespielt haben und von den Interviewten erwähnt wurden. So wurde Uwe Schneidewind 2010 als Präsident des WI ernannt und brachte neue Schwerpunkte in die Forschung zur Transformation in Wuppertal (I1). Außerdem wurden zahlreiche zivilgesellschaftliche Initiativen in verschiedenen Quartieren in Wuppertal sowie 2013 das Transzent gegründet (I1).

Aus den Interviews lässt sich schlussfolgern, dass insbesondere die neuen institutionellen Strukturen wie die Stabsstelle Bürgerbeteiligung, der neue Oberbürgermeister sowie die Stadtentwicklungsstrategien institutionelle Kontexte darstellten, an die die Ideen des Falles gut anknüpfen konnten. Die Herausforderungen durch die hohen Schulden der Stadt und dem damit zusammenhängenden schlechten Image stellen möglicherweise eine Situation dar, die neue Lösungen von institutionellen Unternehmer*innen erfordert.

5.1.3 Anknüpfungspunkte und Umsetzbarkeit der Ideen

Voraussetzung für erfolgreiche Verbreitung und Umsetzung von Ideen ist es, an die vorhandenen wahrgenommenen Krisen oder Widersprüche mit Lösungsvorschlägen anzuknüpfen und diese als relevant, geeignet und umsetzbar darzustellen (Campbell 2004, S. 177 f., siehe auch Abschn. 3.3.2). Im Folgenden wird daher gezeigt, wo dies gelang und wo die Anknüpfung sich schwieriger gestaltete.

Die interviewten institutionellen Unternehmer*innen beobachteten eine positive Einstellung der Entscheidungsträger*innen gegenüber dem Projekt (I2–3) und auch von diesen wurde in den Interviews das Projekt als relevant beschrieben (I5–7, I13). Trotzdem hat sich bisher keiner der Entscheidungsträger*innen aktiv für die Ideen eingesetzt, außer der bereits genannten Person eines städtischen Betriebes, die als Vermittlerin agierte.

In einer Stadt mit überwiegend negativem Image waren die zwölf Dimensionen vor allem dann gern gesehen, wenn sie dazu dienten, die positiven Seiten der Stadt darzustellen. Hier kann die Idee des Projektes also an eine wahrgenommene Krise anschließen, indem sie zeigt, dass mehr als nur die Finanzlage die Lebensqualität in Wuppertal ausmacht und auf diese Weise zu einer Verbesserung des Images beitragen (I2, I4, I6–8, I13, DI2). Außerdem ist die Stadt durch den Mangel an Ressourcen interessiert daran, Synergien zu nutzen, indem auf Ergebnisse zurückgegriffen wird, die von der Wissenschaft aus deren finanziellen Mitteln entwickelt wurden (I9). Ein Mitarbeiter der Stadtverwaltung formulierte die Relevanz der Projektideen für Stadtentwicklung wie folgt:

„Halte ich auch für sehr wichtig. Weil es in der Stadt, gerade in den letzten zehn, fünfzehn Jahren eben immer sehr um den finanziellen Aspekt kreist; unter dem Stichwort ‚Kommune, die sparen muss und kein Geld hat‘ und man auf der anderen Seite eben sieht, dass es eine extrem kreative Stadt ist. Also jetzt gerade auf Wuppertal bezogen, mit viel Engagement, wo Leute eben auch was für diese Stadt tun und... oder für ihre Gemeinschaft tun. Und dadurch merkt man: Okay, das ist denen wichtig und die wohnen gerne hier und es kann nicht an ökonomischen Faktoren liegen. [...] Aber eigentlich deshalb umso wichtiger, dass man eben auf, auf solche Indikatoren auch zurückgreifen kann, um vielleicht auch nicht immer diesen... dieses Spardiktat irgendwie nach vorne zu stellen. Sondern auch zu merken, hier... es geht auch darum, dass ich andere Möglichkeiten der Beteiligung oder des kulturellen Zusammenlebens schaffe, die einen unheimlichen Boost auf, auf ein Wohlbefinden geben können. Und dementsprechend da auch strategisch vielleicht näher an den wirklichen Präferenzen der Bürgerinnen und Bürger zu sein." (I6)

Hier wurden die Wohlstandsdimensionen als konkreter Lösungsvorschlag formuliert und auch als geeignet angesehen (I7, I9). Beim Bürgerbudget sowie auch bei W2025 konnte die Stadt auf bestehendes zurückgreifen und Synergien nutzen. Bei diesen Projekten war sie auf der Suche nach konkreten Instrumenten oder Kategorien, was die Anschlussfähigkeit erhöhte (I7–8, DI7, DI30). Die Wohlstandsindikatoren oder -dimensionen stellten ein mögliches Instrument dar und einen Vorschlag für ein gerade gesuchtes Kriterienset (I3, I6–9, I13). Dieses Zusammentreffen eines Bedarfs in der Stadtverwaltung beim Bürgerbudget mit dem Angebot der Forschenden wurde von einem Mitarbeiter aus der Stadtverwaltung folgendermaßen beschrieben:

„Wir wollen, dass Leute Entscheidungen treffen, die auch gemeinwohlbasiert sind, um dann eben auch zu gucken, wie kann man die Arbeit, die auch bei euch in diesem Projekt Wohlstandsindikatoren gelaufen ist, auch da runter brechen. So, das war halt eine direkte Zusammenarbeit." (I6)

Ähnlich gut konnten die Ideen des Projektes auf dieser Ebene an W2025 anknüpfen, da dort gerade ein Maßstab zur Evaluierung gesucht wurde. Ein projektinterner Interviewter resümierte, dass beim W2025-Prozess,

„[…] schon immer – bevor wir da überhaupt reingekommen sind – klar war: Um den Erfolg dieser Projekte zu messen, brauchen wir mehr als ein Wirtschaftswocheranking, brauchen wir mehr als Wirtschaftszahlen, die bewirken was Anderes. Ursprünglich sollte eine Bürgerbefragung stattfinden – regelmäßig – da war dann kein Geld dafür da. Und da quasi haben wir diese Lücke ein Stück weit geschlossen." (I2)

Zwar war es zu Beginn des Projektes bereits geplant, die Wohlstandsdimensionen an die Stadt heranzutragen, jedoch noch unklar, wie genau dies geschehen wird. Mit beiden städtischen Prozessen (W2025 und Bürgerbudget) ergab sich eine günstige Gelegenheit, die die institutionellen Unternehmer*innen nutzen, um ihre Ideen in die Prozesse einzubringen. Auf dieser untersten Ebene, der Idee, die Dimensionen in der Bürgerwerkstatt oder für Workshops mit den Reallaboren als Bewertungskriterien zu nutzen, erfordert die Umsetzung nur kleine Veränderungen (I1–4, I6–9). Als ein neues Instrument ist das Projekt als passend und anschlussfähig beschrieben worden und wird als geeigneter Lösungsvorschlag (Campbell 2004, S. 179; Schmidt 2002, S. 221) angesehen. Doch auch auf dieser Ebene zeigte sich, dass es nicht allen gleich leicht fiel, die Dimensionen zur Bewertung zu nutzen. Bei der Bürgerwerkstatt gelang dies nur einigen Gruppen (DI21–28). Bei den Wirkungsabschätzungsworkshops der Reallabore des WTW-Projektes, die im Gegensatz zur Bürgerwerkstatt von Wissenschaftler*innen moderiert wurden, wurde die Nutzung der Dimensionen von den Teilnehmenden als hilfreich und gut verständlich wahrgenommen (DI29). Zur Nutzung in dem späteren Stadtentwicklungsprozess STEK2030 wurden die Wohlstandsdimensionen ebenfalls vom Leiter des Ressorts Stadtentwicklung als geeignet angesehen, dann aber nicht dafür genutzt (I13).

Die Idee eines alternativen Wohlstandsverständnisses als Leitbild für städtische Politik wurde als sehr anschlussfähig zu den Akteur*innen im Nachhaltigkeitsbereich, also einer Gruppe in der Bevölkerung, wahrgenommen (I1, I9, I11–12). Sowohl lokal als auch überregional betrachtet war sie außerdem anschlussfähig an die Debatte über Nachhaltigkeitsindikatoren (I3). Ein Interviewter aus der Zivilgesellschaft beschrieb die Relevanz der neuen Paradigmen:

> „Naja, weil so wie wir unsere Gesellschaft, unser Wirtschaftssystem, unser politisches System entwickeln, geht das ganze ja den Bach runter. Also wir... Also man kann ja nicht sagen, dass wir auf einem guten Weg sind, nach meiner Interpretation. Sondern wir sägen ja den Ast ab, auf dem wir sitzen. Und das heißt, wir wenden die Instrumente, die wir haben falsch an und oder haben die falschen Instrumente. Ja, vermutlich beides. Das heißt, wir müssen das, was wir da haben sehr kritisch hinterfragen und gucken, wie können wir das besser machen. Und da gehört natürlich die Messung von Wohlstandsindikatoren gehört da wesentlich mit dazu, weil sie natürlich dazu beitragen, solche Messverfahren wie Gesellschaft selbst ihre Realität wahrnimmt und das was ihre Ziele sind und wohin sie sich entwickeln kann." (I9)

Aus dieser Perspektive können die Indikatoren ein Lösungsweg sein, um ressourcenschonende und nachhaltige Stadtentwicklung und städtische Lebensqualität zu fördern (DI2). Als eine Umsetzungsmöglichkeit dieser tiefgreifenden Idee wurde ein Nachhaltigkeitscheck bei städtischen Entscheidungen von drei Personen der Zivilgesellschaft genannt (I9, I11–12).

Inwieweit die Ideen des Projektes an die Vorstellungen der Stadtverwaltung anschlussfähig sind, waren sich die Interviewten uneinig. Einige meinten, das Projekt würde an die Vorstellungen vieler Verwaltungsmitarbeiter*innen anknüpfen (I11–13), jedoch nicht an die der leitenden Ebene (I11). Auch wurde es eher als Kritik an aktuellen Entscheidungen verstanden (I1–2, I5) und würde daher eine größere Veränderung fordern (I1–2, I4–5). Dass nur bei drei externen

Interviewten – alle Nachhaltigkeitsakteur*innen der Zivilgesellschaft – die Verbreitung alternativer Paradigmen und ein Hinterfragen von Kriterien der Entscheidungsfindung als zentrales Ziel der institutionellen Unternehmer*innen ankam (I9, I11–12), verdeutlicht, dass hier die Anschlussfähigkeit an den Rest der Akteur*innen sehr gering war. Daneben zeigt dies, dass es sich als wesentlich schwieriger herausstellte, dieses alternative Paradigma zu etablieren als kleine Umsetzungen in Projekten wie dem Bürgerbudget durchzuführen (I1–4).

Eine Orientierung der Stadtpolitik und -verwaltung an den Indikatoren würde Änderungen in Abläufen und Gewohnheiten bedeuten, worin einige Interviewte auch wegen knapper finanzieller und zeitlicher Ressourcen Schwierigkeiten sahen (I1–4, I6–9). Ein Mitarbeiter der Stadtverwaltung beschrieb dies wie folgt:

> „Dass es zu abstrakt ist, und dass es halt in … in ein bestehendes Umfeld aus Informationen trifft. Und das ist dann halt so: Okay, noch eine Info. So. Und das wird dann einfach in Zeiten der Arbeitsverdichtung oder auch vielleicht in einer politischen Kurzfristigkeit sagt man: Ja, ist zur Kenntnis genommen. Dann war es das. Das ist halt die Gefahr." (I6)

Insofern müssten die Indikatoren einfach anwendbar und nicht zu komplex sein, um in der Verwaltung etabliert zu werden (I5, I12). Ein Mitarbeiter der Stadtverwaltung merkte außerdem an, dass ein Vergleich mit anderen Städten notwendig sei und er die Indikatoren ungern als erste und einzige Stadt nutzen würde (I7). Wie von Campbell (2004, S. 179) argumentiert, hätte es hier geholfen zu zeigen, wenn diese Indikatoren bereits an anderen Orten nützlich und geeignet waren (siehe Abschn. 3.3.2). Andere dagegen sahen gerade den Wert darin, dass die Indikatoren in und für Wuppertal entwickelt und daher genau passend seien (I11).

Die Analyse hinsichtlich der Anschlussfähigkeit und Umsetzbarkeit der Ideen hat also gezeigt, dass das neue Paradigma hauptsächlich an die Nachhaltigkeitsakteur*innen, also eine Nische in Wuppertal, anschlussfähig ist, von diesen jedoch als sehr relevant angesehen wurde. Der Großteil der Bevölkerung und der Entscheidungsträger*innen sah hier dagegen weniger Bezug zu ihren Zuständigkeiten und sah die Umsetzung als zu schwierig an. Hier wurde also bisher kein genügender Handlungsdruck durch die Krisen wahrgenommen und die Ideen nicht als geeignete Lösungsvorschläge bewertet. Auf der Ebene von Policies wurde dagegen von allen Interviewten und in den Dokumenten eine Umsetzbarkeit gesehen. In einigen Fällen konnten hier sogar Ressourcen auf Seiten der Stadt gespart werden, was die Umsetzung der Policies für die Stadtverwaltung noch erstrebenswerter machte.

5.1.4   Beobachtbare Veränderungen

Die Interviewten beobachteten, dass einige Akteur*innen in der Stadt vermehrt die Begriffe gutes Leben und Wohlstand im erweiterten Sinne nutzen, was als eine erste beobachtbare Veränderung verstanden werden kann. So verwendete unter anderem der Oberbürgermeister diese Begriffe sowie die Stadtsparkasse in ihrem Kundenmagazin Treuewelt (I1–2). Im Hinblick auf das bisher oft negative Image der Stadt meinte eine Interviewte, bereits eine diskursive Veränderung zu beobachten:

> „Und in diesem Zusammenhang denke ich, haben wir es wirklich geschafft, einen Beitrag dazu zu liefern, zu sagen ‚Mensch, es gibt auch Sachen, da sind wir wirklich gut drin'. Ja, o. k., wir haben wirtschaftliche Probleme, Bevölkerungsrückgang. Aber wir haben beispielsweise zivilgesellschaftliche Initiativen, die ganz stark zum Wohlstand beitragen in dieser Stadt. Und diesen Negativdiskurs umzudrehen ein Stück weit zu einem positiven Diskurs. Und ich denke auf dieser diskursiven Ebene, haben wir einiges geschafft." (I1)

Bei den beiden Prozessen Bürgerbudget 2017 und W2025 entschieden sich externe Personen bewusst für die Nutzung der Wohlstandsdimensionen und damit wurde die Idee ein erstes Mal aktiv unterstützt (I7–8, DI13, DI17, DI32). Bei der Durchführung des Bürgerbudget 2017 wurden die Wohlstandsdimensionen dann auch bereits genutzt, wohingegen bei W2025 noch nicht mit der Nutzung begonnen wurde und noch nicht geklärt ist, wie dies geschehen soll (I8). Auch wenn die Ideen bei den meisten Entscheidungsträger*innen und zivilgesellschaftlichen Akteur*innen auf positive Resonanz gestoßen sind, haben sich bisher nur wenige Personen aktiv dafür eingesetzt oder die Indikatoren aufgegriffen. Zwei Personen nannten als Grund dafür einen Mangel an zeitlichen Ressourcen und die Vielzahl anderer Aktivitäten (I10, I12).

Die bisherigen kleinen Anwendungen der Wohlstandsdimensionen beim Bürgerbudget und in Wirkungsabschätzungsworkshops beziehen sich auf die hinter dem Projekt stehenden neuen Policies. Im Sinne der Einführung neuer Instrumente (Wandel erster Ordnung, Hall 1993, S. 278) wurde also schon ein Schritt erreicht. Die dahinterliegenden Paradigmen wurden bei den bisherigen Anwendungen jedoch nicht verändert, sind aber zu einzelnen Personen vorgedrungen und in den Diskursen verbreitet worden.

5.1.5 Zusammenfassung und Abgleich mit den Prognosen

Im Folgenden wird die vorangegangene Analyse des Projektes der Wohlstandsindikatorenentwicklung im Rahmen des WTW-Projektes nun zusammengefasst und die Ergebnisse werden eingeordnet, um im Sinne einer Kongruenzanalyse die laut diskursivem Institutionalismus vorhergesagten Prognosen (siehe Abschn. 4.3) mit den Beobachtungen in der Empirie zu vergleichen.

Wie in den vorangegangenen Abschnitten beschrieben, waren neue Ideen vorhanden, die von den Mitarbeiter*innen der Forschungsinstitute WI und Transzent vorangebracht wurden. Diese Akteur*innen können daher als institutionelle Unternehmer*innen verstanden werden, die sich für diese Idee eingesetzt haben (Campbell 2004, S. 177 f.) oder auch als epistemische Gemeinschaft, die als Berater*innen herangezogen wurden (Campbell 2004, S. 106 f.; Haas 1992, S. 27–29).

Diese institutionellen Unternehmer*innen bezweckten Veränderungen auf den unterschiedlichen Ebenen. Eine Nutzung der Wohlstandsindikatoren zur Evaluierung von Projekten würde mit einem Wandel erster Ordnung, teilweise auch zweiter Ordnung einhergehen. Eine einzelne Anwendung der Wohlstandsdimensionen stellt als Instrument beim Bürgerbudget eine neue Policy dar, während eine Integration dessen in ein größeres stadtpolitisches Konzept oder die Zielsetzung eines – auf den Indikatoren aufbauenden – Nachhaltigkeitschecks für stadtpolitische Entscheidungen ein neues Programm darstellen würde. Eine Orientierung stadtpolitischer Entscheidungen an einem neuen Wohlstandskonzept als übergeordnetem Kompass ist dagegen als neues Paradigma (Campbell 2002, S. 22 f., 2004, S. 94 f.; Schmidt 2017, S. 251, siehe Abschn. 3.2.1) und damit als Wandel dritter Ordnung zu verstehen (Hall 1993, S. 279, siehe Abschn. 3.3.1).

Da es sich um ein finanziell gefördertes Forschungsprojekt handelte, waren Ressourcen für die Verbreitung der neuen Ideen vorhanden, was ebenfalls Voraussetzung für erfolgreiche Politikveränderungen ist (siehe Abschn. 3.3.2). Parallel zu den Aktivitäten institutioneller Unternehmer*innen agierten die Wissenschaftler*innen in ihrer Rolle als Forschende, indem sie untersuchten, was Wohlstand für die Wuppertaler Bevölkerung bedeutet und wie dieser gemessen werden kann.

Die Analyse hat gezeigt, dass die Ideen des Projektes zu einem gewissen Teil in der Stadtgesellschaft und -verwaltung diffundiert sind und dabei auch einige Unterstützer*innen für sich gewinnen konnten. Dazu waren die bestehenden Netzwerke der Wissenschaftler*innen sowie der neu gewonnen Unterstützer*innen hilfreich. Bis Ende des Untersuchungszeitraumes war das Projekt allerdings noch kaum in der Öffentlichkeit angekommen und wurde so nur von einem ausgewählten Kreis an Personen wahrgenommen. Die quantitativen Ergebnisse der

Indikatorenberechnung sind in den öffentlichen Dokumenten nur bruchstückhaft dokumentiert. Meist wurden nur die Dimensionen ohne dazugehörige Indikatoren kommuniziert. Außerdem zeigte sich, dass die involvierten Personen meist nur einzelne Teilaspekte des Projektes wahrgenommen haben und dies nicht in Gänze überblickt haben. Auch in den Medien waren die Ideen des Projektes schwer zu vermitteln. Dies könnte darauf hindeuten, dass die Ideen des Projektes nicht, wie von Campbell (2004, S. 177 f.) als Kriterium für erfolgreichen institutionellen Wandel formuliert, einfach und verständlich kommuniziert wurden. Die Vielschichtigkeit und teilweise fehlende Eindeutigkeit der Ideen (Schmidt 2006, S. 253, siehe Abschn. 3.2.3) konnte also kaum positiv genutzt werden, sondern stellte sich eher als Hindernis für die breite Diffusion der Idee im städtischen Diskurs dar.

Im Laufe des Projektes konnten zwei Vertreter der Zivilgesellschaft und eine Vertreterin eines städtischen Betriebes als Unterstützer*innen und Vermittler*innen (Campbell 2004, S. 104 f.) gewonnen werden, die die Projektideen in weitere städtische Netzwerke einbrachten und so den Zugang zu Entscheidungsträger*innen und die Umsetzung der Ideen förderten. Durch diese Kontakte kamen auch die bisherigen Integrationen der Wohlstandsdimensionen in städtische Prozesse zustande: Die Nutzung der Dimensionen beim städtischen Bürgerbudgetprozess 2017 sowie die Entscheidung für eine Nutzung im Rahmen der Stadtentwicklungsstrategie W2025. Zugang zu Entscheidungsträger*innen (Campbell 2004, S. 178 f.) lag also vor, wurde jedoch nur in den genannten beiden Einzelfällen intensiviert. Dieser Zugang wurde durch institutionelle Veränderungen in Wuppertal ermöglicht, die geeignete Gelegenheitsfenster öffneten. So stellten die Schaffung einer neuen Stabsstelle Bürgerbeteiligung und daraus folgende vermehrte personelle Ressourcen in diesem Bereich sowie die Stadtentwicklungsstrategie W2025 Prozesse dar, an welche die Ideen gut anknüpfen konnten. In beiden Bereichen waren die institutionellen Strukturen noch nicht verfestigt und deshalb noch offen für neue Impulse. Auch die Krisensituation durch die seit Jahrzehnten andauernde schlechte wirtschaftliche Lage der Stadt und die hohe Armutsrate schien letztlich dazu zu führen, dass viele Entscheidungsträger*innen offen dafür waren, Synergien zu nutzen und auf Ergebnisse zurückzugreifen, die in der Wissenschaft entstanden sind, um so selbst Ressourcen zu sparen. Hier wurden die Wohlstandsdimensionen als Lösungsvorschlag für fehlende Bewertungskriterien formuliert und auch als geeignet angesehen, was Voraussetzungen für erfolgreichen Wandel sind (siehe Abschn. 3.3.2). Gleichzeitig bestand ein Interesse an einer positiveren Darstellung Wuppertals, das oft durch die schlechte Wirtschaftslage ein negatives Image bekommt. Auch hier konnten die Ideen eines alternativen Wohlstandsverständnisses gut anknüpfen. Auf dieser höheren Ebene war zwar Anschlussfähigkeit vorhanden, die Hürden der Umsetzung waren jedoch zu hoch und die Diffusion dieses Paradigmas zu gering, so dass es bisher nicht zu einer Veränderung höherer Ordnung kam.

Zusammenfassend lässt sich feststellen, dass die Kriterien Vorhandensein institutioneller Unternehmer*innen, neuer Ideen und wahrgenommener Krisen also vorliegen, eine Anknüpfung jedoch bislang nur auf der Ebene von Policies gelang. Wie sich durch den diskursiven Institutionalismus im Voraus vermuten ließ (siehe Abschn. 4.3), war eine Umsetzung auf höherer Ebene bisher nicht erfolgreich.

5.2 App-basiertes Panel „Glücklich in Wuppertal"

5.2.1 Akteur*innen und Ideen

5.2.1.1 Institutionelle Unternehmer*innen und deren Ideen

Zur Analyse des zweiten Falles, des Projektes „Glücklich in Wuppertal", wird nun ebenfalls untersucht, ob durch das Projekt bereits ein Wandel in Wuppertal zu beobachten ist. Zunächst wird dargestellt, welche institutionellen Unternehmer*innen im Fall von „Glücklich in Wuppertal" vorhanden waren und ob sie über Ressourcen verfügt haben.

Das Projekt „Glücklich in Wuppertal" wurde von vier Projektpartner*innen durchgeführt, wobei die Ideen und die Umsetzung hauptsächlich von den zwei involvierten wissenschaftlichen Instituten HRO und WI ausging. Im Laufe der Projektplanungen konnten dann zwei lokale Unternehmen – die Stadtsparkasse Wuppertal sowie die WSW – gewonnen werden (G1–4). Somit sind drei der vier Projektpartner*innen lokal angesiedelte Organisationen, eine aus der Region. Diese Konstellation aus wissenschaftlichen Einrichtungen und Unternehmenspartner*innen, jeweils gut vernetzt und mit gutem Ruf in Wuppertal, brachte dem Konsortium die notwendige Glaubwürdigkeit (G1, DG4). Externe Interviewte bewerteten diese Zusammenarbeit der wissenschaftlichen Einrichtungen mit der WSW und Sparkasse positiv, da es sich um anerkannte kommunale Unternehmen handelte. Diese Zusammenarbeit habe laut den Interviewten zu einer besseren Verankerung in der Stadt geführt und zu einer größeren Bekanntheit beigetragen als bei rein wissenschaftlich getragenen Projekten (G6–9, G12–13).

Die vier involvierten Organisationen und ihre dafür zuständigen Mitarbeitenden waren unterschiedlich stark in das Projekt involviert. Projektleitung und die meisten Personalressourcen lagen beim WI. Die HRO als zweite wissenschaftliche Akteurin lieferte Wissen in den Bereichen Glücksforschung, stellte die App zur Verfügung und passte sie für das Projekt entsprechend an (G2, G4). Die Unternehmen Sparkasse und WSW trugen insbesondere durch finanzielle Unterstützung zum Projekt bei, indem sie ein Spendenvolumen zur Verfügung stellten, das nach Beantwortung der Fragen in der App über die Plattform „Gut für Wuppertal" verteilt werden konnte. Daher war zusätzlich das Unternehmen Betterplace.org involviert, über dessen Plattform das Spendenportal der Sparkasse betrieben wird (G4, DG5–6, DG13). Außerdem agierten die Sparkasse und die WSW bei der Fragebogenerstellung als Kommentatorinnen und gaben Feedback (G2–4). Zusätzlich entwickelte die Sparkasse das Design der App und warb in ihren Kanälen für die Teilnahme an den Befragungen. Dazu nutze sie ihre Newsletter sowie Sparkassenautomaten und ihr Kund*innenmagazin (G1–4, DG69). Zusätzlich wurde für eine Teilfinanzierung das FGW gewonnen, das bei den Auswertungen und Publikationen auch über die Finanzierung hinaus inhaltlich involviert war (G2).

Eine Finanzierung des Projektes konnte für drei Jahre sichergestellt werden, so dass am WI ein Projektkoordinator sowie eine studentische Hilfskraft dafür zur Verfügung standen und die HRO die App auf Wuppertal anpassen konnte. Ressourcen, die institutionellen Unternehmer*innen laut Campbell (2004, S. 178 f., siehe Abschn. 3.3.2) zur Verfügung stehen müssen, um erfolgreich Veränderungen zu bewirken, waren also zum Aufbau der App vorhanden.

Mit dem Projekt „Glücklich in Wuppertal" wurden von den Projektpartner*innen verschiedene Ziele verfolgt, hinter denen Ideen der unterschiedlichen Kategorien nach Schmidt (2017, S. 251, siehe Abschn. 3.2.1) standen. Dabei ist deutlich geworden, dass nicht alle Projektbeteiligten dieselben Projektideen verfolgten, sondern teilweise auch nur einen Teil davon, worauf im Folgenden genauer eingegangen wird.

Ein Ziel des Projektes war es, herauszufinden, was die Menschen in Wuppertal beschäftigt und was sie glücklich macht sowie das Glücksniveau zu messen (G3–5, DG2–3, DG8, DG20, DG23, DG57–58, DG62, DG99, DG130). Zusätzlich sollte, um dieses Ziel längerfristig zu erhalten, ein App-basiertes Panel aufgebaut werden (DG6, DG182). Diese Ziele können als klassischer wissenschaftlicher Beitrag des Projektes verstanden werden.

Die Wissenschaft sollte außerdem aber auch aus den Ergebnissen Handlungsempfehlungen und Leitlinien ableiten und die Ergebnisse für Stadtentwicklung nutzbar machen, damit die Politik sich besser an den Wünschen der Bevölkerung orientieren kann (G2–4, DG3, DG6, DG20, DG23, DG36, DG67, DG130, DG174). Auch bei konkreten Fragen wie zum zu der Zeit diskutierten Bau einer Seilbahn könnte die App helfen, indem sie als Beteiligungsinstrument genutzt wird (G2–4, DG57). Für die Nutzer*innen sollte die App die Vorteile haben, einerseits über das eigene Glück zu reflektieren und andererseits, sich in Stadtpolitik einzubringen (DG4, DG8, DG55). Daneben konnten sie als Dank und Anreiz für die Teilnahme Spendenguthaben an Wuppertaler Projekte vergeben (DG8, DG56, DG99). Diese Aspekte sind auch als wissenschaftlicher Beitrag, jedoch im Sinne von Politikberatung zu verstehen, als ein Angebot an die Politik, sich mehr an den Wünschen der Wuppertaler Bürgerschaft zu orientieren

Hinter diesen Zielen stand die Idee, selbst Einfluss auf stadtpolitische Entwicklungen zu nehmen. So könnten aus den neuen Erkenntnissen neue Programme abgeleitet und eingeführt werden. „Glücklich in Wuppertal" könnte also selbst ein neues Instrument darstellen und gleichzeitig durch die Erkenntnisse die Einführung weiterer neuer Policies bewirken. Eine Veränderung von Instrumenten und Programmen durch neue Erkenntnisse über die Wünsche der Bevölkerung würde in den meisten Fällen – beispielsweise bei der Entscheidung für oder gegen den Bau der Seilbahn – eine Veränderung erster Ordnung bedeuten und keinen tieferen Wandel voraussetzen (siehe Abschn. 3.3.1). Mit dieser Veränderungsintension gehen die Forschenden von „Glücklich in Wuppertal" also über die klassische Rolle als Wissenschaftler*innen hinaus und agieren als institutionelle Unternehmer*innen.

Ein weiteres Ziel von „Glücklich in Wuppertal" bezieht sich auf die Idee eines alternativen, ressourcenarmen Wohlstands in der Stadt, denn für ein vollständiges Set an Wohlstandsindikatoren für Wuppertal fehlten bisher noch subjektive Daten, welche mithilfe dieser App erhoben werden könnten (G1–4, DG1, DG4, DG6, DG20, DG174, DG182, DG210). Idee hinter dem Projekt war es daher zusätzlich, herauszufinden, wie ein nachhaltiger aber ressourcenschonender Lebensstil der Wuppertaler*innen, der trotzdem eine hohe subjektive Lebenszufriedenheit ermöglicht, aussehen kann (G1–2) und dazu subjektive Daten zu erheben. Damit angereicherte Wuppertaler Wohlstandsindikatoren sollten dann als Kompass für Stadtentwicklung und -politik dienen und den Blick von rein ökonomischen Aspekten auf subjektive Zufriedenheit und andere nicht-materielle Faktoren richten.

Mit dem Beitrag von „Glücklich in Wuppertal" zu den Wohlstandsindikatoren wurde also ein transformativer Beitrag des Projektes angestrebt. Ziel war, ein neues Paradigma einzuführen, bei dem Stadtpolitik nicht mehr hauptsächlich nach ökonomischen Kriterien entscheidet, sondern den Blick auf weitere, teilweise subjektive Aspekte von Lebensqualität richtet (G2–3). Hier handelt es sich um ein neues Paradigma, also eine kognitive Idee im Hintergrund der Debatte. Intendiert wäre damit eine tiefgreifende Veränderung dritter Ordnung, also eine Transformation (Campbell 2002, S. 22 f., 2004, S. 94 f.; Schmidt 2017, S. 251).

Hinter dem Projekt verbergen sich demnach Ideen auf verschiedenen Ebenen. Doch nicht alle an „Glücklich in Wuppertal" Beteiligten vertreten alle dieser Ideen gleichermaßen. So sahen alle Projektbeteiligten die Ziele der Datenerhebung, um mehr über die subjektive Zufriedenheit zu erfahren und ein Befragungstool zu entwickeln, mit dem Bürger*innen zu städtischen Prozessen befragt werden können (G1–G5). Die grundlegendere dahinterstehende Idee einer Kritik an einer rein ökonomischen Perspektive auf Stadtentwicklung und der Weiterentwicklung des BLI-u wurde dagegen hauptsächlich von den Beteiligten des WI, weniger zentral auch von der HRO vertreten (G1–2, G4), weshalb sie als die institutionellen Unternehmer*innen des Projektes angesehen werden. Die Rollen weiterer involvierter Akteur*innen werden später genauer beleuchtet (siehe Abschn. 5.2.1.2).

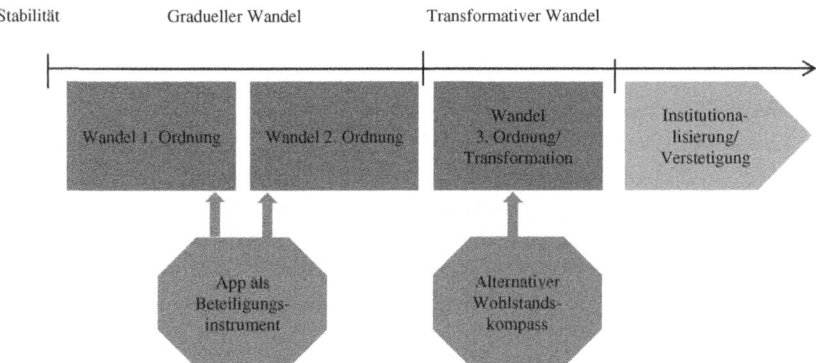

Abb. 5.2 Zuordnung der Ideen zu Veränderungsintensionen („Glücklich in Wuppertal"). *Die Abbildung zeigt die Zuordnung der Ideen der institutionellen Unternehmer*innen im Fall von „Glücklich in Wuppertal" zu den drei Graden der Veränderung nach Hall (1993). Die App als Beteiligungsinstrument zu nutzen, würde je nach Ausgestaltung einen Wandel erster oder zweiter Ordnung bedeuten, während die Einführung eines alternativen Wohlstandskompasses eine Transformation mit sich bringen würde.* Quelle: Hall (1993) und eigene. Eigene Darstellung

Die Ideen sind auf den unterschiedlichen Ebenen verortet und Veränderungsintensionen sind auf allen drei Ebenen, von einem Wandel erster Ordnung bis hin zu einer grundlegenden Transformation (siehe Abschn. 3.3.1), erkennbar (siehe Abb. 5.2). Daher konnten die Projektpartner*innen – insbesondere die Forschenden – als institutionelle Unternehmer*innen (Campbell 2004, S. 177 f.) verstanden

werden, die ihre Ideen in städtischen Diskursen vertreten und sich für Veränderungen einsetzen.   Ressourcen dafür waren für drei Jahre vorhanden und die
institutionellen Unternehmer*innen genossen einen guten Ruf und Glaubwürdigkeit bei ihren Aktivitäten in der Stadt. Diese Voraussetzung für Politikwandel ist
also vorhanden.

5.2.1.2 Unterstützung durch zivilgesellschaftliche Akteur*innen und Unternehmen

Um erfolgreich Wandel voranzutreiben, ist die Verbreitung der Ideen in
unterschiedlichen Netzwerken notwendig und die Unterstützung durch andere
Akteur*innen, die als Vermittler*innen agieren (Campbell 2004, S. 104 f., siehe
Abschn. 3.3.2). Im Folgenden wird dargestellt, wer aus der Zivilgesellschaft und
Unternehmerschaft in das Projekt involviert war und die Ideen des Projektes
unterstützt und zu einer Diffusion beigetragen hat.

Um ihre Ideen zu verbreiten und Teilnehmende für die App zu gewin-
nen, pflegten die Wissenschaftler*innen Kontakt zu zivilgesellschaftlichen
Akteur*innen, beispielsweise zu dem „Freien Netzwerk Kultur" (G17) und dem
Verein „Bürgerforum Heckinghausen", in dessen Räumen eine Diskussion der
Ergebnisse stattfand (G2, DG206). Auch bei „Wuppertal Aktiv" wurde über
„Glücklich in Wuppertal" gesprochen, da es dort personelle Überschneidungen
mit Entscheidungsträger*innen gab, die über andere Wege von dem Projekt erfuhren (G11, G17). Viele zivilgesellschaftliche Akteur*innen standen dem Projekt
positiv gegenüber und haben die Ideen unterstützt (G2) und durch die Verbreitung in ihren Netzwerken geholfen, Teilnehmende für die Erhebungsrunden zu
rekrutieren (G5).

Zwischen dem Projektkoordinator von „Glücklich in Wuppertal" und der Wirtschaftsförderung bestand bereits Kontakt über den ersten hier analysierten Fall,
das Projekt der Wohlstandsindikatoren für Wuppertal (G9, siehe Abschn. 5.1.1.2),
was sich positiv auf die Verbreitung der Ideen hinter „Glücklich in Wuppertal"
auswirkte. Dadurch erfuhr die Vertreterin der Wirtschaftsförderung auch von diesem Projekt und schlug vor, die App in den Stadtentwicklungsprozess W2025 auf-
zunehmen, weil sie sie für ein geeignetes Instrument zur Evaluierung der Projekte
hielt. Auf diesem Weg wiederum lernten zahlreiche Entscheidungsträger*innen
die App kennen und die Ideen konnten auch dorthin diffundieren.

Ein Vertreter des Stadtmarketings[4] erfuhr auf der Auftaktveranstaltung Genau-
eres über die Ideen und bot daraufhin an, darüber in seinen Netzwerken zu

---

[4]Wuppertal Marketing GmbH ist ein Betrieb, zu dessen 27 Gesellschaftern die Stadt Wuppertal, die WSW sowie die Stadtsparkasse gehören und dessen Aufsichtsrat zu einem Drittel von

informieren. Er trug dadurch zu einer weiteren Diffusion der Ideen bei, insbesondere auch im Kreise von Unternehmen. Außerdem schlug er vor, die App in den Stadtentwicklungsprozess W2025 einzubeziehen (G15, G17). Persönlich fand er die Nutzung der App jedoch nach einer Weile zu zeitaufwendig und nennt im Interview einige Kritikpunkte an der konkreten Umsetzung. Trotzdem kann er als Vermittler im Sinne von Campbell (2004, S. 104 f.) verstanden werden, da er die Ideen von „Glücklich in Wuppertal" unterstützte und sowohl in Unternehmensnetzwerke hinein als auch in städtischen Netzwerken wie dem Lenkungskreis W2025 verbreitete.

Zusätzlich bestand eine Kooperation mit der WZ, die viel über die App berichtete und in Gastbeiträgen das Thema auf eine persönliche Ebene gebracht hat, so dass es von der Leserschaft positiv aufgenommen wurde (G1–2, G6, G13, G18). Dadurch agierte die WZ als Framerin (Campbell 2004, S. 102 f.), indem sie die Programme an die Öffentlichkeit gebracht und sie so beschrieben hat, dass sie zu den Ideen der Bevölkerung passten (G1–2, G19). So berichteten die WZ-Redakteur*innen zunächst selbst in einer Kolumne über die eigene Nutzung der App (DG43, DG51, DG59, DG63, DG73, DG75–76, DG81, DG83, DG86, DG92, DG135) und luden dann Wuppertaler Persönlichkeiten aus Stadtpolitik, -verwaltung und Zivilgesellschaft dazu ein, Gastbeiträge über ihr Glück in Wuppertal zu schreiben, wodurch die WZ ebenfalls als Vermittlerin in weitere Kontexte fungierte. Dadurch wurden in der Zivilgesellschaft einige Personen und Organisationen erreicht und erfuhren über die App: zwei Kirchenangestellte (DG110, DG194), der Direktor eines Kunstmuseums (DG176), eine Galeristin (DG187), ein Mathematikprofessor (DG175), ein Lehrer (DG168), Kinder und Erzieher*innen in Kindertagesstätten (DG194, DG198, DG202), sowie ein Zauberkünstler (DG184). Diese Personen oder Organisationen der Zivilgesellschaft hatten jedoch keinen direkten Kontakt zu den Projektbeteiligten und bezogen sich in ihren Beiträgen auch nicht konkret auf „Glücklich in Wuppertal". Es ist also nicht davon auszugehen, dass sie sich tiefgehender mit den Ideen des Projektes auseinandersetzten. Zusätzlich erfuhren über diesen Weg einige Stadtpolitiker*innen von „Glücklich in Wuppertal" und schrieben ebenfalls Gastbeiträge in der WZ, worauf im folgenden Abschnitt zu Entscheidungsträger*innen eingegangen wird. Weitere Framerin war die Sparkasse, indem sie das Design entwickelte und in ihren Medien darüber berichtete (siehe Abschn. 5.2.1.1).

---

der Stadt gestellt wird (Wuppertal Marketing o. J.-a, o. J.-b). Durch diese starke Verbindung mit der Stadt wird dieser hier ebenfalls als stadtnaher Betrieb eingeordnet.

Aus Zivilgesellschaft und Unternehmerschaft bildeten sich also drei Organisationen als Unterstützer*innen heraus: die Wirtschaftsförderung, das Stadtmarketing sowie die WZ, die alle drei als Vermittler*innen im Sinne von Campbell (2004, S. 104 f.) auftraten, die die Ideen passend für die Bevölkerung übersetzten. Daneben agierten die WZ sowie die Sparkasse als Framerinnen. Die laut Campbell (2004, S. 178, siehe Abschn. 3.3.2) für erfolgreiche Veränderung notwendigen Netzwerke der institutionellen Unternehmer*innen in unterschiedlichen Kreisen konnten so im Laufe des Projektes auch in die Zivilgesellschaft, Bürgerschaft und Unternehmerkreise herein ausgebaut werden.

5.2.1.3 Zugang zu Entscheidungsträger*innen

Voraussetzung für Politikwandel ist außerdem der Zugang zu und die Unterstützung durch Entscheidungsträger*innen. Je mehr Interesse Entscheidungsträger*innen an den Ideen haben, umso wahrscheinlicher wird ein erfolgreicher Wandel. Dies war auch den Projektbeteiligten klar, weshalb sie neben einer Verbreitung der Projektideen in der Zivilgesellschaft diese auch an Stadtverwaltung und -politik herantrugen. Dazu wurden gezielt Kontakte zu einer Auswahl an Entscheidungsträger*innen hergestellt, die die Projektbeteiligten als offen den Ideen gegenüber einschätzten (G1–2, G5). Außerdem wurden die Ideen an unterschiedlichen Stellen in städtische Prozesse integriert. In diesem Zusammenhang nannten drei der Projektbeteiligten die Herausforderung, einerseits als Wissenschaftler*innen neutral zu bleiben und nicht zum Projekt einer bestimmten politischen Gruppe zu werden und andererseits Entscheidungsträger*innen anzusprechen und für sich zu gewinnen (G1, G4–5).

Bei „Glücklich in Wuppertal" bestand insbesondere über den STEK2030-Prozess Kontakt zu Mitarbeitenden aller städtischen Ressorts sowie stadtnahen Betrieben (G1–2, G4, G6–8, G14–15, G20, DG215, DG208): das Ressort Stadtentwicklung, das den STEK2030-Prozess steuerte sowie die im Planungsgremium vertretenen Personen aus den Bereichen Gleichstellung, Klimaschutz, Grünflächen und Forsten, Straßen und Verkehr, Bauen und Wohnen, Umweltschutz, Sozialamt, Zuwanderung und Integration, Jugendamt, Kultur und Sport, Kämmerei, die Stabsstelle Bürgerbeteiligung sowie die Wirtschaftsförderung und das Jobcenter. Personen aller dieser Bereiche erfuhren so von den Ideen der institutionellen Unternehmer*innen. Der engere Austausch zwischen den Projektbeteiligten von „Glücklich in Wuppertal" und dem STEK2030-Prozess lief dann jedoch hauptsächlich über ein von der Stadt beauftragtes Planungsbüro und teilweise über das Ressort Stadtentwicklung (G6–7, G11–12, G14). Dadurch haben die meisten Beteiligten nur wenig über die Ideen erfahren und sich nicht vertieft damit beschäftigt (G8, G10). In diesem Stadtentwicklungsprozess wurde die App dann das erste Mal als Beteiligungsinstrument genutzt.

Zusätzlich dazu wurde die App in den dem STEK2030 vorangehenden Prozess W2025 integriert, nachdem Vertreter*innen der Wirtschaftsförderung (G2, G8) sowie des Stadtmarketing (G1, G17) sich dafür eingesetzt hatten (siehe Abschn. 5.2.1.2). Dadurch diffundierte ein Teil der Ideen zu den anderen Mitgliedern des Lenkungskreises W2025 (G2, G8–9, G11, G14–15, G17, DG80). Die Treffen des W2025-Kreises wurden aber als sehr oberflächlich beschrieben, da aus Mangel an Zeit meist nicht vertieft diskutiert wurde (G15). Der W2025-Prozess sei außerdem mit der Zeit ins Stocken geraten, so dass beispielsweise 2018 kein Treffen mehr stattgefunden habe und daher auch kein weiterer Austausch über die Projekte und die Ideen von „Glücklich in Wuppertal". So kam es bisher auch nicht zur Nutzung der App (G17). Die meisten dort involvierten Entscheidungsträger*innen nahmen die Ideen wohlwollend zu Kenntnis, aber beschäftigten sich größtenteils nicht weitgehender damit (G9) und auch außerhalb der eigentlichen Lenkungskreistreffen fanden keine vertieften Gespräche zwischen den dort vertretenen Entscheidungsträger*innen und den institutionellen Unternehmer*innen statt (G15).

Über die Stadtentwicklungsstrategien hinaus wurde der Oberbürgermeister gezielt angesprochen, der dann auch bei einigen Veranstaltungen des Projektes anwesend war und ein Grußwort hielt (G1–4, G13–14, DG13, DG23, DG130, DG148–49, DG151, DG161, DG181, DG189, DG210). Er und seine Mitarbeiter*innen erfuhren ganz zu Beginn des Projektes von den Ideen bei einem der regelmäßigen Austauschtreffen zwischen dem Präsidenten des WI, der gleichzeitig Projektleiter von „Glücklich in Wuppertal" war, und dem Büro des Oberbürgermeisters sowie später erneut im Rahmen des W2025-Prozesses. Der Austausch über die App war dann jedoch nach Angaben des Büroleiters des Oberbürgermeisters nur sporadisch im Rahmen von Veranstaltungen vorhanden (G14).

Weitere Entscheidungsträger*innen haben zunächst über die Presse von einigen der Ideen erfahren, indem sie Artikel gelesen oder direkt von der WZ für Gastbeiträge angefragt wurden (G18–20). So schrieben die Fraktionsvorsitzenden der SPD (G16, DG125), der CDU (G19, DG115) und Bündnis90/Die Grünen (G18, DG102, DG162),) der Sozialdezernent (DG89), der Kämmerer (G20, DG104), ein Landtagsabgeordneter der Freien Demokratischen Partei (DG120), zwei SPD-Landtagsabgeordnete (DG127, DG131), drei Bezirksbürgermeister*innen (DG122, DG159, DG172) und eine Mitarbeiterin der Stabsstelle

Bürgerbeteiligung (DG157) im Rahmen der Reihe je einen Gastbeitrag und wurden dadurch zumindest oberflächlich über die Ideen von „Glücklich in Wuppertal" informiert.

Auch wenn von den interviewten Entscheidungsträger*innen selbst als Nutzen der App genannt wurde, die Wünsche und Einstellungen der Bevölkerung zu erfragen (G1, G6–7, G11–12, G14–15, G19), hat dennoch bisher keiner von ihnen die veröffentlichten Ergebnisse genutzt oder sich nach weiteren Erkenntnissen der Befragungen erkundigt (G1–2, G4, G14–16, G18, G20). Ein projektinterner Interviewter kritisierte, dass die Ansprache der Entscheidungsträger*innen zu spät geschah und die Entscheidungsträger*innen nicht in die Fragebogenentwicklung eingebunden waren. Das habe zur Folge gehabt, dass das konkrete Angebot von „Glücklich in Wuppertal" den Entscheidungsträger*innen unklar geblieben sei (G2, G4). Auch die Interviews mit den Entscheidungsträger*innen deuten darauf hin, dass diese selbst keinen konkreten Anwendungsbezug auf ihre Arbeitsbereiche erkannten und sich deshalb nicht konkreter damit auseinandergesetzt haben (G16, G18). Außerdem schien eine engere Zusammenarbeit zwischen den institutionellen Unternehmer*innen und den Entscheidungsträger*innen durch einen Mangel an zeitlichen Ressourcen der Stadtverwaltung erschwert zu sein (G2, G4, G8). Die Projektverantwortlichen nahmen von Seiten der Entscheidungsträger*innen eher ein Interesse an Befragungsergebnissen zu aktuellen strittigen Themen wahr – wie dem Bau einer Seilbahn – und weniger an allgemeinen Aussagen zur subjektiven Lebensqualität (G1–2).

So wurden zwar keine besonders unterstützenden Entscheidungsträger*innen mobilisiert, aber es wurden auch keine wirklich kritischen Stimmen gegen die App wahrgenommen, sondern eine breite Akzeptanz (G9, G16). Lediglich zwei Interviewte bezeichneten sich als uninteressiert am Projekt und konnten sich kaum an Ideen hinter dem Projekt erinnern (G8, G19). Einige Kritikpunkte wurden in den Interviews jedoch trotzdem genannt. Es wurden Bedenken geäußert, dass voraussichtlich nicht alle Bevölkerungsgruppen gleichermaßen erreicht und zur längerfristigen Teilnahme an der App bewegt werden könnten und die Daten deshalb nicht repräsentativ seien (G6, G8, G11–12) oder sogar nur „Freaks" die App nutzen würden (G19). Andere nannten die Gefahr, dass die App Erwartungen an Stadtentwicklung wecke, die nicht erfüllt werden könnten (G7, G10). Wenn hauptsächlich Meinungsführer*innen zu Wort kämen, würde dies zu einem falschen Bild von Beteiligung führen (G15). Innerhalb der Stadtverwaltung könnten Alltagsroutinen und Gewohnheiten die Nutzung der App und der Ergebnisse erschweren (G8–9, G11, G18). So könnte auf Seiten der Stadtpolitik die Befürchtung aufkommen, sich nicht länger politisch durchsetzen zu können und Verunsicherungen entstehen (G6, G15, G17). Ein Entscheidungsträger plädierte daher vor allem dafür, die App zur allgemeinen Erhebung von Stimmungen zu nutzen und nicht für konkrete Abstimmungen (G6). Eine Abfrage auf einer sehr allgemeinen Ebene wurde wiederum von anderen als nicht hilfreich empfunden und konkrete Fragen befürwortet (G1–2, G16).

Zusammenfassend lässt sich also sagen, dass durch die Einbindung in Stadtentwicklungsprozesse sowie die Gastbeiträge in der WZ viele Entscheidungsträger*innen aus allen Bereichen der Verwaltung von den Ideen von „Glücklich in Wuppertal" erfuhren. Daneben wurden Mitglieder der meisten im Stadtrat vertretenen Parteien darüber informiert. Mit vielen der Entscheidungsträger*innen bestand jedoch kein direkter Kontakt, diese erfuhren nur über eine Ansprache durch die WZ davon oder bei wenigen Sitzungen der Stadtentwicklungsprozesse. Viele haben dadurch nur oberflächliche Informationen zu dem Projekt erhalten. Dadurch und durch zu unkonkrete Angebote an die Entscheidungsträger*innen haben sich bisher nur wenige genauer damit auseinandergesetzt und die Ergebnisse bisher nicht für ihre politische Arbeit genutzt. Teilweise lagen die Ideen des Projektes, insbesondere die App als neues Beteiligungsinstrument zu nutzen, im Sinne der Entscheidungsträger*innen, da so eigene Ressourcen eingespart werden konnten. Teilweise schien es auch eher als hinderlich für Ressourcen und aktuelle Machtverhältnisse der Entscheidungsträger*innen und wurde – vermutlich auch deshalb – nicht weiterverfolgt.

Mit der Nutzung beim STEK2030-Prozess kann die App als neues Instrument bereits einen ersten Erfolg verbuchen. Insgesamt kann also die Voraussetzung für Politikwandel – dass die institutionellen Unternehmer*innen Zugang zu Entscheidungsträger*innen haben (Campbell 2004, S. 178 f., siehe Abschn. 3.3.2) – als vorliegend betrachtet werden. Welche Ebenen von Ideen dabei bei den Entscheidungsträger*innen ankamen, wird in Abschnitt 5.2.1.5 genauer analysiert.

5.2.1.4 Öffentliche Diskurse und Diffusion der Ideen

Weiterhin wichtig für erfolgreichen Wandel ist eine Verbreitung der Ideen in den Diskursen. Daher wird im Folgenden dargestellt, wie weit die Ideen diffundiert sind und wo darüber berichtet wurde. Dabei werden sowohl die Ergebnisse der Dokumentenanalyse als auch die Aussagen aus den Interviews über die Verbreitung der Ideen dargelegt.

Die durchführenden Organisationen waren gut vernetzt und konnten so ihre Ideen verbreiten und die Netzwerke der verschiedenen Projektpartner*innen konnten sich dabei gut ergänzen. WSW, WI und Sparkasse konnten vor allem ihre zahlreichen lokalen Netzwerke nutzen. Die HRO ist mit überregionalen und internationalen Expert*innen im Bereich Glücksforschung und Panelerhebungen vernetzt. Die verschiedenen lokalen Netzwerke der anderen Partner*innen wurden bei der Öffentlichkeitsarbeit genutzt, wodurch viele Bürger*innen erreicht wurden (G2).

Vom WI wurden verschiedene Werbemaßnahmen durchgeführt, um Teilnehmende zu gewinnen und auf die Ergebnisse aufmerksam zu machen (G2): An Schwebebahnhaltestellen wurden Poster aufgehängt, um für die erste Befragungsrunde zu werben. In der Stadt wurden außerdem Postkarten in Cafés und anderen Einrichtungen ausgelegt, Werbung auf der projekteigenen Webseite gemacht sowie über soziale Medien und verschiedene Newsletter per E-Mail geworben (G2, DG93, DG139, DG163, DG210).

Den Prozess der Rekrutierung von App-Teilnehmenden unterstützte die Sparkasse, indem sie auf Geldautomaten Werbung schaltete. Zusätzlich informierte sie über das Projekt in ihrem Newsletter und im Kund*innenmagazin. Dadurch sind die Informationen nochmals an viele weitere Personen gelangt (G2–4, G17, DG69).

Das Stadtmarketing verbreitete Informationen über das Projekt außerdem noch über seine Newsletter und Kanäle in den sozialen Medien. Nach eigenen Angaben wurden pro Beitrag in den sozialen Medien circa 10.000 Personen erreicht. Der Verteiler des Stadtmarketings umfasst unter anderem auch lokale Unternehmen, so dass diese auf diesem Weg ebenfalls erreicht wurden (G17). Ein projektinterner Interviewter meinte jedoch, bisher kein Interesse von Unternehmen außer der Sparkasse und WSW wahrgenommen zu haben (G2).

Zusätzlich wurden öffentliche Veranstaltungen durchgeführt. Insgesamt kamen zu diesen Veranstaltungen circa 100 Personen, insbesondere aus der Bürgerschaft (G2–4, DG189). Durch die Nutzung beim STEK2030-Prozess erfuhren außerdem die ungefähr 150 Teilnehmenden einer Zukunftswerkstatt von der App (DG189). 2000 Personen nahmen insgesamt an mindestens einer der App-Befragungsrunden teil und bekamen dadurch einen Teil der hinter dem Projekt stehenden Ideen vermittelt (G2, DG204, DG210, DG213, DG163).

Auch berichtete die WZ viel über die Ideen, die Möglichkeit der Teilnahme an den Befragungsrunden und über Ergebnisse und Projektveranstaltungen (G1–2, G13). Zusätzlich etablierte sie für 35 Wochen die bereits genannte Kolumne zum Thema Glück, in der die Redakteur*innen der WZ sowie Gastautor*innen über ihre persönlichen Glücksmomente und Vorstellungen vom Glück schrieben. Dadurch ist ein neuer Diskurs in der Stadt entstanden, der Leser*innen und Gastautor*innen dazu verholfen hat, über ihr Glück und Zufriedenheit in Wuppertal nachzudenken (G1–2, G4–5). Ein projektbeteiligter Interviewter beschrieb im Interview, dass dadurch

„[…] auch um die App herum so ein Diskurs und eine Perspektive auf Glück in Wuppertal entstand. Zum Teil auch bei den Assoziationen, die die Personen haben, weit weg jetzt von klassischer, subjektiver Zufriedenheitsmessung. Aber es ist auf jeden Fall eine Diskussion über Glück und Zufriedenheit in der Stadt entstanden und es war interessant zu sehen, wie viele sich damit identifizieren können." (G1)

Allerdings merkten einige der Interviewten an, dass die WZ auch nur einen Ausschnitt der Bevölkerung erreiche (G11, G13, G17). Mehr über die Ideen des Projektes und genauere Reflexion über das eigene Glück erfuhren diejenigen, die auch an der App teilnahmen, wobei kein repräsentatives Abbild der Bevölkerung erreicht wurde und die bereits in der Stadt engagierten Personen eher teilnahmen als andere. Es nahmen prozentual weniger Menschen mit Migrationshintergrund teil als in der Stadtbevölkerung vorhanden und auch sehr junge und sehr alte Menschen waren unterdurchschnittlich vertreten (G2, G9, G12, DG139, DG204).

Insbesondere zur Rekrutierung von Teilnehmenden wurde viel über das Projekt berichtet. Für die Dokumentenanalyse konnten 216 Dokumente gefunden werden, die im Folgenden im Hinblick auf ihre Kanäle der Verbreitung, die Autor*innenschaft, den Kontext sowie die Zeiträume der Veröffentlichung dargestellt werden, um zu untersuchen, inwieweit und wohin die Ideen von „Glücklich in Wuppertal" diffundiert sind.

In 75 der Dokumente wird das Projekt nur am Rande erwähnt; so beispielsweise in den Gastbeiträgen von Wuppertaler Persönlichkeiten in der WZ. Diese Artikel sind jeweils mit dem Logo von „Glücklich in Wuppertal" gekennzeichnet, beziehen sich aber ansonsten kaum oder gar nicht auf das Projekt, hängen also nur indirekt damit zusammen. Die Mehrheit der Dokumente (141) dreht sich jedoch hauptsächlich um die Ideen von „Glücklich in Wuppertal".

Die meisten der Dokumente sind öffentlich verfügbar, so sind nur acht intern und nicht veröffentlicht. Kanäle der Verbreitung waren dabei vor allem soziale Medien, wie Facebook (84 Beiträge) und Twitter (41 Beiträge) sowie Lokalzeitungen (67 Artikel). Außerdem gab es einen Radiobeitrag, einen Online-Artikel auf der Seite des lokalen Fernsehsenders und drei Berichte in städtischen öffentlichen Dokumenten und Webseiten. Neben Informationen auf der Projektwebseite wurde zweimal in den Newsbereichen anderer Webseiten über die Ideen von „Glücklich in Wuppertal" berichtet, zweimal in wissenschaftlichen Zeitschriftenartikeln, in einer Broschüre, einmal im Kund*innenmagazin der Sparkasse sowie zweimal auf einem Blog der Forschungsinstitute. Zielgruppe ist in den meisten Fällen die Bürgerschaft Wuppertals, was zu erwarten war, da die App auf

die Teilnahme zahlreicher Bürger*innen angewiesen war. Elf Dokumente richten sich jedoch auch an die Wissenschaft, Wissenschaftspolitik oder Förderer von
wissenschaftlichen Projekten.

Zeitraum der Erstellung von Dokumenten ist vor allem die zweite Hälfte
des Untersuchungszeitraumes. Auf 2015 und 2016 sind jeweils lediglich drei
Dokumente datiert. Im ersten Halbjahr 2017 wurden dann bereits 63 Dokumente
verfasst. In diese Zeit fiel auch der erste Befragungszeitraum, so dass die meisten
Beiträge potenzielle Teilnehmende zu rekrutieren versuchten. Im zweiten Halbjahr 2017 wurden sogar 114 Beiträge verfasst. 2018 entstanden im ersten Halbjahr
nochmals 33 Dokumente. Die Zeit, in der die meisten Dokumente verfasst und
veröffentlicht wurden, fällt in die Zeit der ersten beiden Befragungswellen, während denen jeweils circa 70 Dokumente verfasst wurden. Zusammen mit der
weiteren Werbung insbesondere während der ersten Runde konnten hier auch mit
Abstand am meisten Teilnehmende gewonnen werden. So konnten für die erste
Welle 1103 Fragebögen ausgewertet werden, für die zweite 564 und für die beiden
folgenden mit 359 und 252 Fragebögen deutlich weniger.

Die meisten Dokumente wurden von Projektmitarbeitenden verfasst, einige
von projektnahen Personen, beispielsweise von Institutsmitgliedern auf ihren pri-
vaten Benutzer*innenkonten in sozialen Medien. 95 Dokumente wurden von
externen Personen verfasst. Hier handelt es sich mehrheitlich um Journalist*innen,
jedoch auch um die Gastautor*innen in der Lokalzeitung, von denen einige
gleichzeitig städtische Mitarbeiter*innen oder Stadtpolitiker*innen sind. Diese
mit eingerechnet wurden 16 Dokumente von Personen aus Stadtpolitik und -
verwaltung verfasst. Daneben verweisen einige Facebooknutzer*innen aus der
Bürgerschaft auf die Möglichkeit der Teilnahme an der App.

Im Laufe der drei Jahre gab es viel Presseberichterstattung und zahlreiche
Hinweise in sozialen Medien über die Ideen von „Glücklich in Wuppertal". Ein
großer Teil dieser Berichte ist von den Projektbeteiligten selbst geleistet worden, aber auch die Presse und andere Akteur*innen haben die Befragungsrunden
der App zum Anlass genommen, über Glück und über das Projekt zu berichten.
Die Dokumente in den sozialen Medien sind meist sehr kurze Ankündigungen
oder Hinweise, die nur einen sehr geringen Informationsgehalt haben, jedoch das
Projekt und das Thema Glück allgemein in Erinnerung rufen.

Durch die in den vergangenen Absätzen genannten Berichte sind die Ideen
des Projektes sehr weit in der Stadt diffundiert, sowohl in Richtung Bürgerschaft
und Unternehmen, als auch zur Stadtpolitik und -verwaltung. Dies ist insbesondere durch das Interesse der WZ am Thema geschehen. Die Öffentlichkeitsarbeit
des WI in den sozialen Medien sorgte außerdem dafür, dass bereits mit dem

Projekt in Kontakt stehende Personen regelmäßig Informationen über die Erhebungen und die Ergebnisse bekamen. Die meisten Personen erfuhren jedoch nur oberflächlich über die Ideen von „Glücklich in Wuppertal" und die Möglichkeit der Teilnahme an der App. Tiefergehende Informationen wurden dann an einen kleineren Kreis der Teilnehmenden bei Veranstaltungen des Projektes und des STEK2030-Prozesses kommuniziert.

5.2.1.5 Kommunikation der Ideen

Nachdem untersucht wurde, wo über „Glücklich in Wuppertal" berichtet wurde, soll nun dargestellt werden, welche der Ideen bei den erreichten Personen auch angekommen sind, auf welchen Ebenen der Ideen die Kommunikation also erfolgreich war. Dabei zeigt sich, dass meist nur ein Teil der Ideen kommuniziert wurde, je nachdem, welche im jeweiligen Kontext als passend erschienen.

Von dem Interviewten der WZ wurden die Ideen auf allen drei Ebenen wahrgenommen, einerseits die Policies und Programme – Glück im Sinne von Lebenszufriedenheit im Umfeld der Stadt zu messen und ein Beteiligungstool auch längerfristig zur Verfügung stellen, um Stadtpolitik stärker daran zu orientieren – und andererseits die übergeordneten Paradigmen – herauszufinden, was Menschen über ökonomische Faktoren hinaus glücklich macht und dafür einen alternativen Maßstab zu entwickeln, der Leitbild für städtische Entscheidungen sein soll (G13). In der Berichterstattung wurden dann aber vor allem persönliche Geschichten und Wuppertal-bezogene Aussagen kommuniziert (G2, G4–5, G8, G13–14, G18). Das positiv besetzte Thema Glück kam gut an und wurde daher von der Presse aufgegriffen (G4, G7, G9, G18). Nur wenige Zeitungsartikel erwähnten die Idee, alternativen Wohlstand in der Stadt zu etablieren, indem subjektive Daten erhoben werden (DG35, DG52, DG181, DG205).

Als Ziele von „Glücklich in Wuppertal" wurden in der Presse und in Beiträgen von Bürger*innen in sozialen Medien vor allem formuliert, herauszufinden, was die Menschen in Wuppertal beschäftigt und was sie glücklich macht sowie das Glücksniveau beziehungsweise die Zufriedenheit zu messen (DG13, DG24, DG29, DG35, DG37, DG43, DG48, DG52, DG69, DG73, DG76, DG78, DG83, DG148, DG152, DG161, DG179, DG202, DG206, DG216). Das Ziel eines App-basiertes Panels, um die Lebenszufriedenheit über den Zeitverlauf zu messen, wurde ebenfalls genannt (DG69, DG208). Daraus könnten Handlungsempfehlungen abgeleitet und relevante Themen identifiziert werden (DG35, DG148, DG152). Außerdem könnte es als Beteiligungsinstrument genutzt werden (DG29, DG152, DG215). Indirekt sollte dadurch dazu beigetragen werden, die Wuppertaler*innen zufriedener zu machen (DG13, DG48, DG52). Im Zusammenhang mit W2025 wurde „Glücklich in Wuppertal" außerdem als Evaluationsinstrument für den Erfolg von Projekten und als Indikator für subjektive Lebenszufriedenheit beschrieben (DG80).

In kürzeren Mitteilungen in den sozialen Medien oder Erwähnungen in Zeitungsartikeln, wo das Projekt nur am Rande erwähnt wurde, wird teilweise gar nicht auf die Ideen direkt eingegangen, sondern nur erwähnt, dass dort Fragen zum Glück beantwortet und Spendenguthaben verteilt werden können (DG56, DG107, DG111). Darüber hinaus sollte die App bei der Reflexion über das eigene Glück und die eigenen Lebensumstände helfen (DG63, DG73, DG75, DG81, DG83, DG96). In der Öffentlichkeit ist so oft nur ein sehr oberflächliches Verständnis des Projektes angekommen, das sich vor allem auf die Idee der Wissensgenerierung über das Glück der Bevölkerung bezieht, also den klassisch wissenschaftlichen Teil, nicht den transformativen Anspruch. Dass wie von Schmidt (2006, S. 253) erläutert Mehrdeutigkeit in der Kommunikation von Ideen sowohl förderlich als auch hinderlich sein kann, wurde hier deutlich. So konnten mehr potenziell Interessierte erreicht werden, gleichzeitig blieben die eigentlich hinter „Glücklich in Wuppertal" stehenden Ideen aber auch für viele unklar. Durch die vielen unterschiedlichen Ideen konnte eine breite Diffusion erreicht werden, wodurch wiederum viele Teilnehmende der App rekrutiert werden konnten. Von den wenigsten Personen ist allerdings die Intension eines Paradigmenwechsels verstanden worden.

Auch die Entscheidungsträger*innen und die Beteiligten stadtnaher Betriebe nahmen als Ziele des Projektes vor allem wahr, Glück zu operationalisieren und zu messen (G14, G17) und dann herauszufinden, wie sich die Menschen in der Stadt fühlen und was sie negativ oder positiv in ihrer Stadt und ihrem Leben bewerten (G11, G14–16, G18). Glück wurde von den Interviewten der Stadtverwaltung und -politik vor allem in Bezug auf den städtischen Kontext verstanden, also Lebenszufriedenheit im Umfeld der Stadt (G6–9, G11, G14–16, G18–20). Die App könnte ihnen eine längerfristige Datenerhebung zum Zufriedenheitsniveau ermöglichen (G6–8, G10, G15, G17). Ein Interviewter nannte die App „Thermometer der Lebensqualität" (G14), ein anderer „Spiegelbild der stadtgesellschaftlichen Meinung" (G17). So könne die App niedrigschwellig Stimmungen und Bedürfnisse sowie konkrete Beurteilungen von Projekten abfragen (G9–12, G17) und Themen identifizieren, mit denen sich Stadtentwicklung beschäftigen sollte (DG215).

Dies geschah beispielsweise im Kontext des STEK2030-Prozesses, wo die App als Beteiligungsinstrument genutzt wurde (G6, G9, G11–12, G15, G17, G20). Weitere von den Entscheidungsträger*innen genannte Einsatzmöglichkeit sei die Evaluierung von bereits durchgeführten Projekten, beispielsweise hinsichtlich eines Beitrages zur Verbesserung der Lebensqualität (G9, G15). Aus den

Daten der App könnten sich dann Handlungsempfehlungen ableiten lassen, die bei zukünftigen städtischen Entscheidungen helfen könnten (G9, G13–14).

Die Entscheidungsträger*innen beschrieben also insbesondere die auf den unteren Ebenen liegenden Ideen hinter „Glücklich in Wuppertal", die Policies und Programme. Der Gestaltungsanspruch des Paradigmenwechsels wurde von den Entscheidungsträger*innen nicht erwähnt, was vermuten lässt, dass ihnen dies nicht bekannt war. Zwei der Interviewten konnten sich insgesamt nicht mehr genau an die hinter dem Projekt liegenden Ideen erinnern (G11, G19–20).

Die Ideen, die in den Medien sowie von den Entscheidungsträger*innen formuliert wurden, deuten darauf hin, dass zumindest ein Teil der hinter „Glücklich in Wuppertal" stehenden Ideen gut verständlich und einfach kommunizierbar war, was ein Kriterium für erfolgreichen Wandel ist (Campbell 2004, S. 177 f.). Dies trifft jedoch vor allem auf Policies und Programme zu und weniger auf die Paradigmen, die wesentlich seltener kommuniziert und dadurch auch nur sehr begrenzt zu den Entscheidungsträger*innen gedrungen sind.

5.2.1.6 Rolle der Wissenschaft

Wie schon in Abschnitt 5.2.1.2 dargestellt, nahmen die Wissenschaftler*innen unterschiedliche Rollen im Projekt ein: als klassische Forschende und als institutionelle Unternehmer*innen. Das WI nahm die klassische Rolle von Forschenden ein, indem die Wissenschaftler*innen Daten erhoben, neues Wissen über Glück generierten und die Ergebnisse präsentierten (G2, G4–5, DG148, DG152).

Zusätzlich sahen es die Interviewten des WI auch als ihre Aufgabe an, der Stadtpolitik konkrete Vorschläge für Entscheidungen zu unterbreiten und die Idee eines alternativen Wohlstandsparadigmas in der Stadt zu verbreiten (G1–2). Damit gingen sie über die klassische Rolle der neutralen Forschenden hinaus und brachten die Ergebnisse aktiv in die Politik ein. Das WI kann hier daher auch im Sinne eines institutionellen Unternehmers (Campbell 2004, S. 177 f.) und als Theoretiker (Campbell 2004, S. 102) verstanden werden, der seine Ideen von alternativem Wohlstand als Orientierung für die Stadtentwicklung in der Stadt verbreiten will. Hier werden Ansätze einer Modus-3-Wissenschaft deutlich (siehe Abschn. 2.2.2), indem die Forschenden ihre Rolle hinterfragen und institutionelle Rahmenbedingungen ihrer Forschungseinrichtungen bei Bedarf anpassen. Der Projektleiter schrieb der Arbeit des Instituts eine hohe diskursive Kraft zu, durch die Diskurse mitgestaltet und so Einfluss auf die Stadtpolitik genommen werden kann (G1). Den möglichen Einfluss beschrieb er wie folgt:

„[…] eine transformative Wissenschaft heißt, bewusst auch in reale Kontexte zu intervenieren, um besser Veränderungen zu verstehen. Haben natürlich jetzt hier eine hervorragende Situation, Diskursintervention zu erproben, indem man selbst zum Aktionsforscher wird. Und das hat uns hier auch sehr gereizt. Diese Diskussion über alternative Wohlstandsverständnisse, die wir insgesamt mit dem anderen Projekt[, WTW,] angestoßen haben, hier jetzt über so eine „Glücklich in Wuppertal"-App nochmal intervenieren konnten." (G1)

Das WI verfügt über zahlreiche Netzwerke und Kontakte zur lokalen Zivilgesellschaft sowie zu einigen Akteur*innen aus der Stadtpolitik und -verwaltung, die es mit in das Projekt einbrachte und weiter ausbaute. Insbesondere der Präsident des Instituts verfügt über ein enges Netzwerk zu anderen Organisationen und ist hoch angesehen. Er selbst war im Projekt als Leiter auch aktiv in die Ansprache von Kontakten involviert, beispielsweise zu den lokalen Unternehmenspartner*innen und zum Oberbürgermeister (G1, G4–5). Seine Rolle im Projekt, das Verbreiten der Ideen des Projektes innerhalb seines Netzwerkes, wurde als sehr hilfreich für das Projekt wahrgenommen (G5, G9).

Das WI ist damit auch als epistemische Gemeinschaft (Campbell 2004, S. 104 f.; Haas 1992, S. 27–29) zu verstehen, die versucht die Politik mit seinen Ideen zu beeinflussen. Laut Haas (1992, S. 27–29) müssen epistemische Gemeinschaften in ihren Kontexten gut etabliert und anerkannt sein, damit sie erfolgreich Politik beeinflussen können. Dies trifft auf das WI zu (G1–2, G14, G17).

Die anderen, nichtwissenschaftlichen Projektpartner*innen fanden die vom WI eingenommene Rolle gut und richtig und befürworten es, wenn die Wissenschaftler*innen ihre Forschungsergebnisse und Ideen in reale Kontexte integrieren und voranbringen. Sie wünschten sich also diese Rolle der Theoretiker*innen oder epistemischen Gemeinschaften von den Wissenschaftler*innen. Von ihnen wurden die beteiligten Wissenschaftler*innen mit Respekt behandelt und als „Fachleute" beschrieben, die Wissen einbringen und verbreiten (G3, G5).

Auch Interviewte außerhalb des Projektes sprachen sich für die lokale anwendungsorientierte Forschung aus (G6–9, G11, G13, G16) und nahmen die Arbeit der beteiligten Wissenschaftler*innen und die Projektpräsentationen als glaubwürdig, wissenschaftlich korrekt und gleichzeitig transparent und nachvollziehbar wahr (G8, G15–17) und beschrieben die Wissenschaftler*innen als Berater*innen (G5–6, G14). Sie wurden dabei als offen wahrgenommen, hätten das Gespräch gesucht und Vernetzung betrieben (G8–9, G13). Auf die Frage, wie er die Wissenschaftler*innen wahrgenommen habe, beschrieb ein Mitarbeiter der Stadtverwaltung:

„Also ich würde sagen, ja als Partner und Berater. Vielleicht Berater am ehesten, der bemüht ist, die Erkenntnisse, die er gewonnen hat, auch weiterzugeben, damit sie nicht nur irgendwie Erkenntnis bleiben, sondern auch im Konkreten dann weiterhelfen können." (G6)

Fast alle Interviewten waren der Meinung, dass Wissenschaft dabei auch normativ argumentieren darf und versuchen sollte, gesellschaftlich etwas zu bewegen und Handlungsempfehlungen auszusprechen (G7, G9, G11, G13, G18, G20). Dies sei besonders wertvoll, da die Wissenschaft als Impulsgeberin Ideen und Denkanstöße liefern könne, auf die die Stadtverwaltung selbst nicht käme (G11, G13–14, G16). Im STEK2030-Prozess und bei W2025 sei dies sehr positiv gewesen (G15, G17). Die wissenschaftlichen Impulse würden außerdem helfen, von emotionalen Diskussionen wegzukommen und bisher eher intuitive Argumente wissenschaftlich zu fundieren (G17–18). Ein Interviewter meinte, die Wissenschaft könne auch konkrete Forderungen stellen, wie mit ihren Ergebnissen und Vorschlägen umgegangen werden solle (G15).

Das WI kann also als epistemische Gemeinschaft im Sinne von Haas (1992, S. 27–29) und Campbell (2004, S. 104–105) verstanden werden (siehe Abschn. 3.2.2), die auch über die notwendigen Netzwerke verfügt, im städtischen Kontext gut angesehen ist und als Berater*in angefragt wird. Gleichzeitig agierte das WI auch als institutioneller Unternehmer, der nicht nur berät, sondern selbst Ideen aktiv voranbringt und Zugang zu Entscheidungsträger*innen sucht.

5.2.2   Rahmenbedingungen

Für den Erfolg neuer Ideen im Diskurs und das Anstoßen von Wandel spielen die Rahmenbedingungen eine große Rolle: Sowohl der institutionelle Kontext der Stadt als auch weitere Veränderungen und wahrgenommene Probleme, für die die Ideen möglicherweise eine Lösung darstellen können. Dieser Hintergrund wird daher im Folgenden anhand der von den Interviewten und in den Dokumenten im Zusammenhang mit „Glücklich in Wuppertal" genannten Themen beschrieben[5]. Daraufhin (Abschn. 5.2.3) wird erläutert, wo die Ideen erfolgreich anknüpfen konnten und wo nicht.

---

[5]Dadurch, dass es sich bei den beiden untersuchten Fällen um denselben städtischen Kontext handelt, kommt es hier zu einigen Überschneidungen mit Abschnitt 5.1.2, den Rahmenbedingungen des ersten Falles. Da es hier allerdings darum geht, welche Rahmenbedingungen – wie Krisen oder institutionelle Veränderungen – von den Interviewten wahrgenommen und im Zusammenhang mit diesem zweiten Fall genannt werden, wird eine separate Ausführung aus methodischen Gründen als notwendig angesehen.

In den Interviews und Dokumenten wurde das Projekt in einen spezifischen institutionellen Kontext eingebettet und mit verschiedenen Herausforderungen in Wuppertal in Verbindung gebracht, von denen einige als für den Erfolg des Projektes förderlich, andere als erschwerend empfunden wurden. Die Koalition aus SPD und CDU, die in Wuppertal im Stadtrat seit Jahren bestand, wurde als einschränkend wahrgenommen, weil der Oberbürgermeister in dieser Konstellation oft nicht über eine Mehrheit für seine Ideen verfügt (G1). Im Laufe des Interviewzeitraumes wurde diese Koalition aufgelöst und die dadurch neu entstandene Situation als offener für Veränderungen beschrieben (G15), was jedoch auf einen Zeitpunkt nach Abschluss des Projektes fällt.

Als prägend für städtische Entwicklungen in Wuppertal wurde außerdem die seit Jahrzehnten andauernde schlechte wirtschaftliche Lage genannt und die hohen Schulden der Stadt, wodurch Wuppertal über wenig Entscheidungsspielraum bei städtischen Entscheidungen verfügt (G1–2, G4, G7, G10, G15, G17, G19–20, DG6, DG23, DG104). Über lange Zeit wurde Personal in der Verwaltung eingespart, so dass nun viele Ideen nicht umsetzbar sind (G15). So gab es zum Beispiel in der Vergangenheit städtische Befragungen zur subjektiven Wahrnehmung der Bevölkerung, die aber aufgrund von Personalwechsel und -einsparungen nicht weitergeführt wurden (G6).

Dieses stellt das mit Abstand am häufigsten in den Datenquellen genannte Problem dar und die Interviewten waren der Meinung, dass es auch in der Stadtgesellschaft und -politik als Problem angesehen und so kommuniziert wird (G1–2, G8, G13, G15, G19–20). Da diese Herausforderung von zahlreichen Entscheidungsträger*innen wahrgenommen wird und in der Stadtpolitik Lösungen debattiert werden, kann sie durchaus als Krise, wie sie im diskursiven Institutionalismus als Voraussetzung für Veränderung genannt wird (siehe Abschn. 3.3.2), verstanden werden. Dies bestätigt auch den in Abschnitt 2.4 genannten Fokus von Stadtpolitik und -verwaltung auf wirtschaftliche Aspekte.

Weitere Probleme die genannt wurden, sind eine Segregation und Polarisierung zwischen verschiedenen Bevölkerungsgruppen und Stadtteilen (G1–2, G11, DG32, DG164, DG215), der demografische Wandel (G20, DG213, DG215), die hohe Armutsrate, die private Überschuldung und Arbeitslosigkeit (G8, G11, G13, DG32, DG164, DG213) sowie niedrige Bildungsabschlüsse in vielen Bevölkerungsgruppen (DG164). Auch diese Probleme können als Krisen verstanden werden, die die Stadtpolitik zu lösen versucht.

Damit zusammen hängen das schlechte Image der Stadt und das meist schlechte Abschneiden Wuppertals in Städterankings (G2, DG1, DG164). Auch das Selbstbild der Stadt ist eher negativ und positive Aspekte geraten oft in den Hintergrund (G12, G18). Einige Probleme sind direkt im Stadtbild sichtbar, wie die hohe Leerstandsquote und die unbelebten Innenstadtbereiche, die neue Konzepte in Zeiten des Online-Handels erfordern würden (G2, G18–19) sowie die teilweise mangelnde Sauberkeit und schlechte Aufenthaltsqualität (G14, DG213). Mittlerweile wächst die Einwohnerzahl Wuppertals wieder, so dass zumindest der Wohnungsleerstand verringert werden konnte. Jedoch ist die Stadt nun damit konfrontiert, sich von einer schrumpfenden zu einer wachsenden Stadt zu entwickeln und so städtische Entscheidungen zu überdenken (G12, DG104). Herausforderung ist nun, geeigneten Wohnraum zu schaffen (G14–16, G18–19) ohne viel Fläche dafür zu versiegeln (G15, G19) sowie neue Angebote an Kindergärten und Schulen bereitzustellen beziehungsweise zu verbessern (G18–19). Damit zusammen hänge auch die andauernde Zuwanderung aus dem Ausland nach Wuppertal, die sowohl in Bezug auf Wohnraum als auch auf die Integration Herausforderungen mit sich bringe (G10, G12–13, G18, G20, DG213). Auch diese genannten Themen wurden als Krisen verstanden, die potenzielle Anknüpfungspunkte für neue Ideen darstellen könnten und von den Interviewten im Zusammenhang mit „Glücklich in Wuppertal" genannt wurden. Ob hier eine Anknüpfung gelang, wird später ebenfalls analysiert.

Zusätzlich zu diesen Herausforderungen werden aktuelle Streitpunkte im städtischen Diskurs wahrgenommen, insbesondere wurde hier die Diskussion um Großprojekte genannt, wie der Umbau des Bahnhofsvorplatzes Döppersberg, die Planung einer Seilbahn oder des Pina-Bausch-Tanzzentrums (G1–3, G6–8, G11, G16–17, G19, DG164). Es sei schwer zu vermitteln, dass einerseits in Großprojekte investiert wird, die Fördergelder jedoch zweckgebunden seien und nicht an anderen Stellen ausgegeben werden könnten (G7, G17). Außerdem seien bei diesen Projekten die Gegenstimmen meist lauter als die der Befürwortenden, was zu einem falschen Bild der Meinung der Wuppertaler*innen führe (G17). Diese Diskussionen um die Großprojekte wurden als zentrale, offen diskutierte Themen in der Stadt beschrieben (G8, G17, G19, DG164) und können in diesem Sinne ebenfalls als Krisen verstanden werden, da sie neue Formen der Beteiligung und Kommunikation der Politik erfordern. Hier könnte „Glücklich in Wuppertal" womöglich eine Lösung bieten.

In diesem Zusammenhang wurde von einigen der Interviewten sowie in Dokumenten eine Krise der repräsentativen Demokratie genannt, in der viele Menschen bei klassischen Beteiligungsverfahren in der Stadt nicht mehr erreicht werden. Viele würden sich gar nicht mehr oder stattdessen nur auf kleinräumiger Ebene, beispielsweise in den Quartieren, einbringen wollen (G5, G7, G11, DG210). Ein Interviewter schloss aus dem veränderten Umgang vieler Einwohner*innen ihm als Stadtverwaltungsvertreter gegenüber auf eine Vertrauenskrise in das politische System auch auf kommunaler Ebene. Viele würden der Kommunalverwaltung und -politik gegenüber weniger respektvoll begegnen (G20). Zwei Interviewte beschrieben Kritik von Seiten der Bevölkerung gegenüber der Verwaltung, da ihre hohen Erwartungen nicht erfüllt würden (G9, G20).

Bezogen auf Bürgerbeteiligung in Wuppertal fiel die Zeit des Projektstartes mit der Gründung eines Beteiligungsdezernats in der Stadtverwaltung zusammen – kurz darauf folgte die Einrichtung eines Beirates für Bürgerbeteiligung (G7–8) – und damit in die Zeit einer Institutionenentwicklung. Personalwechsel bei den Mitarbeitenden, die Abwahl des gerade erst berufenen Dezernenten und Umwandlung des Dezernats in eine Stabsstelle Bürgerbeteiligung und Engagement (siehe Abschn. 2.4) brachten jedoch wieder Einschränkungen mit sich, unter anderem da nun weniger Handlungsspielraum besteht als zu Beginn nach der Schaffung des neuen Dezernates (G7). Trotzdem ist insgesamt eine Stärkung des Bereichs Bürgerbeteiligung in der Stadt durch die zusätzlichen personellen Ressourcen zu beobachten (G8).

> „Es gab halt so einen Aufbruch sage ich mal, oder hoffe ich mal, aber man ist halt diesen Schritt gegangen: Man hat ein Dezernat eingerichtet, man hat gesagt, wir wollen uns mehr in diese Richtung entwickeln. Und in dem Zuge, oder in dem Sinne ist ja vielleicht auch eine Glücksapp zu sehen, als eine Idee, sich auch zu öffnen. Und dann war einfach so ein… so ein Cut da drin." (G7)

Als weitere Prozesse während des Untersuchungszeitraumes, die für die Verbreitung der Ideen von „Glücklich in Wuppertal" relevant sein könnten, wurde der Prozess der Entwicklung eines neuen Stadtentwicklungskonzeptes (STEK2030) genannt, der an eine externe Agentur vergeben wurde, die dann Kontakt zu den Beteiligten von „Glücklich in Wuppertal" aufgenommen und die App in den Prozess integriert hat (G4, G6, DG189). Parallel lief noch das vorhergehende Stadtentwicklungskonzept W2025, bestehend aus einer Reihe von Projekten, das zu der Zeit auf der Suche nach geeigneten Evaluationskriterien für die Projekte war (G4, G9, G15, G18, G20, DG213). Im Laufe des Untersuchungszeitraumes kam dieser Prozess dann jedoch ins Stocken, so dass keine weiteren Treffen stattfanden (G17).

Neben diesen größtenteils lokalen Veränderungen und Krisen wurden auch Herausforderungen genannt, die über Wuppertal hinaus eine Rolle spielen und vom nationalen Diskurs beeinflusst sind. So wurden in Dokumenten Umweltprobleme und der Klimawandel als Krisen genannt (DG6, DG164, DG204, DG215, DG23). Die projektinternen Forschenden des WI schlussfolgerten daraus die Notwendigkeit einer Nachhaltigkeitstransformation (DG6, DG164), und auch einige andere Interviewte sowie Dokumente beschrieben die Notwendigkeit, Klima-schutz und Klimafolgenanpassung zu betreiben (G14–16, DG215). Weiterhin wurde die Notwendigkeit einer Verkehrswende insbesondere zur Verringerung der Feinstaubbelastung in der Stadt genannt (G13–16, G18–19). Die Feinstaubbelas-tung wurde auch als offen kommuniziertes Problem beschrieben und ist vor allem durch drohende Dieselfahrverbote und deutschlandweite Diskussionen darüber in den Fokus geraten (G13–14, G16, G18–19).

Ein Widerspruch, der von einigen Interviewten wahrgenommen wurde, ist zwi-schen der Verwendung wirtschaftlicher Kennzahlen wie dem BIP als Indikator für Lebensqualität und der Differenz zur vielschichtigen Bedeutung von Lebensqua-lität. Alternative Indikatoren werden oft nicht betrachtet und der Blick lediglich auf wirtschaftliche Aspekte gerichtet. Gleichzeitig fehlen aber auch oft subjek-tive Daten, um andere Indikatorensets wirklich nutzen zu können (G13, DG2–4, DG13, DG23, DG32, DG93, DG204, DG210). Dies wurde teilweise auch in der Presse so kommuniziert (DG13, DG32).

Ein Interviewter nannte außerdem einen Widerspruch zwischen verschiedenen Entwicklungspfaden der Stadt: Einerseits einem investorengetriebenen Handeln und Bestreben nach Wirtschaftswachstum und andererseits alternativen Projekten aus der Zivilgesellschaft, welche sich die Freiräume und Leerstände Wupper-tals zunutze machen und mit denen sich die Stadt gerne nach außen präsentiert (G2). Aus den Dokumenten und Interviews ist aber nicht erkennbar, dass die-ser Widerspruch offen im städtischen Diskurs wahrgenommen und kommuniziert wird.

Weiterhin wurden verschiedene Herausforderungen nur in einzelnen Interviews und Dokumenten genannt, so der Einfluss großer Unternehmen auf die Stadt durch den Abzug von Arbeitsplätzen (G10), die Schließung kleiner Polizeiwachen und anderer Orte lokaler Quartierskommunikation (G19), das Erstarken von Popu-lismus und rechten Strömungen (G8) und das Thema Digitalisierung (DG213). So war eine weitere Rahmenbedingung, in der das Projekt agierte und versuchte daran anzuknüpfen, die Auswahl Wuppertals als eine von fünf digitalen Modell-kommunen in NRW, was neue Finanzierungsmöglichkeiten von Projekten im Bereich Digitalisierung mit sich brachte (DG204).

Zusammenfassend lässt sich also sagen, dass das Projekt in eine Zeit institutio-neller Veränderungen fiel, von denen die Stärkung des Bereichs Bürgerbeteiligung in der Stadt sowie die Ablösung eines Stadtentwicklungskonzeptes durch ein anderes als besonders relevant für den untersuchten Fall wahrgenommen wur-den. Die Schwierigkeit, die Bürgerschaft bei stadtpolitischen Themen zu erreichen und die Konflikte über Großprojekte, werden sowohl öffentlich in der Presse als auch von den Entscheidungsträger*innen und in städtischen Dokumenten als Herausforderung kommuniziert und können als Krisen verstanden werden. Zusätzlich wurden die hohen Schulden der Stadt als Krise beschrieben, die auch als solche von fast allen Entscheidungsträger*innen kommuniziert wurde. Insbesondere scheint diese Krise andere Krisenwahrnehmungen mit sich zu bringen, wie den geringen Handlungsspielraum der Kommune, das schlechte Image der Stadt und die hohe Armutsquote der Bevölkerung. Andere Widersprüche und Herausforderungen wie Umwelt- und Klimaschutz oder die Kritik am Fokus auf wirtschaftliche Entwicklungen wurden hauptsächlich von den Wissenschaftler*innen und einzelnen anderen Personen wahrgenommen und von den Entscheidungsträger*innen weniger oder gar nicht mit „Glücklich in Wuppertal" assoziiert. Inwieweit „Glücklich in Wuppertal" an diese Krisen und institutionellen Veränderungen anknüpfen konnte und was sich als förderlich und was als hinderlich herausstellte, wird im folgenden Abschnitt dargestellt.

5.2.3 Anknüpfungspunkte und Umsetzbarkeit der Ideen

In Bezug auf die von einigen Interviewten wahrgenommene Krise der repräsentativen Demokratie und die Schwierigkeiten, die Bürgerschaft in Beteiligungsprozessen zu erreichen, sahen einige Entscheidungsträger*innen die App als eine mögliche Lösung, um zusätzliche Personen in Beteiligungsprozesse hereinzuholen (G1–3, G5, G7, DG210). So könnten parteiübergreifend und niedrigschwellig kontroverse Themen abgefragt werden, beispielsweise zu geplanten Großprojekten (G11, G16).

> „Also, wir wissen ja aus allen unseren Beteiligungsverfahren, dass aktiv vor allem eben die sind, die dagegen sind. Und, dass es echt schwer ist, egal ob man in einer Veranstaltung oder sonst wo sitzt, die zu motivieren, die was gut finden. Und ich glaube, jetzt liegt in so einem Instrument erstens das Risiko, dass es da genauso ist. Andererseits aber eben auch die Chance, dass es anders sein könnte, weil ich eben nicht in einer Veranstaltung aufstehen muss und sagen muss, hey, ich finde es aber gut, auch wenn ich jetzt ganz alleine bin, oder so." (G11)

Auch insgesamt wurde die App als relevant für Stadtentwicklung gesehen, weil der Bereich Stadtentwicklung sich ebenfalls damit beschäftigt, die Lebensqualität zu verbessern (G14, G16, G19–20). Außerdem wurde sie als geeignet für die Quartiers- und Bezirksebene gesehen (G9, G11–12). Ebenso könnte sie als Mängelmelder genutzt werden (G10, DG210) und sei besonders anschlussfähig an die Digitalisierungsbestrebungen der Stadt (G10, G12). Als Schwierigkeit wurde jedoch gesehen, dass die Stadtverwaltung schon über viele Daten verfügt und Probleme hat, damit umzugehen (G17–18).

Von einigen Nutzer*innen wurde jedoch auch angemerkt, dass das Ausfüllen der Fragen sehr lange dauert, Durchhaltevermögen erfordert, da oft im Laufe des Tages immer wieder Fragen aufgetaucht und diese teilweise unlogisch aufgebaut seien, weshalb das Erreichen von Personen aller Bevölkerungsgruppen möglicherweise schwierig sein könnte (G17, DG51, DG59).

Die bisher im Projekt entstandenen Daten waren noch nicht über einen langen Zeitraum erhoben und nicht repräsentativ, so dass daraus noch keine aussagekräftigen Schlussfolgerungen für städtische Entscheidungen abgeleitet werden können (G1, G3, G14–15). Bisher konnten die meisten Entscheidungsträger*innen keinen konkreten Nutzen für ihre Arbeitskontexte erkennen (G8, G12, G15, G20). Eine bessere Aufbereitung der Ergebnisse hätte vermutlich insbesondere der Stadtpolitik geholfen (G16, G18–19). Die Ideen von „Glücklich in Wuppertal" stellten sich als dort anschlussfähiger heraus, wo es um konkrete Fragen der Stadtpolitik ging, beispielsweise den Bau einer Seilbahn (G1–2, G4–5). Allgemeinere Aussagen und Ideen über Glück und Lebensqualität und neue Leitbilder scheinen dagegen weniger anschlussfähig und schwieriger nutzbar zu sein, sowohl für die Stadt als auch für die Pressekommunikation (G1–2, G4, G16, G18). Auf der höheren Ebene von Ideen, den Paradigmen, war die Anschlussfähigkeit also weniger vorhanden.

Konkret anschlussfähig waren die Ideen an die Entwicklung der Stadtentwicklungskonzepte STEK2030 und W2025 (G4, DG189, DG213), hier fiel der Projektzeitraum in einen günstigen Moment institutionellen Wandels. Bei W2025 wurde nach einem konkreten Maßstab zur Evaluierung der laufenden Projekte gesucht, wo die App gut anknüpfen konnte (G9, G15, G18, G20, DG80). Der Vertreter des Stadtmarketings beschrieb die Verknüpfung wie folgt:

> „Also in der 2025, also in dem Strategiekreis war ja auch die Herausforderung, sie haben 13 Schlüsselprojekte, die als Ziel haben, ja, auf die Dauer der Stadt eine neue Lebensqualität, oder eine andere zu geben. Und dann ist ja immer genau die Frage, wie ist denn Lebensqualität messbar. Wir können über Wirtschaftsrankings, alles Mögliche, kannst du alles messen. Aber ein Gefühl zu messen ist extremst schwierig. Und dann habe ich das auch unterstützt, dass das da auch vorgestellt wird." (G17)

Die Art der Treffen des W2025-Kreises stellten sich aber als ungeeignet für einen tieferen Austausch heraus (G15). Auch beim STEK2030-Prozess bekam die App eine Relevanz und wurde genutzt, um andere Zielgruppen zu erreichen als die Präsenzveranstaltungen und mehr Informationen über die Einstellungen der Bevölkerung zu ermitteln (G9, G11, G14, G16). An die Stadtentwicklungsprozesse und die Krise der städtischen Beteiligungsinstrumente konnte „Glücklich in Wuppertal" mit seinem Angebot also insgesamt gut anknüpfen. Auffällig ist hier, dass die Anknüpfung an beide Prozesse sich im Laufe des Untersuchungs-zeitraumes ergab und nicht von Anfang an geplant war. Hier wurde auf passende Prozesse reagiert und eingegriffen. Erschwerend kam dann aber die weitere Ent-wicklung von W2025 (siehe Abschn. 5.2.2) und die teils etwas zu langwierige Nutzung der App hinzu, was jedoch einer ersten Nutzung des Instruments bei STEK2030 nicht im Wege stand.

Auf diese Ebene bezogen – die Nutzung eines Befragungsinstruments zur Erhebung subjektiver Daten – würden durch die Umsetzung der Idee keine tiefgreifenden Veränderungen vorausgesetzt. Die vorherrschenden Paradigmen könnten erhalten bleiben und es würde lediglich ein neues Instrument eingeführt, was gegebenenfalls zu anderen kleinteiligen Entscheidungen führen würde, also einem Wandel erster Ordnung (G2–6, G8–10, G16–17). Eine grundlegende Kritik an den Entscheidungen wäre aber nicht zu erwarten (G6, G8–10, G16–17).

Dieses Angebot der App als neues Beteiligungsinstrument und zur Lösung der Herausforderungen durch sowohl geringe finanzielle Mittel für Bürgerbeteiligung als auch niedrige Beteiligungsquoten, bezieht sich auf die Ideen von „Glück-lich in Wuppertal" auf der ersten und teilweise zweiten Ebene. Auf der Ebene von Paradigmen schließt „Glücklich in Wuppertal" an die Debatte und Forschung über alternativen Wohlstand und Definitionen von Lebensqualität an. Wohlstand wird dabei nicht nur unter ökonomischen Gesichtspunkten verstanden, sondern bezieht andere Aspekte ein, die die Menschen in der Stadt glücklich machen. So könnte das Projekt Daten zur subjektiven Lebenszufriedenheit und deren Einfluss-faktoren liefern, die bisher fehlen, um Lebensqualität umfassend zu messen. Das Projekt könnte so dem BLI-u zur Etablierung verhelfen, indem fehlende Daten dafür erhoben werden (G13, DG2–4, DG13, DG23, DG32, DG93, DG204).

Auf der Ebene der Paradigmen ist die Anschlussfähigkeit und Umsetzbarkeit aber als schwieriger anzusehen und eine Orientierung politischer Entscheidungen an alternativem Wohlstand würde tiefgreifende Veränderungen dritter Ordnung voraussetzen. Auf die alternativen Paradigmen bezogen waren die Ideen des Pro-jektes eher an nachhaltigkeitsorientierte Projekte und Akteur*innen in Wuppertal anschlussfähig, die bereits ähnliche Ziele und alternative Entwicklungspfade ver-folgten (G2). Die Stadt Wuppertal mit ihren hohen Schulden orientiert sich weiterhin hauptsächlich an Zielen des Wirtschaftswachstums, so dass die Idee eines neuen Wohlstandsmaßes und einer Abwendung von rein materiellen Aspek-ten weniger anschlussfähig war und dieses Problem sich eher als hinderlich herausstellte. Hier war also zwar eine Krise vorhanden und wahrgenommen, doch die Ideen konnten nicht daran anknüpfen, da entweder der Handlungsdruck nicht hoch genug schien oder die Entscheidungsträger*innen andere Lösungen als geeigneter ansahen. Erleichtert wurde die Kommunikation jedoch durch den niedrigschwelligen Begriff Glück. Das Konzept Glück wurde als geeigneter und verständlicher Begriff gesehen (G2, G4, DG204). Glück abzufragen sei erst einmal ungewöhnlich aber dadurch interessant und innovativ (G14, G20), der Fokus auf das Positive gut (G2, G11, G18).

> „Nach dem Motto hey, wir machen hier was für Wuppertal, in Wuppertal kann man auch glücklich sein. Hey, Wuppertal ist doch gar nicht so schlecht wie immer alle sagen." (G2)

So könnte die App zu einer Verbesserung des Wuppertaler Images beitragen, einer Stadt deren Bewohner*innen vorgeworfen wird, sich häufig zu beschweren und vor allem auf das Negative zu schauen (G8, G13, G17–18). Dadurch ergibt sich auch eine Anschlussfähigkeit an das Wuppertaler Stadtmarketing (G17, G20). Eine Interviewte beschrieb den Vorteil des Glücksbegriffs:

> „Diese Glückssache läuft auf einer allgemeineren Ebene. Das versteht ein Kind, [...] das verstehen ältere Menschen, wo ich glaube, das ist handhabbarer. Weil es einmal... es erzeugt so ein Lächeln und es wirkt nicht so nach dem Motto, da muss ich wer weiß wie, da muss ich zehn Bücher lesen, bevor ich das verstehe. Sondern zu sagen, diese positive Wahrnehmung, und das ist was Universelles. Da gibt es keine Sprachbarrieren, und deswegen finde ich das ein schönes Instrument, weil das eben weg ist von diesem akademischen Level einfach. Auch wenn es akademisch fundiert ist, aber es ist einfach greifbarer." (G18)

Der Glücksbegriff wurde aber auch kritisch gesehen, da Glück tagesformabhängig und nicht unbedingt Ziel von Politik sei (G8, G12). Auch ein Projektbeteiligter merkte an, dass wenn Politik danach ausgerichtet würde, was das Glück der Bevölkerung maximiert, dies nicht unbedingt mit den Zielen der Nachhaltigkeitstransformation zusammenpassen würde, sondern diesen sogar teilweise widerspreche (G2).

Zusammenfassend lässt sich also festhalten, dass „Glücklich in Wuppertal" durch den Begriff Glück gut ankam, an die laufenden Stadtentwicklungsprozesse gut anschließen konnte und sich diese als geeignete Gelegenheitsfenster herausstellten. So konnte auch an die Schwierigkeit, Menschen für Bürgerbeteiligung zu erreichen, angeknüpft und die App als ein Lösungsvorschlag präsentiert werden. Daneben konnte an die finanzielle Krise der Stadt nur insofern angeknüpft werden, als positive Aspekte in den Vordergrund gerückt wurden und das Beteiligungsinstrument gerne genutzt wurde, um Ausgaben für städtische Beteiligungsinstrumente einzusparen. Grundlegender gelang es jedoch nicht, den Fokus weg von finanziellen Aspekten, hin zu anderen Aspekten von Lebensqualität zu lenken. Im Gegenteil erschien der mangelnde Entscheidungsspielraum der Verwaltung sogar als hinderlich, weil so neue Ideen alleine schon aus Kapazitätsgründen nicht aufgegriffen wurden. Projektimmanenter hinderlicher Faktor schien außerdem auch in der konkreten Ausgestaltung der App zu liegen, die laut einigen Nutzer*innen aufwändig sei und teilweise unlogische Fragekombinationen enthalte.

5.2.4 Beobachtbare Veränderungen

Nachdem beschrieben wurde, wo „Glücklich in Wuppertal" anschließen konnte und wie groß die vorausgesagten Veränderungen waren, wird nun dargestellt, wo es bereits zu Veränderungen kam, wo Ideen bereits umgesetzt oder gar Politikveränderungen geschehen sind. Im Laufe des Untersuchungszeitraumes konnten schon kleinere Prozesse beobachtet werden, bei denen durch „Glücklich in Wuppertal" neue Ideen verbreitet oder sogar umgesetzt werden konnten. Die App wurde beim STEK2030-Prozess erstmals als Beteiligungsinstrument verwendet. Dazu wurden im Vorfeld einer Zukunftswerkstatt Fragen eingespielt und die Antworten ausgewertet. In der Zukunftswerkstatt konnten diese dann angesehen und analog ergänzt werden (G2, G4, G6, G13–14, DG204, DG208, DG210, DG215, DG188, DG190, DG207). Wie die Ideen der institutionellen Unternehmer*innen in die Ergebnisse des STEK2030 eingeflossen sind, ist zum Zeitpunkt der Untersuchung jedoch noch nicht erkennbar (G13, G20). Ein Interviewter meinte, sie seien als eine von mehreren Quellen eingeflossen (G14). Beim W2025-Prozess entschied man sich für eine Nutzung der App und diese wurde auch im Sachstandsbericht über die Stadtentwicklungsprojekte erwähnt (DG213). Bisher ist es allerdings nicht zu einer Nutzung der App als Evaluierungsinstrument gekommen und auch keine konkrete Umsetzung geplant (G9). Ein Interviewter meinte jedoch, dass die Ideen von „Glücklich in Wuppertal" schon jetzt neue Denkanstöße im Hinblick auf die Projekte von W2025 und den STEK2030-Prozess geliefert hätten (G16).

Durch die starke Öffentlichkeitsarbeit von WI und Sparkasse sowie die Berichte in der WZ ist außerdem ein Diskurs über Glück in der Stadt zu beobachten. Einige Expert*innen nehmen an, dass durch die zahlreichen Presseartikel Leser*innen dazu angeregt wurden, über Glück und Zufriedenheit nachzudenken (G1–2, G4). Die Sparkasse hat in ihrem Kund*innenmagazin die Begriffe

Wohlstand und gutes Leben vermehrt genutzt und die gemeinsamen Ideen in ihre eigenen Aktivitäten integriert. Hier hat also ein leichter Wandel in den Diskursen des Unternehmens stattgefunden (G3).

Weiterhin waren erste Erhebungen erfolgreich und es konnten erste Erkenntnisse gewonnen werden, beispielsweise über die Zufriedenheit der Bevölkerung unterschiedlicher Stadtteile im Vergleich oder die Zufriedenheit mit bestimmten Aspekten der Stadt, die sowohl bei Veranstaltungen präsentiert, als auch auf der Projekthomepage publiziert wurden (G2–3, G6–7, G9, G13). Ein Panel von 1000 Personen zu etablieren, ist allerdings noch nicht gelungen und die bereits erhobenen Daten sind nicht repräsentativ (G1–3, G6, G9, G13).

Insgesamt ist also eine breite Diffusion der Ideen der unteren beiden Ebenen, insbesondere der Policies, teilweise auch neuer Programme in die Bürgerschaft und Stadtverwaltung hinein zu beobachten, vereinzelt auch in Richtung Unternehmerschaft und Stadtpolitik. Auf diesen Ebenen erster und zweiter Ordnung gab es auch bereits kleine Veränderungen. Auf der höheren Ebene von Paradigmen kam es bisher zu einer wesentlich geringeren Diffusion und zu einem Wandel dritter Ordnung ist es bislang nicht gekommen.

5.2.5   Zusammenfassung und Abgleich mit den Prognosen

Im folgenden Abschnitt werden die in den vorherigen Abschnitten dargelegten Analyseergebnisse zusammengefasst und die Prognosen der Kongruenzanalyse (siehe Abschn. 4.3) mit den Beobachtungen abgeglichen, um herauszufinden, ob die Theorie des diskursiven Institutionalismus die Entwicklungen im Fall von „Glücklich in Wuppertal" erklären kann.

Bezogen auf das Vorhandensein, die Wahrnehmung und die Kommunikation einer Krise zeigte die Analyse, dass insbesondere die hohen Schulden der Stadt als solche verstanden werden können. Die Ideen von „Glücklich in Wuppertal" konnten hier zwar nicht als Lösung der eigentlichen Krise angeboten werden, jedoch gut anknüpfen, da die mit dem schlechten Image kämpfende Stadt gerne positive Bilder in den Fokus rückt. Den Blick von den ökonomischen Aspekten hin zu anderen Zielen zu lenken und stadtpolitische Entscheidungen daran auszurichten – eine Idee der institutionellen Unternehmer*innen – wurde jedoch bisher nicht erreicht. Außerdem wurde es als schwierig beschrieben, die Bevölkerung bei stadtpolitischen Fragen zu erreichen, ebenfalls eine von Entscheidungsträger*innen öffentlich kommunizierte Krise. Die Annahme, dass Krisen in der Stadt wahrgenommen und kommuniziert wurden, konnte also bestätigt werden, womit eine der notwendigen Voraussetzungen für Politikwandel vorliegt (siehe Abschn. 3.3.2).

In Bezug auf Bürgerbeteiligung fiel das Projekt „Glücklich in Wuppertal" in einen günstigen Zeitraum, wo dieses Thema gerade im Fokus stand und durch eine neue Stabsstelle und zusätzliches Personal gestärkt wurde. Hier knüpft ein Teil der Ideen der institutionellen Unternehmer*innen an: Die App als neues Beteiligungsinstrument zu nutzen und Politik so mehr an der Meinung der Bürgerschaft auszurichten. Diese Idee würde veränderte Policies mit sich bringen und eine Veränderung erster Ordnung bedeuten (Hall 1993, S. 278, siehe Abschn. 3.3.1). Hier können bereits erste Erfolge im Zusammenhang mit STEK2030 und W2025 beobachtet werden. Gleichzeitig bezweckten die Projektbeteiligten eine Verschiebung des stadtpolitischen Fokus von wirtschaftlichen Aspekten auf Lebensqualität und eine Stärkung der Wohlstandsindikatoren, also ein neues Paradigma, das Entscheidungen leitet. Eine Umsetzung hier würde einen Wandel dritter Ordnung mit sich bringen.

Diese Ideen unterschiedlicher Ebenen wurden von den institutionellen Unternehmer*innen des Projektes vorangebracht und haben mit der Unterstützung von Medien und Zivilgesellschaft eine breite Diffusion erfahren. Dabei zeigte sich eine einfachere Kommunikation und höhere Anschlussfähigkeit der auf Beteiligung und Glücksmessung bezogenen Ideen als des angestrebten Paradigmenwechsels.

Die Annahmen, dass institutionelle Unternehmer*innen vorhanden seien, die neue Ideen voranbringen, können also auch bestätigt werden. Damit sind weitere Voraussetzungen für Politikwandel erfüllt. Allerdings verfolgten nicht alle Projektpartner*innen alle Ideen in gleichem Maße, so dass vor allem die auf den unteren beiden Ebenen liegenden Ideen kommuniziert wurden und weiter diffundiert sind. Die Diffusion fand sowohl breit in die Bürgerschaft hinein statt, als auch gezielt zu Entscheidungsträger*innen. Anwendungen und damit Veränderungen erster Ordnung konnten bereits beobachtet werden. Veränderungen höherer Ordnung sind bisher nicht eingetreten.

Insgesamt konnten also die vom diskursiven Institutionalismus prognostizierten Veränderungen erster Ordnung (siehe Abschn. 4.3) in der Empirie beobachtet werden. Für eine höhere Ordnung reichten das Vorhandensein der finanziellen Krise und die Netzwerke der institutionellen Unternehmer*innen nicht aus, da die Hürden und Gewohnheiten bei den Entscheidungsträger*innen zu groß schienen und die Ideen der höheren Ebene weniger kommuniziert wurden.

5.3   Vergleich der zwei Fälle

5.3.1   Akteur*innen und Ideen

Die Analyse hat gezeigt, dass in beiden untersuchten transformativen Forschungs-projekten auch tatsächlich eine transformative Intension vorhanden und formuliert war, und dass die Forschenden im Sinne institutioneller Unternehmer*innen agier-ten und versuchten, ihre Ideen voranzubringen. Zusätzlich dazu verfolgten sie klassische wissenschaftliche Ziele der Erkenntnisgewinnung und nahmen so auch unterschiedliche Rollen gleichzeitig ein.

Bei beiden Fällen zeigt sich, dass die Forschungsinstitutionen über einen guten Ruf in der Stadt verfügten und als epistemische Gemeinschaft (Campbell 2004, S. 104 f.; Haas 1992, S. 27–29) wahrgenommen wurden. Sie verfügten damit über eine gewisse „power through ideas" (Carstensen und Schmidt 2016, S. 323–326), die ihnen half, ihre Ideen zu verbreiten. Insbesondere die Beteiligung der Institutsleitungen wurde als positiv von den externen Interviewten wahrgenom-men und erhöhte die Glaubwürdigkeit der Projekte. Dies ermöglichte auch einen Zugang zu höheren Ebenen in Politik und Unternehmen.

In Bezug auf die Wohlstandsindikatoren wurde die aktive Rolle der Wis-senschaftler*innen von den Interviewten positiv gesehen, diese wurden als Berater*innen, Impulsgeber*innen und Netzwerker*innen wahrgenommen, die auch verschiedene Nachhaltigkeitsakteur*innen in der Stadt verstärkt zusammen-gebracht haben (siehe Tab. 5.1). Als Vorteil von Wissenschaft in diesen und ähnlichen städtischen Prozessen wurde gesehen, dass diese Ideen entwickle, auf die die Verwaltung und Politik selbst nicht kämen und diese Ideen in verschiedene Kontexte einbringen könne. Die Forschenden bei der Wohlstandsindikatorenent-wicklung können also auch als Vermittler*innen im Sinne von Campbell (2004, S. 104 f.) zwischen verschiedenen Kontexten – dem wissenschaftlichen und dem der städtischen Verwaltung – gesehen werden.

Auch bei „Glücklich in Wuppertal" wurden beide Aspekte eingenommen: die der klassischen Forschenden und die der epistemischen Gemeinschaft. Auch hier wurde dies von den Interviewten positiv wahrgenommen und die Wissenschaft-ler*innen als Berater*innen und Fachleute beschrieben, die außerdem Vernetzung betrieben, das Gespräch suchten und Ideen einbrächten, auf die die Stadtverwaltung und -politik selbst nicht komme (siehe Tab. 5.1).

Tab. 5.1 Rollen der Wissenschaftler*innen

Wohlstandsindikatoren für Wuppertal	App-basiertes Panel „Glücklich in Wuppertal"	Zuordnung zu Akteur*innen nach Campbell (2004)
Forschende	Forschende	–
Berater*innen	Berater*innen, Fachleute	–
Impulsgeber*innen	Ideengeber*innen	Institutionelle Unternehmer*innen
Netzwerker*innen	Netzwerker*innen	Vermittler*innen

Die Tabelle zeigt die in den Interviews genannten wahrgenommenen Rollen der Wissenschaftler*innen sowie ihre Zuordnung zu den Akteur*innengruppen beim diskursiven Institutionalismus.
Quelle: Campbell (2004) und eigene. Eigene Darstellung.

Die meisten Interviewten meinten, dass die Forschenden dabei auch normativ werden dürften und sahen es auch in diesem Fall als positiv an, dass Wissenschaft dabei innovativere Ideen entwickle, als die Angehörigen aus der Stadtverwaltung selbst. Diese Reflexion über die eigenen Tätigkeiten und das Überschreiten der klassischen Forschendenrolle können als Ansätze dessen verstanden werden, was Schneidewind und Singer-Brodowski (2013, S. 78–81) als Modus-3-Wissenschaft – aufbauend auf der Modus-2-Wissenschaft – bezeichnen (siehe Abschn. 2.2.2): Bei Modus-2-Wissenschaft wird die Trennung zwischen Wissenschaft und Praxis durch Einbeziehung von Praxiswissen teilweise überwunden, um sozial-robustes Wissen zu schaffen, was hier ebenfalls beobachtet werden kann. Bei Modus-3-Wissenschaft werden die Forschenden selbst für Veränderungsprozesse aktiv, was in beiden untersuchten Fällen ebenfalls geschah. Ob daraus in diesen Fällen auch eine Veränderung der Wissenschaftseinrichtungen folgte, über die bereits im Vorhinein geschehene Gründung des Transzent hinaus, ist jedoch bisher nicht erkennbar.

In beiden Fällen wurde Wissenschaft also mit ihren Aktivitäten positiv wahrgenommen. Sie scheint sich als institutionelle Unternehmerin zu eignen, die neue Ideen produzieren und in verschiedene Kontexte vermitteln kann. Gleichzeitig wurde auch die Netzwerkfunktion in beiden Fällen als Gewinn angesehen. Bezüglich ihrer Rolle unterschieden sich die Wissenschaftler*innen in den beiden Fällen kaum.

Die Wissenschaftler*innen nahmen also in beiden Fällen einerseits eine klassische Forschendenrolle ein, waren gleichzeitig aber auch aktiv an städtischen Prozessen beteiligt und konnten dabei verschiedenen der im diskursiven

Institutionalismus beschriebenen Akteur*innengruppen (Campbell 2004) zugeordnet werden. Sie wurden als institutionelle Unternehmer*innen mit alternativen
Paradigmen, als Theoretiker*innen und teilweise auch als Vermittler*innen identifiziert. Teilweise versuchten die Wissenschaftler*innen zusätzlich, auch die Rolle
von Framer*innen auszufüllen, indem sie die Ideen mit den Wahrnehmungen
in der Bevölkerung zusammenbrachten und für die Öffentlichkeit übersetzten.
In den untersuchen Fällen haben die Wissenschaftler*innen also versucht, dem
Anspruch transformativer Forschung gerecht zu werden, indem sie drei der fünf
von Campbell (2004, S. 100–107) unterschiedenen Rollen zugleich ausfüllen und
nur teilweise auf die Unterstützung anderer Akteur*innen zurückgriffen. Dies
führte dazu, dass die Forschenden sich nicht auf alle Ideen und Ebenen der Kommunikation gleichzeitig fokussieren und nicht allen Rollen gleichzeitig gerecht
werden konnten.

Ähnlichkeiten bestehen ebenfalls dahingehend, dass in beiden Fällen die hinter den Projekten stehenden Ideen der institutionellen Unternehmer*innen vor
allem auf der Ebene von Paradigmen angesiedelt waren (siehe Abb. 5.3). Konkret zielten die Projekte darauf ab, das vorherrschende Wachstumsparadigma und
den Fokus auf wirtschaftliche Entwicklung zu ändern. Statt diese Paradigmen
direkt zu kommunizieren, war in beiden Fällen die Herangehensweise, mithilfe
der Umsetzung von Ideen erster und zweiter Ebene in Richtung der Änderung
des alternativen Paradigmas zu gelangen. Hier zeigt sich die oftmals im Kontext transformativer Forschung beschriebene Annahme, Transformationen würden
aus einer Akkumulation verschiedener kleiner Veränderungen entstehen (siehe
Abschn. 3.5).

Diese konkreten Anwendungen der unteren Ebenen, beispielsweise bei
W2025, waren teilweise nicht zu Beginn der Projekte geplant, sondern haben
sich erst im Laufe der Projektentwicklung ergeben, weil Anschlussmöglichkeiten
an städtische Prozesse sichtbar wurden. Kleine konkrete Umsetzungen konnten
hier ermöglicht werden, was leichter erschien, als eine Diffusion des alternativen Paradigmas in städtischen Diskursen. In beiden Fällen zeigte sich, dass
die Wissenschaftler*innen über städtische Prozesse Bescheid wussten und so
konkrete Möglichkeiten ergreifen konnten, wenn Projekte und institutionelle Veränderungen greifbar waren. Gleichzeitig waren ihre Ideen insoweit diffundiert,
dass intermediäre Akteur*innen darüber Bescheid wussten und die Forschenden
in laufende Prozesse hereinholten. Bei diesen Anwendungen, beispielsweise beim
Bürgerbudget, wurden dann von Seiten der Wissenschaft konkrete Vorschläge für
die Umsetzung gemacht, was laut Campbell (2004, S. 118, siehe Abschn. 3.3.2)

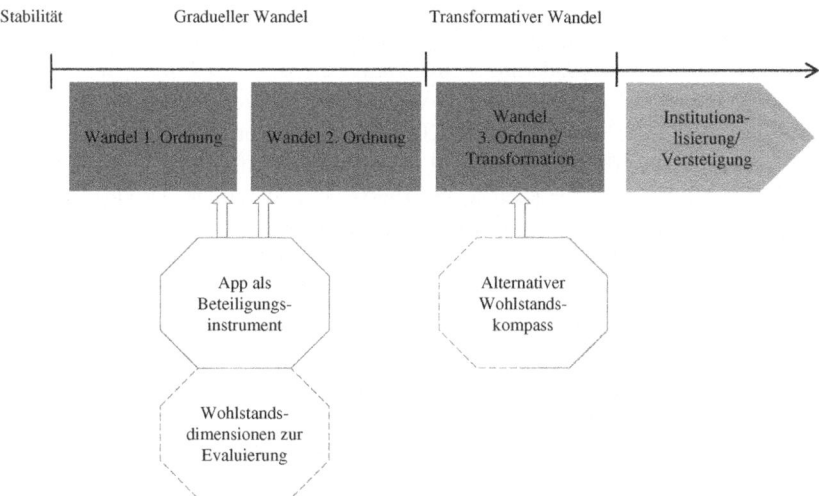

Abb. 5.3 Zuordnung der Ideen zu Veränderungsintensionen im Vergleich. *Die Abbildung zeigt die Zuordnung der Ideen der institutionellen Unternehmer*innen in beiden Fällen im Vergleich (durchgängige Linie: „Glücklich in Wuppertal", gestrichelte Linie: Wohlstandsindikatoren) zu drei Graden der Veränderung.* Die Wohlstandsdimensionen oder auch dazugehörige Indikatoren zur Evaluierung von Stadtentwicklungsprojekten oder die App als Beteiligungsinstrument zu nutzen, würde je nach Ausgestaltung einen Wandel erster oder zweiter Ordnung bedeuten, während die Einführung eines alternativen Wohlstandskompasses eine Transformation mit sich bringen würde.* Quelle: Hall (1993) und eigene. Eigene Darstellung.

eine Voraussetzung für das Aufgreifen neuer Programme durch Entscheidungsträger*innen ist. Dies geschah größtenteils, ohne die alternativen Paradigmen dahinter explizit zu kommunizieren.

Hier erscheint es so, als ob die Forschenden ein an die MLP angelehntes Transformationsverständnis vertreten und so versucht haben, aus der Nische heraus kleine Innovationen anzustoßen und damit das Regime zu verändern (Geels 2002, 2011; Kemp und van Lente 2013, siehe Abschn. 2.2.1). In der Theorie des diskursiven Institutionalismus (siehe Abschn. 3.3.2) bleibt unklar, ob Veränderungen auf den ersten beiden Ebenen auf dem Weg zu Veränderungen dritter Ordnung helfen. An einigen Stellen wird in der Theorie aber darauf hingedeutet, dass es eher nicht zu einem Paradigmenwechsel kommt, wenn Veränderungen erster oder zweiter Ordnung vorgenommen wurden und die wahrgenommene Krise damit bereits zufriedenstellend gelöst wurde (Hall 1993, S. 280). Eine Implementierung von Policies und Programmen könnte also sogar kontraproduktiv sein, wenn das Ziel eine Veränderung von Paradigmen ist. Eine öffentliche Debatte über neue Paradigmen könnte dagegen Veränderung befördern (Hall 1993, S. 286; Hay 2001, S. 200). Laut Campbell (2004, S. 104 f.) bringen Vermittler*innen neue Ideen wie Paradigmen und Politikprogramme von der Forschung direkt zur Politik, verbreiten sie aber auch in der Presse, um öffentliche Diskussionen zu beeinflussen. Dafür hätte es bei den untersuchten Fällen allerdings eine Thematisierung der alternativen Paradigmen in öffentlichen Diskursen gebraucht, was jedoch in beiden Fällen kaum geschehen ist.

Dies trifft insbesondere auf „Glücklich in Wuppertal" zu, wo zwar Ideen auf den unterschiedlichen Ebenen vorhanden waren, jedoch wurden die Ideen der ersten und zweiten Ebenen vordergründig kommuniziert und die App unter anderem als neues Instrument dargestellt. Der Gestaltungsanspruch dahinter auch auf der Ebene von Paradigmen wurde seltener kommuniziert und deshalb auch nur von sehr wenigen Personen wahrgenommen. Bei dem ersten untersuchten Fall, der Entwicklung von Wohlstandsindikatoren, war dies zwar etwas ausgeglichener, durch die insgesamt weniger ausgeprägte Kommunikationstätigkeit kamen jedoch auch hier nur bei wenigen Akteur*innen die alternativen Paradigmen an.

Zielgruppe der meisten Dokumente war die Bürgerschaft in Wuppertal. Da wie eben erwähnt in demokratischen Gesellschaften der Kampf um konkurrierende Paradigmen unter anderem in der Öffentlichkeit stattfindet, erscheint eine Ansprache der Bürgerschaft und eine breite Presseberichterstattung in beiden Fällen sinnvoll, wenn ein Paradigmenwechsel angestrebt wird. Bei der App war dies zusätzlich deswegen wichtig, weil Teilnehmende gewonnen werden mussten. Jedoch ist in den öffentlichen Dokumenten an die Bürgerschaft kaum klar formulierte Kritik an bisherigen Ideen und vorherrschenden Paradigmen enthalten, sondern die Projekte werden eher als zusätzliche Angebote und Instrumente dargestellt. Eine große Zahl an Dokumenten, wenngleich weniger als an die Bürgerschaft, richten sich an Wissenschaftler*innen oder Wissenschaftsförderer, wodurch die klassische Rolle der Forschenden, die üblichen Adressaten ihrer Publikationen und ihre Aufgaben in der Bearbeitung von Drittmittelprojekten deutlich werden.

Erstaunlich ist, dass bei beiden Fällen kein Dokument sich explizit an die Stadtverwaltung oder Stadtpolitik richtet. Die Kommunikation fand eher informell am Rande von Besprechungen und mündlich statt. Bei den Indikatoren wäre mehr Kommunikation an die Entscheidungsträger*innen zu erwarten gewesen, denn eine Implementierung der Wohlstandsindikatoren in der Stadt setzt auf Veränderungen innerhalb der Verwaltung und Politik. Auch „Glücklich in Wuppertal" hatte zum Ziel, die Ergebnisse der App für die Stadt nutzbar zu machen. Dieser Kontakt zu Entscheidungsträger*innen ist jedoch in beiden Fällen eher oberflächlich geblieben – einerseits, weil die Projektlaufzeit kurz war und andererseits, weil von Seiten der Entscheidungsträger*innen kein großes Interesse wahrgenommen wurde.

Am besten funktionierte die Zusammenarbeit mit den Entscheidungsträger*innen dort, wo es um konkrete Projekte ging, bei denen die Stadtverwaltung selbst einen Vorteil in der Kooperation sah, beispielsweise beim STEK2030-Prozess in Kooperation mit „Glücklich in Wuppertal" und beim Bürgerbudget mit der Nutzung der Wohlstandsindikatoren. Hier war die Stadt auf der Suche nach konkreten Kriterien beziehungsweise einem Beteiligungsinstrument, so dass es leichter fiel, die Projekte zu integrieren. Als förderlich stellte sich außerdem heraus, wenn die institutionellen Unternehmer*innen aus der Wissenschaft die Umsetzung selbst durchführten, anstatt nur Vorschläge zu formulieren. Bei beiden Fällen ging der Kontakt zur Zivilgesellschaft und zu den Entscheidungsträger*innen meist von den Forschenden aus, in seltenen Fällen wurden diese aus der Stadtverwaltung heraus angesprochen. Erfolgreicher waren die Verbreitung und Umsetzung der Ideen, wenn die Wissenschaft eine aktive Rolle einnahm.

In beiden analysierten Fällen wurden an die Entscheidungsträger*innen Angebote formuliert und nicht konkrete Forderungen; zudem ist kaum Kritik an den vorherrschenden Paradigmen bei den Entscheidungsträger*innen angekommen. Ein Interviewter formulierte sogar selbst, die Wissenschaft könnte, wenn sie ihre Instrumente der Stadtverwaltung zur Verfügung stellt – wie die App – auch Forderungen stellen, wie damit verfahren werden sollte (siehe Abschn. 5.2.1.6).

„Glücklich in Wuppertal" konnte bei der Kommunikation auf ein breiteres Netzwerk mit einer größeren Reichweite zurückgreifen als die Wohlstandsindikatorenentwicklung, insbesondere durch die angesehenen und lokal gut vernetzten Unternehmenspartner*innen, die die Verankerung in der Stadt erleichterten (siehe Tab. 5.2). Hier agierten beide stadtnahen Unternehmenspartner*innen als Framer*innen, was eine Verbreitung der Ideen auf den unteren beiden Ebenen und eine Verknüpfung mit den öffentlichen Empfindungen vereinfachte. Durch die Gastbeiträge in der WZ wurde „Glücklich in Wuppertal" in den Zusammenhang mit persönlichen Geschichten von Zeitungsredakteur*innen und lokalen Persönlichkeiten über ihr Glück gerückt. Allerdings wurde nur ein Ausschnitt der Ideen vermittelt und das alternative Paradigma nicht kommuniziert. Indem die Sparkasse das Design der App entwickelte und Werbung auf ihren Kanälen machte, agierte sie ebenfalls als Framerin. Bei „Glücklich in Wuppertal" gab es daher im Vergleich wesentlich mehr Kommunikation in der Öffentlichkeit und somit eine breitere Diffusion der Ideen, jedoch oftmals nur mit wenigen Informationen. So

Tab. 5.2 Beteiligte Gruppen von Akteur*innen.

		Wohlstandsindikatoren für Wuppertal	App-basiertes Panel „Glücklich in Wuppertal"
Theoretiker*innen / institutionelle Unternehmer*innen	WI	x	x
	Transzent	x	x
	HRO		x
Entscheidungsträger*innen	Oberbürgermeister	x	x
	Bürgerbeteiligung	x	x
	Stadtentwicklung	x	x
	Statistikstelle	x	
	Mitglieder Lenkungskreis W2025	x	x
	Beteiligte STEK2030		x
	Stadtpolitiker*innen		x
Vermittler*innen	Städtische/ stadtnahe Betriebe	Wirtschaftsförderung	x	x
		Wuppertal Marketing		x

(Fortsetzung)

Tab. 5.2 (Fortsetzung)

			Wohlstandsindikatoren für Wuppertal	App-basiertes Panel „Glücklich in Wuppertal"
		WSW		x
	Zivilgesellschaft	Aufbruch am Arrenberg (Reallabor WTW)	x	
		Utopiastadt (Reallabor WTW)	x	
		Haushüten (Reallabor WTW)	x	
		Bürgerbudget-Begleitgruppe	x	
		Kompetenznetz Bürgerhaushalt	x	
		Freies Netzwerk Kultur		x
		Bürgerforum Heckinghausen		x
Framer*innen	Städtische/ stadtnahe Betriebe	Sparkasse		x
	Zivilgesellschaft	WZ	x	x
Auftraggeber*innen		Teilnehmende von Befragungen	x	x
		Rezipienten der lokalen Presse	x	x
		Nutzer*innen von sozialen Medien		x
		Kund*innen der Sparkasse		x
		Leser*innen von Transzent-Publikationen	x	x

Die Tabelle zeigt die an den analysierten Fällen beteiligten Gruppen von Akteur*innen und ihre Funktionen bei der Verbreitung der Ideen. Teilweise sind Überschneidungen zwischen den Gruppen vorhanden, wobei die Akteur*innen dann nur der jeweils primär eingenommenen Rolle zugeordnet wurden.
Quelle: Campbell (2004) und eigene. Eigene Darstellung.

wurde viel über die Möglichkeit der Teilnahme an den Befragungsrunden und wenig über das alternative Paradigma informiert.

Die App stellte sich als anschlussfähiger an die Ideen der Entscheidungsträger*innen heraus, wenn es um konkrete Themen wie Abfragen zu verkehrspolitischen Planungen oder um ein Bürgerbeteiligungsinstrument ging, als wenn es sich um allgemeinere Trends in der Zufriedenheit handelte. Außerdem schien es schwierig zu sein, bei stadtpolitischen Prozessen tiefgehend einzusteigen, da beispielsweise die Treffen der W2025-Gruppe sehr kurz für die Menge an besprochenen Projekten waren und so nur einen Teil der Ideen zu „Glücklich in Wuppertal" an die Entscheidungsträger*innen herangetragen wurde. Als Vermittler*innen und Unterstützer*innen haben sich bei „Glücklich in Wuppertal" insbesondere die WZ sowie zwei Vertreter*innen von städtischen Betrieben herausgestellt, die die Ideen der App in andere Kontexte getragen haben. Weitere intermediäre Akteur*innen aus Zivilgesellschaft und Unternehmen wurden nur vereinzelt angesprochen.

Bei der Indikatorenentwicklung ist insgesamt weniger Diffusion der Ideen in der Öffentlichkeit und zu Entscheidungsträger*innen zu beobachten. Diese wurden hauptsächlich über die eigenen Kanäle und Netzwerke verbreitet, die im Fall der Indikatorenentwicklung wesentlich kleiner waren als bei „Glücklich in Wuppertal" und hauptsächlich den Bereich der Zivilgesellschaft umfassten. So konnte die Vernetzung zur Zivilgesellschaft Erfolge verzeichnen, auch wenn die Projektinhalte für viele noch unkonkret und unklar blieben. Darüber hinaus wussten auch einige Entscheidungsträger*innen darüber Bescheid und entschieden sich in einzelnen Fällen sogar für die Nutzung. Als Vermittler*innen und Unterstützer*innen haben sich zwei zivilgesellschaftliche Akteur*innen und eine Vertreterin eines städtischen Betriebes herausgestellt. Kontakt zu Unternehmen bestand darüber hinaus in diesem Fall nicht, so dass auch hier kaum weitere intermediäre Akteur*innen mobilisiert wurden, die als Vermittler*innen oder Framer*innen agieren konnten.

Bezüglich der Kommunikation in die Öffentlichkeit hinein wurden die Begriffe Wohlstand und gutes Leben als weniger klar wahrgenommen, weshalb sich die Kommunikation dieser Ideen und Projektziele als schwieriger herausstellte (siehe Abschn. 5.1.1.5). Der Begriff Wohlstand wurde weniger oft von anderen Akteur*innen aufgegriffen als die Formulierung gutes Leben. Der Begriff Glück dagegen ist besser angekommen, wurde als einfach verständlich wahrgenommen und in vielen Presseberichten verwendet. Doch es gab auch Kritik daran, Glück sei ein zu kurzfristiges und subjektives Gefühl, an dem sich Politik und Verwaltung nicht unbedingt orientieren sollten (siehe Abschn. 5.2.3). Alle drei Begriffe stellten sich als diffus heraus und wurden mit unterschiedlichen Bedeutungen versehen.

Deutlich wird außerdem ein Unterschied in der Darstellung der Forschungsergebnisse zwischen den Wohlstandsindikatoren und „Glücklich in Wuppertal": Bei den Indikatoren wurde erst sehr spät die Auswahl der Dimensionen und Indikatoren kommuniziert, die konkrete Berechnung blieb bis zum Projektende in den veröffentlichten Broschüren und Webseiten unvollständig. Einige Interviewte hätten sich konkrete Berichte gewünscht. Diese späte Ergebnisdarstellung war zu einem Teil im Projektantrag angelegt, weil der Fokus auf dem partizipativen Entwicklungsprozess der Indikatoren lag. Später verzögerte sie sich dann weiter, was auf die Fülle der parallelen Aufgaben der Wissenschaftler*innen zurückzuführen ist. Bei „Glücklich in Wuppertal" waren erste Ergebnisse direkt nach Ende der ersten Erhebungswelle online in einem Dashboard abrufbar, jedoch hätten sich auch in diesem Fall einige Entscheidungsträger*innen eine konkrete Beschreibung der Ergebnisse in einer für Stadtverwaltung und -politik einfacher nutzbaren, knappen Form gewünscht. Bei „Glücklich in Wuppertal" stellte es sich außerdem als schwierig heraus, Nutzer*innen langfristig zu gewinnen, weshalb die bisherigen Daten bislang nicht die gewünschte Qualität und Repräsentativität erreicht haben.

In beiden Fällen waren die Ergebnisse also nicht früh genug oder nicht in zufriedenstellender Form und Qualität verfügbar. Für die Implementierung und Bekanntmachung der Projekte wäre wesentlich mehr Zeit nötig gewesen. Die Förderlaufzeiten der Projekte wurden als zu kurz angesehen, um nach einer fundierten wissenschaftlichen Analyse noch genügend Zeit zur Verfügung zu haben, um wirklich Wandel anstoßen zu können und die Ideen und die entwickelten Instrumente in der Stadt zu verankern. Sollte dies gleichzeitig geschehen, schien der transformative dem wissenschaftlichen Beitrag teilweise entgegenzustehen, für zwei nacheinander laufende Prozesse schien die Laufzeit zu kurz zu sein (siehe u. a. Abschn. 5.1.1.5).

Zusammenfassend lässt sich sagen, dass beide Fälle zum Ziel hatten, Ideen unterschiedlicher Ebenen, von Policies über Programme bis hin zu Paradigmen, zu verbreiten (siehe Tab. 5.3). Insbesondere war es ein Ziel, ein neues Konzept ressourcenleichten Wohlstandes dem Wachstumsgedanken und dem Fokus auf ökonomische Aspekte in städtischen Entwicklungen entgegenzustellen. In beiden Fällen wurde dazu jedoch kaum ein kritischer öffentlicher Diskurs angestoßen, sondern eher Ideen auf der ersten und zweiten Ebene kommuniziert und teilweise umgesetzt. „Glücklich in Wuppertal" ist dabei weiter in städtischen Diskursen diffundiert als die Wohlstandsindikatoren. In beiden Fällen wurden die Forschenden als epistemische Gemeinschaft positiv wahrgenommen und konnten an einige städtische Prozesse anknüpfen. Dies gelang bei „Glücklich in Wuppertal" leichter,

Tab. 5.3 Vergleich der beiden Fälle in Bezug auf Ideen und Akteur*innen.

	Wohlstandsindikatoren für Wuppertal	App-basiertes Panel „Glücklich in Wuppertal"
Ebenen der Ideen (Veränderungsintension)	Insb. Paradigmen, auch Policies, Programme	Insb. Paradigmen, auch Policies, Programme
Ebenen der diffundierten Ideen	Insbesondere Policies	Insbesondere Policies und Programme
Institutionelle Unternehmer*innen	Wissenschaftler*innen	Wissenschaftler*innen, teilweise Unternehmen
Ressourcen	Vorhanden	Vorhanden
Zugang zu / Unterstützung durch Entscheidungsträger*innen	Zu einzelnen, wenig Unterstützung	Zu einzelnen, wenig Unterstützung
Netzwerke	Eng, insb. zu organisierter Zivilgesellschaft, teilweise Stadtverwaltung	Breit, insb. in Bürgerschaft hinein, Medien, teilweise Stadtverwaltung
Vermittler*innen	Einzelne aus stadtnahem Betrieb und Zivilgesellschaft	Einzelne aus stadtnahen Betrieben und Medien
Framer*innen	Keine	Stadtnahe Unternehmen, Medien
Projektspezifische Faktoren	Verwendete Begriffe schwer greifbar; Ergebnisse sehr spät veröffentlicht	Verwendete Begriffe gut greifbar; Ergebnisse schon früh veröffentlicht; Schwierigkeit, Nutzer*innen für App zu gewinnen und zu halten

*Die Tabelle zeigt im Vergleich der beiden Fälle, auf welchen Ebenen Ideen vorhanden waren und wie weit und zu wem sie diffundierten. Daneben fasst sie zusammen, mit wem die institutionellen Unternehmer*innen vernetzt waren und von wem sie Unterstützung erhielten, sowie einige projektspezifische Faktoren.*
Quelle: Campbell (2004) und eigene. Eigene Darstellung.

da auf breitere Netzwerke zurückgegriffen werden konnte und der Glücksbegriff anschlussfähiger war. In den untersuchten Fällen wurden die Ideen dort erfolgreich verbreitet und umgesetzt, wo Vermittler*innen oder Framer*innen aus Zivilgesellschaft oder stadtnahen Betrieben zwischen den Wissenschaftler*innen und den Entscheidungsträger*innen standen und die Ideen in die entsprechenden

Kontexte übersetzten, so dass die Wissenschaftler*innen selbst diese Rolle nicht zusätzlich einnehmen mussten. Überraschend ist, dass kein Dokument der Forschenden direkt an Entscheidungsträger*innen gerichtet ist, sondern meist die Bürgerschaft adressiert wurde und dass bei beiden Fällen die Kommunikation von den Forschungsergebnissen und Ideen als nicht ausreichend wahrgenommen wurde. Insbesondere trifft dies auf die Wohlstandsindikatoren zu, wo die Kommunikation der eigentlichen Indikatoren erst sehr spät und nur unvollständig geschah. An welche städtischen Prozesse und Krisen die beiden Fälle mit ihren Ideen anknüpfen konnten und bei welchem der beiden Fälle dies besser gelang, wird im folgenden Abschnitt dargestellt.

5.3.2 Rahmenbedingungen und Anknüpfungspunkte

Zu den Rahmenbedingungen und Entwicklungen in der Stadt Wuppertal zählten in beiden Fällen Krisen (Campbell 2004, S. 115; Hay 2006, S. 67), die neue Lösungen erfordern und öffentlich diskutiert werden. Größtenteils wurden dieselben wahrgenommenen Krisen im Zusammenhang mit beiden untersuchten Fällen erwähnt. Manche Prozesse oder Krisen wurden jedoch auch nur im Zusammenhang mit einem der Fälle genannt, da nur hier von den Interviewten mögliche Anknüpfungspunkte gesehen wurden (siehe Tab. 5.4).

In beiden Fällen wurden insbesondere die Verschuldung Wuppertals und der dadurch oft geringe Entscheidungsspielraum von Stadtpolitik und -verwaltung hervorgehoben. Außerdem nahmen die Interviewten eine hohe Armutsquote, das schlechte Image der Stadt und auch ein negatives Selbstbild der Stadt wahr. Diese Herausforderungen wurden als Krisen wahrgenommen, stellten jedoch keine kurzfristigen Probleme dar, sondern langfristige Rahmenbedingungen der Stadt. Hier konnten beide Fälle anschließen, indem sie andere Faktoren von Lebensqualität als wirtschaftliche Zahlen in den Vordergrund rückten und insbesondere auch die positiven Aspekte der Stadt hervorhoben. Zu einer konkreten Nutzung der Indikatoren, mit denen die Stadtverwaltung ihre Entwicklungen beschreibt oder auf Grundlage derer Entscheidungen getroffen werden, kam es jedoch nicht.

Die grundlegendere Frage, wie Lebensqualität in einer vom Strukturwandel betroffenen Stadt unter der Notwendigkeit einer Nachhaltigkeitstransformation aussehen könnte, wurde nur von den institutionellen Unternehmer*innen, also den Forschenden, formuliert, schaffte aber keine Verknüpfung mit den genannten Krisen. Woran dies liegt und was dies für die Thesen des diskursiven Institutionalismus bedeutet, wird in Abschnitt 6.1 genauer diskutiert. Daneben wurde eine

Tab. 5.4 Wahrgenommene Probleme, Widersprüche und relevante Prozesse sowie formulierte Lösungswege

Längerfristige Rahmenbedingungen in Wuppertal

Wohlstandsindikatoren für Wuppertal		App-basiertes Panel „Glücklich in Wuppertal"	
Wahrgenommene Probleme und Prozesse	Anknüpfungspunkte bzw. angebotene Lösungsvorschläge	Wahrgenommene Probleme und Prozesse	Anknüpfungspunkte bzw. angebotene Lösungsvorschläge
Finanzielle Probleme der Stadt	Synergien nutzen und städtische Ressourcen sparen durch Nutzung der Wohlstandsdimensionen/-indikatoren	Finanzielle Probleme der Stadt	Synergien nutzen und städtische Ressourcen sparen durch Nutzung der App für Beteiligung
Soziale Probleme in der Bevölkerung	–	Soziale Probleme in der Bevölkerung	–
Schlechte Aufenthaltsqualität in der Stadt	–	Schlechte Aufenthaltsqualität in der Stadt	–
Negatives Image und Selbstbild der Stadt	Positives an Wuppertal zeigen mit neuen Indikatoren	Negatives Image und Selbstbild der Stadt	Zur Verbesserung des Images beitragen, indem Fokus auf Positives gelegt wird
Klimawandel, Umweltverschmutzung	Wohlstandsindikatoren als neuer Maßstab für nachhaltige Gesellschaft / Nachhaltigkeitscheck	Klimawandel, Umweltverschmutzung	Daten der App für Wohlstandsdimensionen nutzen, die als neuer Maßstab für nachhaltige Gesellschaft dienen
		Krise der repräsentativen Demokratie	Möglichkeit, mehr Menschen bei Beteiligungsprozessen zu erreichen, niedrigschwelliges Instrument
		Demografischer Wandel	–

(Fortsetzung)

Tab. 5.4 (Fortsetzung)

Prozesse und Veränderungen während der Projektlaufzeit	Stärkung des Bereichs Bürgerbeteiligung, neues Projekt Bürgerbudget, Wechsel des Personals	Kontakt hergestellt, Wohlstandsdimensionen als Gemeinwohlkriterien angeboten	Stärkung des Bereichs Bürgerbeteiligung, Wechsel des Personals	Kontakt hergestellt, App als Beteiligungsinstrument angeboten
	Neuer Oberbürgermeister, Gründung des wissenschaftlichen Beirats des Oberbürgermeisters	—	Oberbürgermeister der im Stadtrat für seine Ideen oft keine Mehrheit hat	—
	Verstärkte Migration	—	Verstärkte Migration, Wechsel von schrumpfender zu wachsender Stadt	—
	Stadtentwicklungsprozess W2025 auf der Suche nach Evaluationskriterien	Indikatoren als Kriterien für Vergleich der W2025-Projekte angeboten	Stadtentwicklungsprozess W2025 auf der Suche nach Evaluationskriterien	App als Evaluationsinstrument für W2025-Projekte angeboten
	STEK2030-Prozesses auf der Suche nach Beteiligungsinstrument	—	STEK2030-Prozess auf der Suche nach Beteiligungsinstrument	App als Beteiligungsinstrument für STEK2030-Prozess angeboten
	Offene Datenstrategie	—	Wahl Wuppertals als digitale Modellkommune	—
	Landtagswahl und Regierungswechsel	—	Diskussionen um Großprojekte	Niedrigschwelliges Instrument zur Abfrage von Stadtentwicklungsprojekten
Wahrgenommen Widersprüche	Meist verwendete Indikatoren beschreiben nicht wirklich die Lebensqualität, für ressourcenschonende Lebensstile braucht es neue Indikatoren	Wohlstandsindikatoren und -konzept als neue Maßstäbe für ressourcenschonende Lebensqualität	Meist verwendete Indikatoren beschreiben nicht wirklich die Lebensqualität, für ressourcenschonende Lebensstile braucht es neue Indikatoren, v. a. auch subjektive Indikatoren	Subjektive Daten für alternative Wohlstandsmaße liefern
			Widerspruch zwischen verschiedenen Entwicklungspfaden der Stadt	—

Die Tabelle zeigt die im Zusammenhang mit den Fällen wahrgenommenen Krisen und Widersprüche, längerfristigen Rahmenbedingungen sowie Veränderungen und mögliche Anknüpfungspunkte. Die unterstrichenen Punkte können nach den in Abschn. 4.5.2, Tab. 4.4 genannten Kriterien als Krise verstanden werden (in mind. 2 Datenquellen genanntes Problem, das neue Lösung erfordert und offen in der Stadt kommuniziert wird). An einige Probleme und Prozesse konnten die Ideen anschließen, während zu anderen keine konkreten Lösungsvorschläge formuliert wurden.
Quelle: eigene.

Krise im Kontext von Bürgerbeteiligung und Vertrauen in die demokratischen Institutionen wahrgenommen: Es werde immer schwerer, die Bürger*innen zu erreichen und für Bürgerbeteiligung zu motivieren, außerdem sinke das Vertrauen in städtische Institutionen. Hieran wurde in Bezug auf „Glücklich in Wuppertal" eine Anschlussmöglichkeit gesehen, da die App gegebenenfalls ein niedrigschwelliges Beteiligungsinstrument darstellen könnte, das diese Menschen erreichen könnte. Doch auch dieses Instrument müsste sich erst bewähren und zeigen, dass es für die Stadt vorteilhaft genutzt werden kann, Ressourcen einspart und trotzdem ein repräsentatives Bild erzeugt. Hier erfolgte die Anknüpfung also auf den niedrigsten Ebenen von Ideen als Policy oder Programm.

Des Weiteren konnten die beiden Fälle teilweise an institutionelle Veränderungen in der Stadt anknüpfen, die sich im Laufe der Projektlaufzeit entwickelten. So stellte die Neugründung des Bürgerbeteiligungsdezernats zunächst eine gute Anschlussmöglichkeit dar, wenngleich dieses kurz darauf aufgelöst, in eine Stabsstelle umgewandelt wurde und es mehrere Wechsel der Mitarbeitenden gab. Diese neu geschaffene Institution, die eine Schnittstelle zwischen Stadtverwaltung und Bürgerschaft darstellt, könnte im Sinne einer durchlässigen Institution verstanden werden, die es institutionellen Unternehmer*innen eher erlaubt, sich einzubringen (Campbell 2004, S. 178). Die Stärkung des Bereichs Bürgerbeteiligung durch die neuen Mitarbeitenden ermöglichte eine Zusammenarbeit zwischen dem Projekt der Wohlstandsindikatoren und einem der ersten Beteiligungsprojekte der Stabsstelle: einem Bürgerbudgetprozess. Weitere städtische Prozesse waren W2025 und STEK2030, was insbesondere für die App Anknüpfungspunkte lieferte, auch hier auf der Ebene von Policies und Programmen. Daneben wurden weitere Prozesse wie die digitale Modellkommune und die Wahl eines neuen Oberbürgermeisters genannt, bei denen ein Anschließen bisher jedoch nicht erfolgreich war.

Besonders anschlussfähig sind beide Projekte außerdem an die im Themenbereich Nachhaltigkeit engagierte Zivilgesellschaft in der Stadt; weniger anschlussfähig an die Mehrheit der Gesellschaft, was insbesondere bei den Wohlstandsindikatoren angemerkt wurde. Die Akteur*innen im Nachhaltigkeitsbereich sahen die Wohlstandsindikatoren insbesondere als geeignete Grundlage für einen Nachhaltigkeitscheck, der seit einiger Zeit ein Ziel dieser Akteur*innen ist. Hier wäre eine Anknüpfung auf der höchsten Ebene von Ideen angesiedelt, was jedoch auch die großen Hürden gegenüber einer Umsetzung erklärt. Im Fokus beider Fälle standen der Kontakt zu Entscheidungsträger*innen und weniger eine vertiefte Entwicklung der Ideen in Nischen. In diesen Nischen von Nachhaltigkeitsakteur*innen wurden die Ideen höherer Ebene positiv aufgenommen und Anknüpfungsmöglichkeiten gesehen, da sie passend für deren Paradigmen und Empfindungen waren. Bei den Entscheidungsträger*innen war dagegen noch ein

Fokus auf ökonomische Ziele verankert, weshalb die neuen Paradigmen dort weniger gut anknüpfen konnten.

Die Analyse beider Fälle deutet darauf hin, dass die genannten Krisen von den Entscheidungsträger*innen bisher nicht als so gefährlich für die Macht- und Ressourcenverteilung angesehen und die vorgeschlagenen Paradigmen nicht als bessere Lösungen und zur Vergrößerung ihrer Macht und Ressourcen angesehen wurden, als dass sie einen Wandel aktiv unterstützen würden. Laut Theorie des diskursiven Institutionalismus kann es besonders in Krisenzeiten dazu kommen, dass ein vorherrschendes Paradigma die Entwicklungen nicht mehr erklären kann und die Durchsetzung eines alternativen Paradigmas gelingt (Hall 1993, S. 285). Dass dies nicht erfolgte, liegt möglicherweise daran, dass es sich nicht um eine neu hinzugekommene Krise handelt, sondern ein längerfristiges Problem. Bisher boten sich immer neue Policies und Programme an, so dass die Ebene der Paradigmen noch nicht angetastet werden musste.

5.3.3   Beobachtbare Veränderungen

Nach drei Jahren Projektlaufzeit konnte beobachtet werden, dass einige Akteur*innen in der Stadt die Begriffe gutes Leben und Wohlstand vermehrt nutzten. Im ersten untersuchten Fall – der Entwicklung von Wohlstandsindikatoren – kam es zu kleinen diskursiven Veränderungen. Auch die oft negative Selbstbeschreibung der Stadt konnte zu einem geringen Teil ins positive gedreht werden. Beim Bürgerbudget kann bereits eine Umsetzung eines Teils der Ideen verzeichnet werden, wobei es sich jedoch nicht um ein längerfristiges Instrument handelt, sondern lediglich um eine einmalige Verwendung der Dimensionen. Bei W2025 wurde sich für die Nutzung entschieden. Da der Prozess dann aber insgesamt ins Stocken geraten ist, kam es letztlich nicht zu einer Verwendung der Indikatoren.

Im W2025-Prozess entschied man sich zusätzlich für eine Nutzung von „Glücklich in Wuppertal", die jedoch auch in diesem Fall letztendlich nicht realisiert wurde. Doch auch die App wurde einmal in einem städtischen Prozess genutzt, in diesem Fall beim STEK2030-Prozess. Im Laufe der drei Jahre hat auch dieser zweite Fall einen Diskurs angestoßen. Durch die häufige Berichterstattung in der WZ ist dieser sogar noch sehr viel weiter in die Öffentlichkeit gedrungen. Die Diffusion geschah allerdings nur bei einem kleinen Teil der Ideen von „Glücklich in Wuppertal" und es war kein kritischer Diskurs auf der Ebene neuer Paradigmen, sondern eher auf das Thema Glück allgemein und auf die App als Instrument bezogen.

Beide Fälle transformativer Forschung haben kleine Veränderungen in den Diskursen sowie vereinzelte neue Instrumente in der Stadtpolitik, also Veränderungen erster Ordnung, bewirkt. Inwieweit diese zu einer Veränderung dritter Ordnung – einer Transformation – beitragen können, ist jedoch unklar. Bisher ist es dazu in beiden Fällen nicht gekommen. Die Ergebnisse deuten darauf hin, dass die Ideen alternativer Paradigmen nicht weit genug verbreitet wurden, um mit den kleinen Umsetzungen den Weg hin zu einer Transformation zu bereiten.

Schlussfolgerungen für Theorie und Forschungspraxis: vom veränderten Diskurs zur „Großen Transformation"

Ein Ziel der Arbeit war es, den diskursiven Institutionalismus auf der lokalen Ebene zur Untersuchung von zwei Fällen transformativer Forschung zu nutzen und dabei herauszufinden, ob dieser auch auf der Ebene einer Stadt geeignet ist, die beobachteten Entwicklungen zu erklären. Dadurch sollen mögliche Weiterentwicklungen der Theorieströmung des diskursiven Institutionalismus geleistet werden, unter anderem um diesen auch auf kleinräumiger Ebene in kürzeren Prozessen nutzbar zu machen, wo das Vorliegen einer Veränderung noch nicht sichtbar ist. Daher legt das folgende Teilkapitel (Abschn. 6.1) zunächst dar, welche Schlussfolgerungen für den diskursiven Institutionalismus aus den Analysen gezogen werden können. Dabei werden Weiterentwicklungen hinsichtlich der Anwendbarkeit im Lokalen, eine Konkretisierung der Voraussetzungen für Wandel sowie Schlüsse zum Zusammenhang der drei Grade von Veränderung abgeleitet.

Weiteres Ziel war es, Schlussfolgerungen und Handlungsempfehlungen für die Praxis transformativer Forschung zu ziehen, weshalb sich das zweite Teilkapitel (Abschn. 6.2) wieder dem Untersuchungsgegenstand – der transformativen Forschung – zuwendet. Aus der Analyse der beiden transformativen Forschungsprojekte anhand des diskursiven Institutionalismus wird geschlussfolgert, wie dieser Forschungsansatz erfolgreicher dabei sein könnte, Transformationen im lokalen Umfeld anzustoßen.

© Der/die Autor(en) 2021
K. Schleicher, *Von alternativen Paradigmen zur umfassenden Transformation*,
https://doi.org/10.1007/978-3-658-32601-2_6

6.1   Weiterentwicklung des diskursiven Institutionalismus

6.1.1   Diskursive Veränderungen im Lokalen

Zunächst einmal lässt sich festhalten, dass der diskursive Institutionalismus grundsätzlich auch für die lokale Ebene anwendbar ist. Auch wenn sich Herausforderungen und Probleme unterschiedlicher Städte ähneln, so zeigte sich doch, dass in Städten jeweils spezifische Diskurse und Problemwahrnehmungen existieren und Städte sich durch spezifische Eigenlogiken (Löw 2012) beziehungsweise Eigenarten (WBGU 2016, S. 143) auszeichnen. Daher kann durchaus von spezifischen lokalen Diskursen ausgegangen werden, in denen sich Ideen verbreiten können. So stellten sich in Wuppertal beispielsweise insbesondere das negative Image der Stadt und die hohen kommunalen Schulden als Anknüpfungspunkte für die Fallbeispiele heraus, an die diese anzuknüpfen versuchten (siehe Abschn. 5.3.2). Natürlich sind die lokalen Diskurse, Ideen, Probleme und deren Wahrnehmung sowie Akteur*innen nicht völlig losgelöst von anderen räumlichen Ebenen zu betrachten. Aus diesem Punkt lässt sich schlussfolgern, dass der diskursive Institutionalismus auch auf der lokalen Ebene prinzipiell gut anwendbar ist, das heißt Veränderungen oder Stabilität auf lokaler Ebene erklären kann. An einigen, im Folgenden ausgeführten, Stellen zeichnen sich jedoch Aspekte ab, an denen eine Weiterentwicklung der zentralen Thesen des diskursiven Institutionalismus sinnvoll für die Anwendung auf lokaler Ebene erscheint.

6.1.2   Netzwerke der institutionellen Unternehmer*innen

Die Annahme, dass Netzwerke den institutionellen Unternehmer*innen bei der Verbreitung ihrer Ideen helfen, konnte bestätigt werden (siehe Abschn. 5.3.1). Außerdem wurde deutlich, dass der gute Ruf der Forschungsinstitute die Ansprache der Entscheidungsträger*innen und das Einbringen neuer Ideen erleichtert hat. Jedoch zeigte sich, dass der gute Ruf und die breiten Netzwerke nicht automatisch auch die Chance auf einen Wandel höherer Ordnung steigern. Voraussetzung dafür ist, dass die alternativen Paradigmen bei den institutionellen Unternehmer*innen vorliegen und in ihren Netzwerken explizit gemacht und in Diskurse eingebracht werden.

In Abschnitt 3.3.2 wurde herausgearbeitet, dass institutionelle Unternehmer*innen, die breite und heterogene Netzwerke haben, also Verbindungen zu unterschiedlichen Akteur*innen und deren Ideen, eher radikale Ideen entwickeln und durchsetzen können als Akteur*innen mit kleineren, homogeneren Netzwerken. Schlussfolgernd aus der vorangegangenen Analyse wird nun aber davon ausgegangen, dass die Chance eines Wandels dritter Ordnung nicht nur von der Breite der Netzwerke, sondern auch davon abhängt, wie die Netzwerke genau gestaltet sind. Hierzu können Annahmen aus dem Umfeld der Transition-Forschung (siehe Abschn. 2.2.1) Erkenntnisse liefern, wonach es nicht nur auf die Breite und Heterogenität der Netzwerke ankommt und geteilte Erwartungen der Netzwerkpartner*innen notwendig sind (Kemp und van Lente 2013, S. 135). Daneben sind sowohl formelle als auch informelle Netzwerke hilfreich für eine Transformation, da sie sich in ihren Funktionen ergänzen (Brown et al. 2013, S. 703). Die vorangegangene Analyse hat dies bestätigt und gezeigt, dass Netzwerke zusätzlich zu den von Campbell (2004, S. 178–181) genannten Kriterien der Diversität und Ressourcenausstattung über gemeinsame Erwartungen verfügen müssen, um Transformation anzustoßen. Dies setzt voraus, dass nicht nur abgeleitete Ideen erster und zweiter Ebene, sondern auch die dahinterliegenden neuen Paradigmen in den Netzwerken geteilt werden.

Schlussfolgernd wird also das in Abschnitt 3.3.2 genannte Kriterium für transformativen Wandel, dass die institutionellen Unternehmer*innen verschiedenen Netzwerken angehören und dadurch Zugang zu einem breiten Ideenspektrum haben, um die Tiefe der Netzwerke angepasst und daher wie folgt formuliert: *Tiefe und diverse Netzwerke mit geteilten Erwartungen sowie der Zugang zu einem breiten Ideenspektrum erhöhen die Chance auf transformativen Wandel.*

6.1.3 Kommunikation der Ideen unterschiedlicher Ebenen

Bei der Analyse zeigte sich, dass leicht verständliche Begriffe schnell in den städtischen Diskursen diffundierten. Komplexere Zusammenhänge und alternative Paradigmen wurden kaum explizit kommuniziert und schienen schwerer verständlich. Daneben konnten diffus formulierte Ideen zwar schnell diffundieren und wurden von anderen Akteur*innen aufgegriffen, jedoch unterschiedlich verstanden. Dadurch haben die meisten Personen nur einen kleinen Teil der Ideen wahrgenommen – meist nur die Vorschläge neuer Policies und Programme und nicht die dahinterliegenden Paradigmen (siehe Abschn. 5.3.1). Die von Schmidt (2006, S. 253) beschriebene Mehrdeutigkeit war in den untersuchen Fällen also hilfreich für die Diffusion des allgemeinen Themas und der neuen Policies, jedoch nicht für die Verbreitung neuer Paradigmen. Teilweise wurden diese grundlegenden Alternativen zu verbreiteten Paradigmen schlicht nicht wahrgenommen, zu anderen Teilen vermutlich auch bewusst von Entscheidungsträger*innen nur die weniger kritischen Ideen aufgegriffen und im eigenen Interesse genutzt, wie es auch die Transition-Forschung beobachtet (Bauler et al. 2017; Pel 2016; Sievers-Glotzbach und Tschersich 2019, S. 7–9, siehe Abschn. 2.2.1).

Ähnlich konnten einfache Darstellungen wissenschaftlicher Ergebnisse der Projekte in wenigen quantitativen Zahlen besser verbreitet werden und waren von den Entscheidungsträger*innen erwünscht. Komplexere Auswertungen wurden dagegen weniger gut aufgenommen (siehe Abschn. 5.3.1).

Diese und andere projektspezifische Aspekte finden sich in den Thesen des diskursiven Institutionalismus bei der Erklärung von Politikwandel bisher kaum. Insbesondere zeigte die Analyse, dass mehrdeutige und anschlussfähige Formulierungen und einfache wissenschaftliche Ergebnisse die Diffusion auf den unteren zwei Ebenen erleichtert haben. Gleichzeitig erschwerte jedoch in den analysierten Fällen ebendiese Mehrdeutigkeit und parallele Verwendung unterschiedlicher Begriffe die Verbreitung der alternativen Paradigmen oder trug zumindest nicht positiv dazu bei.

Da diese Aspekte der Kommunikation eine wichtige Rolle für die Durchsetzung neuer Ideen zu spielen scheinen, wird folgende These aufgestellt: *Leichter greifbare und mehrdeutige Formulierungen erleichtern die Diffusion von Policies und Programmen, jedoch fördert dies nicht unmittelbar einen Paradigmenwechsel.*

6.1.4 Anknüpfungspunkte an Krisen und institutionelle Veränderungen

Die in Abschnitt 3.3.2 genannte Voraussetzung für Politikwandel des diskursiven Institutionalismus, dass Krisenwahrnehmungen vorhanden sein und neue Ideen als Lösungen kommuniziert werden müssen, konnte bestätigt werden. Aus der Analyse lässt sich auch schlussfolgern, dass die institutionellen Unternehmer*innen, um erfolgreich zu sein, selbst konkrete Anknüpfungspunkte herstellen müssen, indem sie die Ideen als auf die Probleme zugeschnittene Lösungen formulieren. Laut dem diskursiven Institutionalismus (Blyth 2002; Campbell 2004; King 1999) können Krisen dann Wandel begünstigen, wenn sie als Gefahr für Verteilung von Macht und Ressourcen wahrgenommen werden, Unsicherheiten erzeugen und so die Suche nach neuen Lösungen hervorrufen. Dabei können die institutionellen Unternehmer*innen und Framer*innen Situationen als Probleme beschreiben und damit Wandel wahrscheinlicher machen. In der Analyse zeigte sich, dass die schlechte finanzielle Lage der Stadt und die hohen kommunalen Schulden nicht als Gelegenheitsfenster für Veränderung wirkten. Zwar waren diese als Problem von den Entscheidungsträgern wahrgenommen und kommuniziert und dadurch die Ressourcen der Stadtverwaltung allgemein begrenzt, allerdings handelte es sich nicht um eine akute Gefahr für Macht und Ressourcen, sondern um eine längerfristige Situation. In der Theorie bleibt unklar, um wessen Ressourcen in Gefahr es sich handelt – die der Entscheidungsträger*innen als Gesamtheit, so beispielsweise Personaleinsparungen in der Stadtverwaltung und einzelnen Dezernaten, oder das Einkommen und die Position einzelner Personen. Daneben schienen die wahrgenommenen Probleme nicht als Widerspruch zu den vorhandenen Paradigmen wahrgenommen zu werden, sondern, wenn überhaupt, lediglich zur Suche nach neuen Policies oder Programmen zu führen. Sie hatten also, so wie sie formuliert und wahrgenommen wurden, kein Transformationspotenzial.

Um zu verstehen, welche Probleme sich im Sinne von Krisen als Gelegenheitsfenster allgemein und für Transformation im spezifischen eignen und welche nicht, wird hier das Konzept der Krisen als Voraussetzungen für Politikwandel weiter ausdifferenziert und dabei auf das Konzept Critical Junctures des historischen Institutionalismus (Capoccia und Kelemen 2007, S. 350) zurückgegriffen. Auch darin werden Krisen als Gelegenheitsfenster für Politikwandel verstanden, jedoch definiert als von kurzer Dauer im Vergleich zu der vorhergehenden Zeit politischer Stabilität (siehe Abschn. 3.1). Auch wenn hier eine konkrete Zeitangabe fehlt, wird geschlussfolgert, dass der diskursive Institutionalismus keine konkrete Unterscheidung zwischen langfristigen krisenhaften Rahmenbedingungen und kürzeren Veränderungsdruck hervorrufenden Gelegenheitsfenstern macht. Dieser Aspekt des historischen Institutionalismus wird hier hinzugezogen und angenommen, dass die über 40 Jahre andauernde schwierige Finanzlage nicht als Krise verstanden werden kann, die im Sinne von „Critical Junctures" oder eines Gelegenheitsfensters neue Lösungsvorschläge erfordert und die Umsetzung neuer Ideen ermöglicht. Daraus wird auch geschlussfolgert, dass die Wahrnehmung einer Gefahr für die Macht- und Ressourcenverteilung auch eine kurzfristige Veränderung beinhalten muss und keine allgemeine Situation knapper Ressourcen oder jahrzehntelanger Einsparungen. Daneben muss für eine erfolgreiche Transformation an Krisen angeknüpft werden, die die vorherrschenden Paradigmen infragestellen. Für Veränderungen niedriger Grade reicht eine Wahrnehmung bei den Entscheidungsträger*innen aus, dass bestehende Policies und Programme sich nicht mehr eignen und angepasst werden sollten. Zusätzlich können aber auch – was im diskursiven Institutionalismus bisher kaum beachtet wurde – institutionelle Veränderungen Gelegenheiten für Politikwandel bedeuten. Durch institutionelle Veränderungen können Situationen der Unsicherheit entstehen, die dafür sorgen, dass Entscheidungsträger*innen offener für neue Ideen institutioneller Unternehmer*innen sind.

Um dies zu konkretisieren, werden der bisherigen These des diskursiven Institutionalismus – dass eine Krise vorhanden sein und kommuniziert sein muss und als Gefahr für Macht und Ressourcen verstanden werden muss – folgende Ergänzungen hinzugefügt: *Nur diejenigen wahrgenommenen Krisen können als Gelegenheitsfenster für politischen Wandel dienen, die sich über einen kurzen Zeitraum von wenigen Jahren erstrecken. Wird eine Krise als Indikator für einen mangelnden Geltungsanspruch bestehender Paradigmen angesehen, kann eine Transformation hier anknüpfen. Wird sie als innerhalb der Paradigmen lösbar angesehen, kommt es eher zu einem Wandel erster oder zweiter Ordnung. Daneben können auch institutionelle Veränderungen Gelegenheitsfenster für die neuen Ideen von institutionellen Unternehmer*innen darstellen, wenn an sie bewusst angeknüpft wird.*

6.1.5 Zugang zu Entscheidungsträger*innen

Bezüglich des Zugangs zu und die Unterstützung durch Entscheidungsträger*innen hat die Analyse verdeutlicht, dass der Erfolg stark von Einzelpersonen abhängt. So sind die städtischen Institutionen und deren Teilbereiche nicht als neutrale Einheiten zu betrachten. Beispielsweise hat ein Wechsel des Personals großen Einfluss, wenn eine neue Policy erprobt, aber noch nicht verstetigt ist. Ein Wechsel der zuständigen Entscheidungsträger*innen kann sowohl Wandel behindern als auch ein neues Gelegenheitsfenster eröffnen. An dieser Stelle wird daher geschlussfolgert, dass die Voraussetzungen für Politikwandel, Zugang zu Entscheidungsträger*innen zu haben (Campbell 2004, S. 178 f., siehe Abschn. 3.3.2) genauer spezifiziert werden muss. So muss der *Kontakt zu den Entscheidungsträger*innen und institutionellen Unternehmer*innen kontinuierlich vorhanden sein und bei einem Wechsel der Personen erneut aufgebaut werden.* Ansonsten kann es passieren, dass die bereits ausgetauschten Ideen nicht weiterverfolgt und verbreitet werden. Auch bezüglich der Interessen der Entscheidungsträger*innen ergeben sich aus der Analyse weitere Ergänzungen. Laut Campbell (2004) haben Entscheidungsträger*innen ein größeres Interesse an der Verbreitung und Umsetzung einer Idee, wenn sie annehmen, dass die neuen Ideen ihre Ressourcen und ihre Macht steigern. Die Analyse deutet sogar darauf hin, dass bereits das Nutzen von Synergien zwischen Entscheidungsträger*innen und institutionellen Unternehmer*innen das Interesse steigern kann, auch wenn keine zusätzlichen Ressourcen zu erwarten sind. So kann *insbesondere bei knapper Haushaltslage schon die Möglichkeit der Umsetzung eines Projektes, das im Interesse der Entscheidungsträger*innen ist, mit Ressourcen der institutionellen Unternehmer*innen die*

Entscheidungsträger*innen von der Idee überzeugen, wenn sie auf diese Weise für zusätzlichen Output keine zusätzlichen Ressourcen aufwenden müssen. Eine Präferenz, ob Stadtpolitiker*innen oder Verwaltungsakteur*innen die geeigneteren Adressaten für die Umsetzung neuer Ideen sind, lässt sich aus der Analyse dagegen zunächst nicht ableiten, da beide Gruppen über gewisse Gestaltungsspielräume verfügen und sich in den untersuchten Fällen die Verwaltungsmitarbeitenden als genauso geeignete Entscheidungsträger*innen herausstellten wie die Stadtpolitik. Auch die Art, wie und in welcher Form Ideen verbreitet werden, ob dies beispielsweise schriftlich oder mündlich erfolgt, gilt es in zukünftigen Studien genauer zu erforschen.

6.1.6 Entwicklung von diskursivem Wandel hin zu den drei Graden von Veränderung

Die in Abschnitt 3.5 vorgenommene Zusammenführung der Konzepte von Schmidt (2017, S. 251) und Campbell (2002, S. 21, 2004, S. 93) hat sich in der Analyse als geeignet erwiesen. Während Schmidt drei Ebenen von Ideen unterscheidet, kommt bei Campbell die unterste Ebene, die Policies, nicht als solche vor. Werden diese mit den drei Graden der Veränderung nach Hall (1993, S. 278–281) kombiniert, so stellt ein Wandel erster Ordnung eine Anpassung von Policies dar, ein Wandel zweiter Ordnung eine Veränderung von Programmen und daraus abgeleitet ein Ersetzen oder Verändern von Policies. Ein Wandel dritter Ordnung ist dagegen eine Ablösung von Paradigmen, und damit einhergehend eine Veränderung von Policies und Programmen (siehe Abschn. 3.5). In der Analyse wurde am Beispiel des Bürgerbudgets deutlich, dass eine Differenzierung von Veränderungen erster Ordnung in einmalige und längerfristige Policies notwendig ist, da ein einmaliges Einsetzen einer Policy noch keinen längerfristigen Wandel darstellt, während eine dauerhafte Umsetzung auch langfristigen Wandel bewirkt.

Außerdem ist in der Theorie des diskursiven Institutionalismus bisher weitgehend unklar geblieben, wie die drei Grade der Veränderung zusammenhängen und ob eine Veränderung niedriger Grade auf dem Weg hin zu einer Transformation hilft. Daher werden die Thesen hier dahingehend weiterentwickelt und dazu auch Erkenntnisse aus der Transition-Forschung hinzugezogen (siehe Abschn. 2.2.1). Daneben konnte die Analyse einige Erkenntnisse liefern, inwieweit Ideen auf höheren Ebenen zunächst in kleinen Netzwerken von Akteur*innen, die eine Transformation unterstützen, verfestigt oder direkt auf unterer Ebene diffundieren sollten.

Die untersuchten Fallbeispiele weisen darauf hin, dass eine explizite Benennung der neuen Paradigmen eine Voraussetzung für Paradigmenwechsel ist. So ist eine Verbreitung dieser Paradigmen innerhalb von Nischen – also Kontexten, in denen es Raum für Innovationen und Experimente gibt (siehe Abschn. 2.2.1) – hilfreich, um diese zunächst dort zu verfestigen und daraus Policies und Programme abzuleiten. Lediglich eine Kommunikation und Umsetzung abgeleiteter Policies ohne explizite Nennung und Verbreitung des Paradigmas reicht dagegen nicht aus. Da ein Wandel erster Ordnung ohne verfestigtes dahinterstehendes Paradigma wieder leicht rückgängig zu machen ist oder es nur bei einer einmaligen Umsetzung einer Policy bleibt, ist dieser nicht zielführend für eine Transformation. Ein Wandel dritter Ordnung bringt dagegen neue Pfadabhängigkeiten mit sich, da die Etablierung neuer Paradigmen langfristig geschieht und zugleich weniger leicht zu widerrufen ist. Daher deutet die Analyse darauf hin, dass es, wenn eine Transformation intendiert ist, nicht zielführend ist, neue Policies zu erproben, ohne das dahinterstehende alternative Programm oder Paradigma zu vermitteln.

Um in Bezug darauf die Thesen weiterzuentwickeln, kann hier auf Erkenntnisse aus dem Bereich der Transformations- und Transition-Forschung zurückgegriffen werden (siehe Abschn. 2.2). Laut Göpel (2016, S. 49 f.) werden in der Phase vor einer Veränderung Paradigmen benötigt, um Alternativen aufzuzeigen und Widersprüche im Zusammenhang mit bisherigen Paradigmen deutlich zu machen. Später, kurz vor den Wendepunkten, helfen diese neuen Paradigmen, Unsicherheiten auszuräumen und gemeinsame Ziele der Veränderung zu haben. Diese Sichtweise von Göpel geht also davon aus, dass die Paradigmen durchaus, zumindest in Nischen, entwickelt, etabliert und auch kommuniziert werden sollten, um Veränderungen vorzubereiten und die Richtung zu zeigen. Daneben argumentieren sowohl Sievers-Glotzbach und Tschersich (2019, S. 8) als auch Smith (2007, S. 430), dass Nischen radikal sein und außerhalb der vorherrschenden Paradigmen stehen müssen, um Transformationspotenzial zu haben. Folglich wird hier angenommen, dass, um einen Wandel dritter Ordnung zu erreichen, folgende Schritte zielführend sind: *Eine Diffusion von radikaleren neuen Ideen beziehungsweise alternativen Paradigmen sollte angestoßen, der diskursive Wandel also auf der höchsten Ebenen angegangen werden. Des Weiteren ist es hilfreich, wenn die institutionellen Unternehmer*innen die Alternativen selbst praktisch erproben und erlebbar machen.* Dies kann durch Experimente, Reallabore oder andere Nischenprojekte geschehen, aber auch beispielhafte Policies oder Programme in kleinen abgesteckten Bereichen, die trotzdem radikal genug sind, also außerhalb der vorherrschenden Paradigmen stehen. Als Beispiel in diesem Zusammenhang können Experimente zum bedingungslosen Grundeinkommen in

Finnland (Kangas et al. 2019; Kela 2015) genannt werden. Dies sollte jedoch abgeleitet aus den Paradigmen und parallel zur Verbreitung dessen geschehen. Die meisten Veränderungen erster oder zweiter Ordnung, bei denen kein grundlegend anderes Paradigma im Hintergrund steht, zählen also nicht zu den Schritten, die auf dem Weg zu einem Wandel dritter Ordnung zielführend sind. *Es erscheint daher eher unwahrscheinlich, dass eine Veränderung die drei unterschiedlichen Grade nacheinander durchläuft.* Daneben zeigt sich hier, dass eine diffuse Kommunikation, die die neuen Paradigmen nicht deutlich formuliert und verbreitet, nicht zielführend für einen Paradigmenwechsel ist.

6.1.7 Zusammenfassung

Insgesamt hat sich gezeigt, dass der diskursive Institutionalismus auf lokaler Ebene auch für die Analyse kleiner diskursiver Veränderungen nützlich ist und sich auf dieser kleinräumigen Ebene entsprechende eigenständige Diskurse entwickeln können. Ergänzend wurden einige Punkte herausgestellt, in Bezug auf die eine Weiterentwicklung des diskursiven Institutionalismus sinnvoll ist (siehe Abb. 6.1).

So zeigte die Analyse, dass die institutionellen Unternehmer*innen nicht nur über breite Netzwerke verfügen müssen, sondern diese Netzwerke auch durch geteilte Erwartungen und Ressourcen charakterisiert sein sollten, um eine Transformation zu erleichtern. Daneben wurde deutlich, dass leicht verständliche, mehrdeutige Formulierungen zwar die Diffusion von Policies und Programmen erleichterten, diese aber nicht automatisch auch die Verbreitung und Umsetzung neuer Paradigmen fördern.

Bezüglich der wahrgenommenen Krisen, an die institutionelle Unternehmer*innen mit ihren Ideen anknüpfen können, wurde oben konkretisiert, dass diese im Vergleich zur Phase der Stabilität von kurzer Dauer sein sollten, dass sich also keine langfristigen Strukturprobleme für die Anknüpfung eignen. Zusätzlich könnten auch andere Veränderungen Gelegenheitsfenster darstellen, beispielsweise neu geschaffene Institutionen, die noch offen für Ideen von außen sind oder Zeiten von Wahlkampf. Unterstützend für Wandel ist es außerdem, wenn dieser als Vorteil für die Macht und Ressourcen der Entscheidungsträger*innen gesehen wird oder auch, wenn eine Umsetzung neuer Ideen indirekt Gelder einspart, was sich darin äußert, dass die Entscheidungsträger*innen ohne den Einsatz eigener finanzieller Mittel oder Aufwand zusätzliche Projekte umsetzen können.

Da die Thesen des diskursiven Institutionalismus von einer Kontinuität bei den Entscheidungsträger*innen ausgehen und dies beispielsweise durch Personalwechsel nicht immer gewährleistet wird, sollte dieser Punkt mit beachtet werden. Wenn die Personen in für die Ideen relevanten Organisationen wechseln, so muss erneut Kontakt mit den neuen zuständigen Personen aufgenommen werden und auch bei gleichbleibenden Personen der Kontakt langfristig aufrechterhalten werden. Neues Personal kann sowohl hinderlich für Veränderung sein als auch förderlich, je nachdem, wie die Personen dazu und zu den institutionellen Unternehmer*innen eingestellt sind.

In den vorangegangenen Abschnitten wurde außerdem ein Versuch unternommen, die Schritte hin zu einem Wandel dritter Ordnung genauer auszudifferenzieren und dabei insbesondere Augenmerk auf die Phase des diskursiven Wandels zu legen. Die Analyse deutet darauf hin, dass eine Transformation wahrscheinlicher wird, wenn eine Diffusion der radikalen neuen Ideen, also der Paradigmen, stattfindet, diese also in den Diskursen explizit gemacht werden. Zusätzlich, jedoch nicht ohne den vorher genannten Punkt, ist eine Ableitung und Umsetzung von neuen Policies und Programmen hilfreich. Eine Umsetzung von Policies und Programmen, ein Wandel erster und zweiter Ordnung, kann also auf dem Weg zu einer Transformation geschehen, solange die Paradigmen ebenfalls explizit gemacht werden. Diese schrittweise Veränderung ist allerdings nicht zwingend. Werden lediglich die neuen Policies und Programme formuliert und die Paradigmen nicht explizit gemacht, ist es unwahrscheinlich, dass die drei Grade des Wandels nacheinander durchlaufen werden.

Durch die genannten Schlussfolgerungen der Analyse können die zentralen Thesen des diskursiven Institutionalismus daher in einiger Hinsicht ausdifferenziert und erweitert werden, wie in Abb. 6.1 dargestellt wird. Diese stellen einen Beitrag zum diskursiven Institutionalismus dar und sollten auch für die Transition- und Transformationsforschung hilfreich sein. Insbesondere im diskursiven Institutionalismus ist es bisher offen gewesen, ob die drei Stufen der Veränderung nacheinander durchlaufen werden. Folgende Punkte sollen als wichtigste Ergänzungen zum diskursiven Institutionalismus herausgestellt werden:

1. Die Netzwerke von institutionellen Unternehmer*innen müssen breit und tief sein, Ressourcen beinhalten und die Vermittler*innen müssen die Ziele teilen und die Ideen unterstützen, um Veränderungen dritter Ordnung zu ermöglichen.
2. Ein guter Ruf der institutionellen Unternehmer*innen hilft ihnen bei der Verbreitung der Ideen.

Krise	Gelegenheitsfenster Institutionelle Veränderung	Neue Idee	Institutionelle Unternehmer*innen
• … vorhanden • … als solche wahrgenommen und kommuniziert • … als Gefahr für Macht- und Ressourcenverteilung verstanden • … *von kurzer Dauer im Vergleich zur Phase der Stabilität*	• *… vorhanden* • *… wird bewusst von den institutionellen Unternehmer*innen für die Ansprache von Entscheidungsträger*innen genutzt*	• … vorhanden • … kommuniziert • … als legitim, relevant, machbar angesehen • … als passend für den Kontext angesehen • … erscheint effektiver und nützlicher als andere Vorschläge • *Notwendige Ressourcen für Umsetzung erscheinen gering oder spart zusätzliche Ressourcen ein*	• … vorhanden • … kommunizieren alternative Lösungen *klar und verständlich, für Transformation auch Kommunikation der alternativen Paradigmen* • … sind *breit und tief* vernetzt, *in Netzwerk mit Vermittler*innen, die die gleichen Ziele verfolgen und Ideen unterstützen* • … *haben guten Ruf/sind anerkannt* • … haben längerfristigen Zugang zu Entscheidungsträger*innen • … *treiben Umsetzung der Idee selbst voran, begleiten diese längerfristig, oder geben sie an weitere institutionelle Unternehmer*innen weiter*

Abb. 6.1 Voraussetzungen für Politikwandel. *Die Abbildung zeigt die Voraussetzungen für Politikwandel nach Campbell (2004, siehe* Abschn. 3.3.2*) mit den aus der Analyse abgeleiteten eigenen Erweiterungen (kursiv). Demnach müssen ein Problem, eine neue Idee, institutionelle Unternehmer*innen sowie Gelegenheitsfenster vorhanden sein, die spezifische, in der Abbildung aufgezählte Charakteristika erfüllen.*
Quelle: Campbell (2004) und eigene. Eigene Darstellung

3. Eine leicht greifbare und mehrdeutige Formulierung der Ideen erleichtert zwar die Diffusion von Policies und Programmen, nicht jedoch die Verbreitung der Paradigmen, welche eindeutig kommuniziert werden müssen.

4. Nur Krisen von relativ kurzer Dauer können als Gelegenheitsfenster für Wandel dienen, wenn von institutionellen Unternehmer*innen bewusst daran angeknüpft wird, nicht aber längerfristige Strukturprobleme. Um eine Transformation hervorzurufen, müssen sie bei den Entscheidungsträger*innen zu einem Hinterfragen der Paradigmen führen.

5. Auch institutionelle Veränderungen, wie die Gründung einer neuen Institution oder Personalwechsel, können als Gelegenheitsfenster für Wandel genutzt werden.

6. Um erfolgreich Politikwandel anzustoßen muss der Zugang zu Entscheidungsträger*innen über den gesamten Zeitraum, über den versucht wird, eine Veränderung zu bewirken, aufrechterhalten werden oder gegebenenfalls erneuert werden, wenn es zu Personalwechseln kommt. Dabei ist eine Begleitung der Umsetzungen der Ideen durch die institutionellen Unternehmer*innen von Vorteil, damit es nicht bei einmaligen Policies bleibt.

7. Wenn glaubwürdig gezeigt werden kann, dass eine Idee Ressourcen einspart oder zusätzliche Vorteile bringt, ohne Ressourcen zu kosten, kann dies das Interesse der Entscheidungsträger*innen an der Idee erhöhen.

8. Um Wandel dritter Ordnung anzustoßen, wird vor allem eine Diffusion der neuen Paradigmen benötigt, die durch eine Erprobung abgeleiteter Policies oder Programme begleitet werden kann. Eine Kommunikation lediglich von Policies und Programmen, ohne die Paradigmen explizit zu machen, ist jedoch kontraproduktiv für einen Paradigmenwechsel.

6.2   Schlussfolgerungen und Handlungsempfehlungen für die transformative Forschung

6.2.1   Städtischer Transformationskontext

Die Analyse hat gezeigt, dass die wissenschaftlichen Institutionen als glaubwürdig wahrgenommen und als Berater*innen, Expert*innen, Impulsgeber*innen und auch als Netzwerker*innen gesehen wurden. Die bestehenden Kontakte und der gute Ruf der Organisationen halfen ihnen bei der Verbreitung ihrer Ideen und dabei, Zugang zu Entscheidungsträger*innen und Vermittler*innen zu bekommen (siehe Abschn. 5.3.1). Die Forschenden und ihre Institutionen wurden im Sinne epistemischer Gemeinschaften (Campbell 2004, S. 106 f.; Haas 1992, S. 3 f., 27–29) wahrgenommen, die als Berater*innen kontaktiert und auch in städtische Gremiensitzungen eingeladen wurden. Daneben war es hilfreich, dass die Forschenden über die Prozesse in der Stadt Bescheid wussten. Dies ermöglichte ihnen, konkrete Gelegenheitsfenster zu nutzen und daran anzuknüpfen. Dieses Wissen über aktuelle Vorgänge stellte sich als Voraussetzung heraus, um bei transformativen Forschungsprojekten auf Prozesse, Konflikte und Krisen im Kontext des Projektes zu reagieren und die transformativen Ideen als konkrete Lösungswege zu formulieren.

Es ist daher empfehlenswert, transformative Forschungsprojekte an Orten durchzuführen, an denen gute Kontakte zur Zivilgesellschaft und zu Entscheidungsträger*innen bestehen und wo die Forschenden bereits über Reputation verfügen. Alternativ kann dieser gute Ruf nach und nach aufgebaut werden. Daneben sollte Wissen über laufende Prozesse aufgebaut und diese mitverfolgt werden. Dazu gehört es auch, bei Veranstaltungen im Bereich Bürgerbeteiligung oder Lokalpolitik präsent zu sein, bestehende Kontakte zu pflegen und neue zu knüpfen.

6.2.2 Bereitstellung innovativer Ideen und ihre Anschlussfähigkeit

Die Anknüpfung an Prozesse und Krisen, um diese als Gelegenheitsfenster zu nutzen, erweist sich als wichtiger Aspekt transformativer Forschung. So können zum Beispiel neu entstehende, (noch) durchlässige Institutionen (Campbell 2004, S. 178) oder Veränderungen der Machtverhältnisse (Quack 2006, S. 180) bewusst genutzt werden.

Bei den untersuchten Fällen konnte im Laufe des Untersuchungszeitraumes an städtische Prozesse gewinnbringend angeknüpft werden, die nicht von vorneherein geplant waren (siehe Abschn. 5.3.2). Hier zeigt sich, dass bei transformativer Forschung ein gewisses Maß an Flexibilität vorteilhaft ist. Nicht alle Schritte und Anknüpfungspunkte können im Voraus festgelegt werden, sondern müssen an parallellaufende Prozesse, aufkommende Krisen und institutionelle Veränderungen angepasst werden. Dies beinhaltet neben dem Wissen über die laufenden Prozesse auch eine konkrete Formulierung von Ideen als Lösungsvorschläge. Hier zeigt die Analyse, dass die Forschenden noch klarer als in den untersuchten Fällen formulieren sollten, wie die neuen Ideen dort Verwendung finden könnten.

Wie wichtig diese Übersetzungsfunktion in praktische Prozesse ist, zeigt auch die Tatsache, dass die Zusammenarbeit mit den Entscheidungsträger*innen dann besonders gut funktioniert hat, wenn ganz konkret formuliert wurde, wie die Ideen in der Praxis genutzt und umgesetzt werden könnten, insbesondere, wenn dabei auf Seiten der Stadt Ressourcen eingespart werden können. Transformative Forschungsprojekte sollten also, um längerfristig erfolgreicher zu sein, noch gezielter kommunizieren, wie die Ideen für städtische Prozesse gewinnbringend genutzt werden können und wie die Entscheidungsträger*innen selbst von den neuen Ideen profitieren könnten, beispielsweise durch die Vergrößerung von Macht oder Ressourcen oder auch als bessere Lösung für bestehende Herausforderungen. Dafür sollten aus den von den institutionellen Unternehmer*innen vertretenen

Paradigmen konkrete Programme hergeleitet und kommuniziert werden, die an die wahrgenommenen Krisen gut anknüpfen, was beispielsweise in Form von Policy Briefs geschehen könnte. Weiterhin könnten transformative Forschungsprojekte auch bereits an der Stelle der Krisendefinition ansetzen und zunächst ihren Fokus darauf richten, Krisen passend zu den vorhandenen Ideen zu framen und bewusst eine erhöhte Krisenwahrnehmung bei den Entscheidungsträger*innen zu erzeugen (Campbell 2004, S. 177; King 1999, S. 39).

In den untersuchten Fällen richteten sich keine Dokumente explizit an Stadtverwaltung und -politik (siehe Abschn. 5.3.1). Übermittlung und Austausch über die Ideen mit den Entscheidungsträger*innen fand persönlich in Gesprächen, Workshops und Gremien statt. Zwar wurden Ergebnisse von „Glücklich in Wuppertal" online in einem Dashboard veröffentlicht, was von vielen jedoch noch als zu kompliziert wahrgenommen wurde. Stattdessen sollten Ergebnisse noch klarer, einfacher und knapper, auch in schriftlicher Form, an die Entscheidungsträger*innen erfolgen.

Dazu sollten einerseits frühzeitig Ergebnisse bereitgestellt werden, unter anderem gut aufbereitete quantitative Berechnungen, und diese an die Entscheidungsträger*innen herangetragen werden. In der Planung der Projekte sollte daher genügend Zeit für die eigentliche Umsetzung veranschlagt werden, die nach der klassischen wissenschaftlichen Analyse folgt, sowie für Kommunikations- und Vernetzungsmaßnahmen. Dies deutet darauf hin, dass eine zeitlich begrenzte projektbasierte Förderung transformativer Forschung möglicherweise nicht die geeignete Finanzierung darstellt, da nach Ende der Förderlaufzeit der Erfolg von der Weiterführung und Finanzierung durch die Stadt oder andere Akteur*innen abhängt. Dadurch wäre eine längerfristige Förderung der Aktivitäten der transformativen Forschenden und ihres Austausches mit den Entscheidungsträger*innen von Vorteil. Im Sinne der Modus-3-Wissenschaft (siehe Abschn. 2.2.2) stellt dies einen Aspekt dar, der von den Forschenden reflektiert wird und bei dem gegebenenfalls Weiterentwicklungen in Wissenschaftseinrichtungen und Förderstrukturen notwendig wären.

Wesentlich bei der Verbreitung der Ideen ist außerdem, die Paradigmen explizit zu kommunizieren und entsprechend den verbreiteten Wahrnehmungen zu framen, die dabei allerdings nicht ihre Radikalität einbüßen sollten. Hierbei kann es hilfreich sein, mit geeigneten Framer*innen zusammenzuarbeiten. Diese Empfehlung, die Kommunikation der Ideen vermehrt an andere Akteur*innen abzugeben, könnte als Widerspruch zum Anspruch transformativer Forschung verstanden werden, da diese ja gerade nicht nur wie Theoretiker*innen neues Wissen produzieren, sondern dieses auch aktiv in Transformationsprozesse einbringen will (Schneidewind und Singer-Brodowski 2013, S. 72 f.). Doch auch dann scheint es empfehlenswert zu sein, auf zusätzliche Vermittler*innen, beispielsweise aus der Zivilgesellschaft, zurückzugreifen und mit Personen zu kooperieren, die als Framer*innen agieren können. Dabei muss aber sichergestellt werden, dass die grundlegenden Ideen als solche bestehen bleiben und im Zuge der Übersetzung durch die Akteur*innen nicht der Bezug zum eigentlichen alternativen Paradigma eingebüßt wird. Die transformativen Forschungsprojekte müssten daher auch gezielter auf der Ebene von Paradigmen neue Lösungsvorschläge ausformulieren und deren Vorteile konkret nennen. Dies erscheint insbesondere deswegen wichtig, da ansonsten eine Vereinnahmung der Ideen der transformativen Forschung durch Entscheidungsträger*innen droht, wodurch das Transformationspotenzial verloren gehen könnte. So könnte es passieren, dass die Ideen der transformativen Forschungsprojekte lediglich von den Entscheidungsträger*innen für deren eigenen Imagegewinn genutzt werden, die grundlegenden Paradigmen und Programme aber verloren gehen. Um dies zu verhindern ist es auch hilfreich, wie eben beschrieben, bei der Krisenwahrnehmung anzusetzen und so zunächst eine erhöhte Wahrnehmung einer grundsätzlich die Paradigmen hinterfragende Krise (siehe Abschn. 6.1.4) zu bewirken.

6.2.3 Begleitung praktischer Umsetzungen und Verstetigung der Ideen

Die Analyse hat außerdem Hinweise geliefert, dass es hilfreich sein kann, wenn die Wissenschaft selbst als institutionelle Unternehmerin die Umsetzung der Ideen mit begleitet oder in die Hand anderer institutioneller Unternehmer*innen gibt und nicht alleine den Entscheidungsträger*innen überlässt. Die untersuchten Fälle waren dort erfolgreich, wo die Wissenschaftler*innen sehr eng in die Umsetzung eingebunden waren, diese konkret mitgestalten konnten (wie Bürgerbudget und STEK2030) und nicht nur das Angebot machten, auf Forschungsergebnisse zurückzugreifen (wie W2025). Was sich jedoch als schwierig herausstellte, ist sicherzustellen, dass es nicht bei einer einmaligen Nutzung bleibt (wie beim Bürgerbudget und STEK2030), sondern dass die Ideen längerfristig einfließen, was sich bei zeitlich begrenzter Förderung für Forschungsprojekte und dem Anspruch, die Umsetzung selbst mit zu begleiten, jedoch sehr schwierig einlösen lässt.

Förderlich hier wäre eine längerfristige Ermöglichung sowohl der Finanzierung der Wissenschaftler*innen als auch der Begleitung von städtischen Prozessen über einzelne Anwendungen und Projekte hinaus. Insbesondere bei Personalwechseln sollte der Kontakt erneut hergestellt und die Verstetigung der Ideen sichergestellt werden.

6.2.4   Verfestigung der Paradigmen in Nischen

Transformative Forschungsprojekte verfolgen ihrem Ansatz nach neue Paradigmen mit dem Ziel, grundlegende Strukturen und Institutionen zu verändern und eine Nachhaltigkeitstransformation anzustoßen. Gleichzeitig versuchen die Projekte, die lokalen Akteur*innen einzubeziehen und für die Ideen des Projektes zu gewinnen. Diese Übersetzung in lokale Kontexte und zu den Vorstellungen von Entscheidungsträger*innen und Bürgerschaft kann schnell mit einer Anpassung der Ideen an bestehende Paradigmen und Empfindungen einhergehen und das Transformationspotenzial mindern. Daher müssen die transformativen Forschungsprojekte je nach Forschungskontext eine Strategie entwickeln, inwieweit sie sich von vorherrschenden Paradigmen explizit abgrenzen.

Im Fall der Wohlstandsindikatorenentwicklung hat sich gezeigt, dass die Ideen insbesondere an Nischenakteur*innen im Nachhaltigkeitsbereich anschlussfähig waren und weniger an die breite Bevölkerung und Entscheidungsträger*innen. In diesem untersuchten Fall wurde dann auch hauptsächlich Anschluss an die Nischenakteur*innen gesucht und die Ideen kaum in der Stadtöffentlichkeit verbreitet. Im Fall von „Glücklich in Wuppertal" war dagegen eine breite Kommunikation erforderlich, um Nutzer*innen für die App zu gewinnen und damit eine gute Datenqualität zu erreichen. Dabei wurden häufig soziale Medien als Verbreitungsmedium genutzt, weshalb komplexe Ideen kaum darstellbar schienen. In beiden untersuchten Fällen wurden kleine Umsetzungen auf der ersten und zweiten Ebene von Ideen erprobt, mit dem Ziel, damit den Ideen im Hintergrund zur Verbreitung zu verhelfen.

Schlussfolgernd aus den in Abschnitt 6.1 genannten Punkten wird hier davon ausgegangen, dass für das konkrete Transformationspotenzial die direkte Formulierung der Paradigmen und deren Übersetzung in (radikale) Programme ein notwendiger Baustein transformativer Forschung ist. Dies beinhaltet auch eine öffentliche Kommunikation der alternativen Paradigmen und eine Kritik an bestehenden Paradigmen, statt hauptsächlich Angebote für zusätzliche Möglichkeiten zu unterbreiten.

In beiden Fällen hätten eine engere Verbindung mit zusätzlichen Akteur*innen, die die Idee unterstützen, und ein stärkerer Diskurs über die alternativen Paradigmen die Chance auf einen transformativen Wandel erhöht, statt breite Gruppen von Akteur*innen mit oberflächlichen Informationen auszustatten. Wenn ein Diskurs eine radikale Transformation von bestehenden Werten fordert, kann er sich laut Schmidt (2002, S. 221) auch auf neu aufkommende Werte berufen und damit einen Wertewandel bestärken. Die beiden Projekte hätten sich hier also auf andere neu aufkommende Alternativen zum vorherrschenden Paradigma, die beispielsweise in der Zivilgesellschaft vorhanden sind, beziehen und sich mit diesen verbinden können. Hier stellt sich dann jedoch die Frage, wie das Anstoßen von und Agieren in einem kritischen öffentlichen Diskurs – was durchaus dem selbst gestellten Anspruch der transformativen Forschenden entspricht – sich mit den Erwartungen an sie als Wissenschaftler*innen und ihrem Ansehen als epistemische Gemeinschaft vereinbaren lässt, oder ob hier widersprüchliche Anforderungen entstehen würden.

6.2.5 Zusammenfassung

Zusammenfassend lässt sich festhalten, dass sich der lokale Kontext einer Stadt als geeignet für den Forschungsansatz transformativer Forschung herausstellte. Es zeigte sich außerdem, dass die transformative Forschung, um erfolgreich Transformation anzustoßen oder zu unterstützen, die Kommunikation ihrer Ideen – insbesondere der Paradigmen – und die längerfristige Begleitung der Umsetzung verstärkt fokussieren muss. Dazu zählt auch die Zusammenarbeit mit Akteur*innen, die als Framer*innen oder Vermittler*innen agieren können. Im Folgenden werden die in den vorangegangenen Abschnitten hergeleiteten Empfehlungen für zukünftige transformative Forschungsprojekte zusammengefasst:

1. Die Wissenschaftler*innen in transformativen Forschungsprojekten müssen gut über Prozesse in dem Kontext ihrer Forschung Bescheid wissen, weshalb sich eine Durchführung am Standort der Forschungsinstitute gut eignet. Sofern noch nicht vorhanden, sollten sie Kontakte herstellen und eine gute Reputation ihrer Organisation erreichen.
2. Die transformativen Forschungsprojekte sollten flexibel auf aufkommende Projekte, Krisen und Prozesse reagieren können, sofern diese Gelegenheitsfenster und Anknüpfungspunkte für ihre transformativen Ideen darstellen. Dabei sollte klar formuliert werden, wie die neuen Ideen als Lösungsvorschläge dienen, wie sie umgesetzt werden können und welche Vorteile dies den Entscheidungsträger*innen bringt.
3. Zur vertieften Kommunikation der Ideen, insbesondere der Paradigmen und der konkreten, daraus abgeleiteten Programme, wird eine Zusammenarbeit mit Framer*innen und Vermittler*innen benötigt, die über die notwendige Kommunikationskompetenz verfügen, gute Netzwerke haben und die Paradigmen der institutionellen Unternehmer*innen teilen.

4. Diese Ideen sowie erste Forschungsergebnisse sollten nicht nur mündlich in Besprechungen, sondern schriftlich in konkreten Policy Briefs an die Entscheidungsträger*innen kommuniziert werden. Hierfür sollten genügend personelle und finanzielle Mittel und Zeit im Rahmen der Forschungsprojekte eingeplant werden.

5. Widersprüche zu bestehenden Paradigmen sollten nicht verschwiegen, sondern Diskussionen über die alternativen Paradigmen angestoßen und bestehende Paradigmen kritisiert werden.

6. Wenn möglich, sollten Umsetzungen von neuen Policies und Programmen mitbegleitet und praktisch unterstützt werden. Damit dies nicht bei einer einmaligen Umsetzung der Ideen bleibt, sollte auch auf eine Verstetigung der Ideen und des politischen Wandels hingewirkt werden.

Fazit

7

Die aktuelle, immer deutlicher werdende fortschreitende Verknappung natürlicher Ressourcen und der Klimawandel sowie vermehrte Luftverschmutzung und Flächenverbrauch insbesondere in Städten lässt die Notwendigkeit einer umfassenden Transformation spürbar werden. So zeigen Konzepte wie das der planetaren Leitplanken (Rockström et al. 2009; Steffen et al. 2015, siehe Abschn. 2.1), dass sich das Erdsystem auf Veränderungen mit teilweise unvorhersehbaren Folgen zubewegt. Um diese Prozesse aufzuhalten, muss die erforderliche Transformation sowohl politische als auch gesellschaftliche Veränderungen beinhalten, neue Technologien sowie neue Werte, Normen und Handlungsroutinen. Doch wie diese Vision erreicht werden kann, ist zu großen Teilen bislang unklar – das sogenannte Transformationswissen fehlt. So wird teilweise darauf gesetzt, Unterstützung aus der Mehrheit der Gesellschaft für die Veränderungen zu erreichen und teilweise auf die Rolle von Nischenakteur*innen mit innovativen Ideen des Wandels fokussiert.

An dieser Stelle setzt die transformative Forschung an, die es zum Ziel hat, Wissen darüber zu generieren, wie eine Transformation gelingen kann sowie Transformationsprozesse zu verstehen. Dazu begleiten und initiieren die Forschenden gemeinsam mit lokalen Akteur*innen selbst Veränderungsprozesse. Dadurch sollen neue Ideen und Narrative in der Gesellschaft verbreitet und Paradigmen verändert werden, die bisher ressourcenschonende Politik und Handlungsroutinen erschweren (Schneidewind, Singer-Brodowski, Augenstein, et al. 2016; Schneidewind und Singer-Brodowski 2013; WBGU 2011, S. 23 f., siehe Abschn. 2.2.2). Indem Forschende bei diesem Ansatz selbst Transformation initiieren und unterstützen und ihre normativen Ansprüche explizit machen, gehen sie über ihre Rolle als Forschende im klassischen Sinne hinaus und werden so selbst zu institutionellen Unternehmer*innen (Campbell 2004, S. 177 f.;

© Der/die Autor(en) 2021
K. Schleicher, *Von alternativen Paradigmen zur umfassenden Transformation*,
https://doi.org/10.1007/978-3-658-32601-2_7

DiMaggio 1988, S. 14). Dabei hat die transformative Forschung mit ihrer intendierten Wirkungslogik implizit einige Gemeinsamkeiten mit dem diskursiven
Institutionalismus (u. a. Campbell 2004; Schmidt 2008, 2017): Institutionelle
Unternehmer*innen mit innovativen Ideen für Policies, Programme und Paradigmen – in diesem Fall mit dem Ziel einer Nachhaltigkeitstransformation – bringen
diese Ideen in meist städtische Diskurse, stoßen dadurch Veränderungen an und
kooperieren mit lokalen Akteur*innen.

   Laut diskursivem Institutionalismus ist das Vorhandensein institutioneller
Unternehmer*innen, die eine neue Idee voranbringen, eine Voraussetzung für
Politikwandel. Dabei sind der Zugang zu Entscheidungsträger*innen sowie die
einfache, anschlussfähige Kommunikation dieser Idee in Diskursen relevant.
Darüber hinaus bieten vorhandene Krisen, die als Gefahr für die Macht- und
Ressourcenverteilung wahrgenommen werden, geeignete Gelegenheitsfenster, an
die die institutionellen Unternehmer*innen mit ihren Ideen anknüpfen können.
Beim diskursiven Institutionalismus wird außerdem angenommen, dass Politikveränderungen nicht nur durch Ereignisse von außen ermöglicht werden, sondern
auch durch intern wahrgenommene Krisen. Dadurch kann es zu Veränderungen
unterschiedlicher Intensitäten kommen, die von gradueller Veränderung einzelner
Policies oder der Einführung neuer Programme bis hin zu transformativem Wandel – dem Ersetzen der Paradigmen – reichen können. Teilweise findet außerdem
eine langfristige Institutionalisierung der neuen Ideen statt.

   Um einerseits die transformative Forschung theoretisch zu fundieren und andererseits den diskursiven Institutionalismus weiterzuentwickeln, wurden in dieser
Arbeit beide Perspektiven zusammengeführt und es wurde untersucht, ob durch
zwei beispielhafte transformative Forschungsprojekte und ihre geführten Diskurse
bereits ein Wandel stattgefunden hat. Anhand von zwei Fallbeispielen aus dem
Kontext der Wuppertaler Transformationsforschung wurden Ideen, Akteur*innen,
Diskurse und Prozesse untersucht.

   Dazu wurden aus der Theorie des diskursiven Institutionalismus Prognosen
dazu herausgearbeitet, welche Entwicklungen in den beiden Fällen zu erwarten
sind und anschließend im Rahmen einer Kongruenzanalyse mit den Beobachtungen in der Empirie abgeglichen. Die Datenbasis stellten Expert*inneninterviews
und Dokumente dar, die mithilfe einer qualitativen Inhaltsanalyse hinsichtlich
ihres Inhaltes sowie mithilfe einer Dokumentenanalyse in Bezug auf ihre Entstehungszusammenhänge untersucht wurden (siehe Kap. 3). Daneben wurden
die Transformationsverständnisse des Untersuchungsgegenstandes der transformativen Forschung, der eng damit verbundenen Transition-Forschung sowie dem

diskursiven Institutionalismus verglichen, um später den diskursiven Institutionalismus mithilfe einiger Thesen der transformativen und der Transition-Forschung
weiterzuentwickeln.

Die Analyse kam zu dem Ergebnis, dass innerhalb des Untersuchungszeitraumes von drei Jahren bereits kleine Veränderungen stattgefunden haben (siehe
Abschn. 5.3.3). Es wurden neue Diskurse angestoßen und einige der Ideen sind
in Stadtverwaltung und Bürgerschaft hinein diffundiert. Die neuen Paradigmen,
die Grundlage einer umweltverträglichen Gesellschaft ohne den Anspruch dau-
erhaften Wirtschaftswachstums sein sollten, wurden kaum verbreitet. Dadurch
hat gradueller Wandel teilweise stattgefunden, also die Umsetzung kleiner neuer
Policies. Eine Transformation konnte bislang jedoch keiner der beiden Fälle
anstoßen.

Die Forschenden und ihre Organisationen wurden als institutionelle Unternehmer*innen und im Sinne epistemischer Gemeinschaften (Campbell 2004,
S. 106 f.; Haas 1992, S. 3 f., 27–29, siehe Abschn. 5.3.1) wahrgenommen, als
Berater*innen kontaktiert und in städtische Gremiensitzungen eingeladen. Dass
sie gut über die Prozesse in der Stadt informiert waren, ermöglichte es ihnen,
konkrete Gelegenheitsfenster zu nutzen und daran anzuknüpfen. Aus der Analyse
konnten einige Handlungsempfehlungen abgeleitet werden, die transformative
Forschungsprojekte in Zukunft erfolgversprechender machen würden sowie die
zentralen Thesen des diskursiven Institutionalismus weiterentwickelt werden.

Bezüglich der theoretischen Weiterentwicklung (siehe Abschn. 6.1) soll hier
insbesondere hervorgehoben werden, wie die unterschiedlichen Grade der Veränderung von einer Diffusion der Ideen über Wandel erster und zweiter Ordnung
bis hin zu einer erfolgreichen Transformation zusammenhängen. Im Kontext der
Transformationsforschung ist zwar die Annahme verbreitet, dass ein transformativer Wandel grundlegender Ideen in Politik und Gesellschaft notwendig ist, doch
trotzdem werden meist nur kleine Veränderungen und inkrementeller Wandel initiiert, statt radikale Veränderungen umzusetzen. Dem liegt der Glaube zugrunde,
dass inkrementelle Veränderungen sich langfristig zu transformativem Wandel
aufsummieren (Brand 2016, S. 24, siehe Abschn. 3.5).

Die Analyse hat allerdings gezeigt, dass die drei Grade des Wandels in den
meisten Fällen nicht nacheinander durchlaufen werden, gradueller Wandel also
selten nach und nach zu einer Transformation akkumuliert. Die Ergebnisse dieser
Arbeit deuten darauf hin, dass ein gradueller Wandel, also die Einführung neuer
Policies und Programme zu einer Transformation nur insoweit beiträgt, wenn
die im Hintergrund liegenden radikalen Paradigmen ebenfalls explizit gemacht
werden. Werden lediglich die neuen Policies und Programme formuliert und
die Paradigmen nicht explizit gemacht, ist es unwahrscheinlich, dass die drei

Grade des Wandels nacheinander erreicht werden. Wahrscheinlicher ist, dass die Veränderung nach der Einführung der neuen Policies und Programme endet. Um die alternativen Paradigmen verständlich zu kommunizieren, ist es hilfreich, diese zunächst in kleinen Nischen zu etablieren und erst im nächsten Schritt zu verbreiten. Dazu gehört auch eine Kritik bestehender Paradigmen.

Bei der Kommunikation der Ideen in den Diskursen zeigte sich außerdem, dass eine enge Kooperation mit Akteur*innen, die als Framer*innen und Vermittler*innen agieren können, zielführend ist. Diese sollen nicht nur die neuen Vorschläge für Policies und Programme teilen und verbreiten, sondern ebenso die neuen Paradigmen. Eine Formulierung der Ideen in einer anschlussfähigen und kontextspezifischen Art und Weise, aber ohne Abschwächung ihres Transformationspotenzials, ist ein herausfordernder Balanceakt. Dabei ist eine Verbreitung in die Bevölkerung hinein zielführend, eine konkrete Ansprache der Entscheidungsträger*innen jedoch noch zentraler. Für diese Kooperation mit anderen Akteur*innen zeigte sich, dass die institutionellen Unternehmer*innen über tiefe Netzwerke verfügen müssen, in denen sie mit den Netzwerkpartner*innen Erwartungen teilen und über Ressourcen verfügen.

Daneben konnte in dieser Arbeit eine weitere Voraussetzung für Wandel genauer ausdifferenziert werden. So müssen laut diskursivem Institutionalismus Krisen vorhanden sein, um bei den Entscheidungsträger*innen eine Offenheit gegenüber einer Veränderung zu erreichen. Die Analyse zeigte jedoch, dass als Gelegenheitsfenster in diesem Sinne sowohl wahrgenommene Krisen dienen können, als auch institutionelle Veränderungen. Krisen eignen sich dazu nur, wenn sie von kurzer Dauer sind im Gegensatz zur Phase der Stabilität und daher von den Entscheidungsträger*innen als akute Gefährdung wahrgenommen werden. Längerfristige Strukturprobleme eignen sich hier nicht. Hier konnte die Definition von Krisen also verfeinert werden als von den Entscheidungsträger*innen wahrgenommene kurzfristige, akute Gefährdung für die aktuelle Macht- und Ressourcenverteilung, die die Suche nach neuen Lösungen erfordert (siehe Abschn. 6.1.4). Andere institutionelle Veränderungen eignen sich dann besonders gut als Gelegenheitsfenster, wenn neu geschaffene Institutionen oder neues Personal noch offen für Ideen von außen sind oder wenn Synergien genutzt und Ressourcen durch die Zusammenarbeit mit den institutionellen Unternehmer*innen eingespart werden können.

Weiterhin konnte überprüft werden, ob der diskursive Institutionalismus sich für die Analyse von Veränderungen auf der lokalen Ebene eignet und ob überhaupt Paradigmenwechsel im räumlichen Radius einer Stadt möglich sind. Aus der Literatur zu urbanen Transformationsprozessen und Stadtsoziologie wurde herausgefunden, dass es in Städten unterschiedliche Krisendefinitionen, Lösungsstrategien und Diskurse gibt und sich durchaus eigenständig neue Paradigmen entwickeln und verbreiten können (siehe Abschn. 2.3).

Schlussfolgernd aus der Analyse konnten Empfehlungen für zukünftige transformative Forschungsprojekte abgeleitet werden (siehe Abschn. 6.2). Insbesondere soll hier hervorgehoben werden, dass sich der lokale Kontext sehr gut eignet, wenn die Forschenden dort über gute Reputation, tiefe Netzwerke und Wissen über lokale Prozesse verfügen. Die transformativen Forschenden müssen im Laufe des Forschungsprozesses auf aufkommende Gelegenheitsfenster reagieren, um ihre transformativen Ideen in städtische Diskurse zu integrieren und als konkrete Lösungswege zu kommunizieren. Daher ist eine gewisse Flexibilität vorteilhaft, weshalb nicht alle Schritte des Forschungsprojektes bereits im Voraus festgelegt werden sollten.

Die Forschenden müssen mit ihren Ideen als konkrete Lösungsvorschläge an Prozesse anknüpfen und die Ideen aller drei Ebenen – Policies, Programme und Paradigmen – klar formulieren. Transformative Forschungsprojekte sollten daher in Zukunft noch gezielter kommunizieren, wie die Entscheidungsträger*innen von den Ideen profitieren können, beispielsweise durch die Vergrößerung ihrer Macht und wie sie diese gewinnbringend nutzen können. Dies geschieht nur, wenn die Entscheidungsträger*innen selbst eine grundlegende Krise wahrnehmen, die sie als ihre Paradigmen infragestellend empfinden und so offen für fundamentalen Wandel sind. Aus den an die Entscheidungsträger*innen kommunizierten alternativen Paradigmen müssen dann wiederum konkrete Programme und Policies hergeleitet werden, die an die wahrgenommenen Krisen gut anknüpfen können und trotzdem umsetzbar erscheinen. Hierzu ist die enge Kooperation mit weiteren Akteur*innen notwendig. Diese sollten die Policies und Programme so übersetzen, dass der Bezug zum eigentlichen Paradigma und das Transformationspotenzial nicht eingebüßt werden. Transformative Forschende benötigen daher enge Verbindungen zu Akteur*innen, die als Vermittler*innen und Framer*innen die Ideen verständlich verbreiten können.

Wie genau dies am besten gelingt und wie Paradigmen aus radikalen Nischen diffundieren können, dazu besteht noch weiterer Forschungsbedarf. Bei diesen Fragen könnte auf Erkenntnissen aus dem Bereich der Transition-Forschung zurückgegriffen und diese weiterentwickelt werden (u. a. von Wirth et al. 2019). Daneben sollte genauer untersucht werden, auf welche Dauer transformative Forschungsprozesse angelegt sein müssten, um die Chance eines transformativen Wandels zu steigern und wie sich dies mit den aktuellen Praktiken der Forschungsförderung vereinbaren ließe. In diesem Zusammenhang stellt sich auch die Frage, wie radikal die Forschenden dabei in der Formulierung ihrer neuen

Paradigmen sein können, ohne ihr Ansehen als epistemische Gemeinschaft zu gefährden. Diese Aspekte sind jedoch nicht mehr Teil dieses Buches, sondern stellen mögliche Forschungsfragen für die weitere Entwicklung transformativer Forschung dar.

Zusammenfassend lässt sich festhalten, dass in dieser Arbeit sowohl ein Beitrag zur Weiterentwicklung des diskursiven Institutionalismus geleistet werden konnte als auch praktische Empfehlungen für transformative Forschung gegeben wurden: Bezüglich der Theorie konnten die Voraussetzungen für Transformation und die Definition von Gelegenheitsfenstern für Politikwandel verfeinert und neue Erkenntnisse bezüglich des Zusammenhangs zwischen graduellem und transformativem Wandel gewonnen werden. Im Hinblick auf die Praxisempfehlungen zeigt sich, dass der Ansatz transformativer Forschung durchaus erfolgversprechend ist, wenn einige Aspekte beachtet werden, so insbesondere die Kooperation mit lokalen Akteur*innen sowie die explizite Kommunikation der alternativen Paradigmen. Auch wenn ein Anstoßen von Transformation innerhalb von kurzen Projektlaufzeiten unwahrscheinlich ist, so kann Wissenschaft in längerfristigen Prozessen als institutionelle Unternehmerin wichtige Beiträge zu städtischen Transformationsdiskursen und der Verbreitung neuer Paradigmen leisten.

Literaturverzeichnis

Alasuutari, P. (2015). The discursive side of new institutionalism. *Cultural Sociology, 9*(2), 162–184. https://doi.org/10.1177/1749975514561805

Anderson, C. R., & McLachlan, S. M. (2016). Transformative research as knowledge mobilization: Transmedia, bridges, and layers. *Action Research, 14*(3), 295–317. https://doi.org/10.1177/1476750315616684

Argyris, C., & Schön, D. A. (1978). *Organizational learning.* Reading, Mass. u. a.: Addison-Wesley.

Asayama, S., Sugiyama, M., Ishii, A., & Kosugi, T. (2019). Beyond solutionist science for the Anthropocene: To navigate the contentious atmosphere of solar geoengineering. *The Anthropocene Review, 6*(1–2), 19–37. https://doi.org/10.1177/2053019619843678

Augenstein, K., Haake, H., Palzkill, A., Schneidewind, U., Singer-Brodowski, M., Stelzer, F., & Wanner, M. (2016). Von der Stadt zum urbanen Reallabor. Eine Einführung am Beispiel des Reallabors Wuppertal. In U. Hahne & H. Kegler (Hrsg.), *Resilienz: Stadt und Region - Reallabore der resilienzorientierten Transformation* (Bd. 1, S. 167–195). Frankfurt a. M: P. Lang.

Augenstein, K., & Palzkill, A. (2015). The dilemma of incumbents in sustainability transitions: A narrative approach. *Administrative Sciences, 6*(1), 1. https://doi.org/10.3390/admsci6010001

Avelino, F., & Wittmayer, J. M. (2016). Shifting power relations in sustainability transitions: A multi-actor perspective. *Journal of Environmental Policy & Planning, 18*(5), 628–649. https://doi.org/10.1080/1523908X.2015.1112259

Bakir, C. (2009). Policy entrepreneurship and institutional change: Multilevel governance of central banking reform. *Governance, 22*(4), 571–598. https://doi.org/10.1111/j.1468-0491.2009.01454.x

Barbehön, M., & Münch, S. (2017). Interrogating the city: Comparing locally distinct crisis discourses. *Urban Studies, 54*(9), 2072–2086. https://doi.org/10.1177/0042098015613002

Barbehön, M., Münch, S., Haus, M., & Heinelt, H. (2015). *Städtische Problemdiskurse: lokalpolitische Sinnhorizonte im Vergleich.* Baden-Baden: Nomos.

Bauler, T., Pel, B., & Backhaus, J. (2017). Institutional processes in transformative social innovation. Capture dynamics in the social solidarity economy and basic income initiatives.

© Der/die Herausgeber bzw. der/die Autor(en) 2021
K. Schleicher, *Von alternativen Paradigmen zur umfassenden Transformation,*
https://doi.org/10.1007/978-3-658-32601-2

In M. J. Cohen, H. S. Brown, & P. Vergragt (Hrsg.), *Social change and the coming of post-consumer society: theoretical advances and policy implications* (S. 78–94). Abingdon, Oxon ; New York, NY: Routledge.

Béland, D. (2005). Ideas and social policy: An institutionalist perspective. *Social Policy & Administration, 39*(1), 1–18. https://doi.org/10.1111/j.1467-9515.2005.00421.x

Berman, S. (1998). *The social democratic moment: ideas and politics in the making of interwar Europe.* Cambridge, Mass.: Harvard University Press.

Binz, C., Truffer, B., & Loorbach, D. A. (2017). Anchoring global networks in urban niches. How on-site water recycling emerged in three chinese cities. In N. Frantzeskaki, V. C. Broto, L. Coenen, & D. A. Loorbach (Hrsg.), *Urban sustainability transitions* (S. 24–36). New York: Routledge, Taylor & Francis Group.

Blatter, J., & Blume, T. (2008). In search of co-variance, causal mechanisms or congruence? Towards a plural understanding of case studies. *Swiss Political Science Review, 14*(2), 315–156. https://doi.org/10.1002/j.1662-6370.2008.tb00105.x

Blatter, J., Janning, F., & Wagemann, C. (2007). *Qualitative Politikanalyse: eine Einführung in Forschungsansätze und Methoden.* Wiesbaden: VS Verlag für Sozialwissenschaften.

Blatter, J., Langer, P. C., & Wagemann, C. (2018). *Qualitative Methoden in der Politikwissenschaft: eine Einführung.* Wiesbaden: Springer VS.

Blyth, M. (2002). *Great transformations: economic ideas and institutional change in the twentieth century.* New York: Cambridge University Press.

Böschen, S. (2014). Wissenschaft der Transformation – Transformationen der Wissenschaft. *GAIA - Ökologische Perspektiven für Wissenschaft und Gesellschaft, 23*(3), 278–279. https://doi.org/10.14512/gaia.23.3.16

Bosomworth, K. (2018). A discursive-institutional perspective on transformative governance: A case from a fire management policy sector. *Environmental Policy and Governance.* https://doi.org/10.1002/eet.1806

Boswell, C., & Hampshire, J. (2017). Ideas and agency in immigration policy: A discursive institutionalist approach: Ideas and Agency in immigration Policy. *European Journal of Political Research, 56*(1), 133–150. https://doi.org/10.1111/1475-6765.12170

Brand, U. (2016). "Transformation" as a new critical orthodoxy: The strategic use of the term "transformation" does not prevent multiple crises. *GAIA - Ökologische Perspektiven für Wissenschaft und Gesellschaft, 25*(1), 23–27. https://doi.org/10.14512/gaia.25.1.7

Brown, R. R., Farrelly, M. A., & Loorbach, D. A. (2013). Actors working the institutions in sustainability transitions: The case of Melbourne's stormwater management. *Global Environmental Change, 23*(4), 701–718. https://doi.org/10.1016/j.gloenvcha.2013.02.013

Buijs, A., Mattijssen, T., & Arts, B. (2014). „The man, the administration and the counter-discourse": An analysis of the sudden turn in Dutch nature conservation policy. *Land Use Policy, 38*, 676–684. https://doi.org/10.1016/j.landusepol.2014.01.010

BUND – Bund für Umwelt und Naturschutz Deutschland, & Misereor (Hrsg.). (1997). *Zukunftsfähiges Deutschland.* Basel: Birkhäuser Basel. https://doi.org/10.1007/978-3-0348-5088-9

BUW – Bergische Universität Wuppertal. (o. J.). Geschichte der Universität. https://www.uni-wuppertal.de/de/universitaet/unsere-universitaet/geschichte-der-universitaet/. Zugegriffen: 18. Februar 2020

Campbell, J. L. (1998). Institutional analysis and the role of ideas in political economy. *Theory and Society, 27*(3), 377–409. https://doi.org/10.1023/A:1006871114987

Campbell, J. L. (2002). Ideas, politics, and public policy. *Annual Review of Sociology, 28*(1), 21–38. https://doi.org/10.1146/annurev.soc.28.110601.141111

Campbell, J. L. (2004). *Institutional change and globalization.* Princeton, NJ: Princeton Univ. Press.

Campbell-Verduyn, M. (2017). Capturing the moment? Crisis, market accountability, and the limits of legitimation. *New Political Science, 39*(3), 350–368. https://doi.org/10.1080/073 93148.2017.1339412

Canadian Index of Wellbeing. (2016). *How are canadians really doing? The 2016 CIW national report.* Waterloo, Ontario: Canadian Index of Wellbeing and University of Waterloo. https://uwaterloo.ca/canadian-index-wellbeing/sites/ca.canadian-index-wellbe ing/files/uploads/files/c011676-nationalreport-ciw_final-s_0.pdf. Zugegriffen: 26. März 2020

Capoccia, G., & Kelemen, R. D. (2007). The study of critical junctures: Theory, narrative, and counterfactuals in historical institutionalism. *World Politics, 59*(3), 341–369. https:// doi.org/10.1017/s0043887100020852

Carstensen, M. B., & Schmidt, V. A. (2016). Power through, over and in ideas: conceptualizing ideational power in discursive institutionalism. *Journal of European Public Policy, 23*(3), 318–337. https://doi.org/10.1080/13501763.2015.1115534

Cashore, B., & Howlett, M. (2007). Punctuating which equilibrium? Understanding thermo-static policy dynamics in pacific northwest forestry. *American Journal of Political Science, 51*(3), 532–551. https://doi.org/10.1111/j.1540-5907.2007.00266.x

Crutzen, P. J. (2002). Geology of mankind. *Nature, 415*(6867), 23–23. https://doi.org/10. 1038/415023a

Dacin, T., Goodstein, J., & Scott, R. (2002). Institutional theory and institutional change: Introduction to the special research forum. *The Academy of Management Journal, 45*(1), 45–56. https://doi.org/10.2307/3069284

De Buhr, H. (1984). Sozialer Wandel und Moderne in Wuppertal. In Beeck, K. H. & Becker, R. (Hrsg.), *Gründerzeit - Versuch einer Grenzbestimmung im Wuppertal* (S. 42–63). Köln: Rheinland-Verlag.

Delhey, J. (2013). Vom BIP zum Glück. Wohlbefinden als neues gesellschaftliches Ziel? In G. Wegner (Hrsg.), *Wohlstand, Wachstum, gutes Leben: Wege zu einer Transformation der Ökonomie* (S. 147–168). Marburg: Metropolis-Verlag.

den Besten, J. W., Arts, B., & Verkooijen, P. (2014). The evolution of REDD plus: an analysis of discursive-institutional dynamics. *Environmental Science & Policy, 35,* 40–48. https:// doi.org/10.1016/j.envsci.2013.03.009

Denzin, N. K. (2009). *The research act: a theoretical introduction to sociological methods.* New Brunswick, NJ: AldineTransaction.

Deutscher Bundestag. (2013). *Schlussbericht der Enquete-Kommission „Wachstum, Wohl-stand, Lebensqualität – Wege zu nachhaltigem Wirtschaften und gesellschaftlichem Fortschritt in der sozialen Marktwirtschaft"* (No. Drucksache 17/13300). Berlin: Deut-scher Bundestag. https://dipbt.bundestag.de/dip21/btd/17/133/1713300.pdf. Zugegriffen: 26. März 2020

Di Gregorio, M., Gallemore, C. T., Brockhaus, M., Fatorelli, L., & Muharrom, E. (2017). How institutions and beliefs affect environmental discourse: Evidence from an eight-country survey on REDD. *Global Environmental Change-Human and Policy Dimensions, 45,* 133–150. https://doi.org/10.1016/j.gloenvcha.2017.05.006

DiMaggio, P. (1988). Interest and agency in institutional theory. In L. G. Zucker (Hrsg.), *Institutional patterns and organizations: culture and environment* (S. 3–21). Cambridge, Mass: Ballinger Pub. Co.

EC – European Commission, & Statistical Office of the European Communities (Hrsg.). (2005). *Measuring progress towards a more sustainable Europe: sustainable development indicators for the European Union, data 1990–2005* (2005 edition.). Luxemburg: Office for Official Publications of the European Communities. https://ec.europa.eu/eurostat/documents/3217494/5659737/KS-68-05-551-EN.PDF/ 7f3fd933-4b1c-4bce-b2cb-6a9dc7d0990d. Zugegriffen: 26. März 2020

Fairbrass, J. (2011). Exploring Corporate Social Responsibility policy in the European Union: A discursive institutionalist analysis. *Journal of Common Market Studies, 49*(5), 949–970. https://doi.org/10.1111/j.1468-5965.2010.02162.x

Flick, U. (1990). Fallanalysen: Geltungsbegründung durch Systematische Perspektiven-Triangulation. In G. Jüttemann (Hrsg.), *Komparative Kasuistik* (S. 184–203). Heidelberg: Asanger.

Flick, U. (2014). Gütekriterien qualitativer Sozialforschung. In N. Baur & J. Blasius (Hrsg.), *Handbuch Methoden der empirischen Sozialforschung* (S. 411–423). Wiesbaden: Springer Fachmedien Wiesbaden. https://doi.org/10.1007/978-3-531-18939-0_29

Foucault, M. (2015). *Archäologie des Wissens.* (U. Köppen, Übers.) (17. Auflage.). Frankfurt am Main: Suhrkamp.

Frantzeskaki, N., Broto, V. C., Coenen, L., & Loorbach, D. A. (2017). Urban sustainability transitions. The dynamics and opportunities of sustainability transitions in cities. In N. Frantzeskaki, V. C. Broto, L. Coenen, & D. A. Loorbach (Hrsg.), *Urban sustainability transitions* (S. 1–19). New York: Routledge, Taylor & Francis Group.

Frantzeskaki, N., Loorbach, D. A., & Meadowcroft, J. (2012). Governing societal transitions to sustainability. *International Journal of Sustainable Development, 15*(1/2), 19–36. https://doi.org/10.1504/IJSD.2012.044032

Fuenfschilling, L. (2017). Urban sustainability transitions. Opportunities and challenges for institutional change. In N. Frantzeskaki, V. C. Broto, L. Coenen, & D. A. Loorbach (Hrsg.), *Urban sustainability transitions* (S. 148–155). New York: Routledge, Taylor & Francis Group.

Fuenfschilling, L., & Truffer, B. (2014). The structuration of socio-technical regimes—Conceptual foundations from institutional theory. *Research Policy, 43*(4), 772–791. https://doi.org/10.1016/j.respol.2013.10.010

Gardner, A. (2017). Big change, little change? Punctuation, increments and multi-layer institutional change for English local authorities under austerity. *Local Government Studies, 43*(2), 150–169. https://doi.org/10.1080/03003930.2016.1276451

Geels, F. W. (2002). Technological transitions as evolutionary reconfiguration processes: a multi-level perspective and a case-study. *Research Policy, 31*(8–9), 1257–1274. https://doi.org/10.1016/S0048-7333(02)00062-8

Geels, F. W. (2011). The multi-level perspective on sustainability transitions: Responses to seven criticisms. *Environmental Innovation and Societal Transitions, 1*(1), 24–40. https://doi.org/10.1016/j.eist.2011.02.002

George, A. L., & Bennett, A. (2005). *Case studies and theory development in the social sciences.* Cambridge, Mass: MIT Press.

Gibbons, M., Limoges, C., Nowotny, H., Schwartzman, S., Scott, P., & Trow, M. (1994). *The new production of knowledge: the dynamics of science and research in contemporary societies.* London: Sage Publications.

Giddens, A. (1984). *The constitution of society: outline of the theory of structuration.* Cambridge: Polity Press.

Gillard, R. (2016). Unravelling the United Kingdom's climate policy consensus: The power of ideas, discourse and institutions. *Global Environmental Change, 40,* 26–36. https://doi.org/10.1016/j.gloenvcha.2016.06.012

Gläser, J., & Laudel, G. (2010). *Experteninterviews und qualitative Inhaltsanalyse als Instrumente rekonstruierender Untersuchungen* (4. Auflage.). Wiesbaden: VS Verlag.

Göpel, M. (2016). *The great mindshift. How a new economic paradigm and sustainability transformations go hand in hand* (Bd. 2). Cham: Springer International Publishing. https://doi.org/10.1007/978-3-319-43766-8

Granqvist, K., Humer, A., & Mäntysalo, R. (2020). Tensions in city-regional spatial planning: the challenge of interpreting layered institutional rules. *Regional Studies,* 1–13. https://doi.org/10.1080/00343404.2019.1707791

Grube, D., & van Acker, E. (2017). Rhetorically defining a social institution: how leaders have framed same-sex marriage. *Australian Journal of Political Science, 52*(2), 183–198. https://doi.org/10.1080/10361146.2016.1260683

Grunwald, A. (2015). Transformative Wissenschaft - eine neue Ordnung im Wissenschaftsbetrieb? *GAIA - Ökologische Perspektiven für Wissenschaft und Gesellschaft, 24*(1), 17–20. https://doi.org/10.14512/gaia.24.1.5

Haake, H., Ludwigs, K., Schneidewind, U., & Lohmann, A. (2019). Glücklich in Wuppertal. Ein urbanes Wohlbefindens-Panel. *FGW-Studie. Integrierende Stadtentwicklung 07.* https://www.fgw-nrw.de/fileadmin/user_upload/FGW-Studie-ISE-07-Haake-2019_01_23-komplett-web.pdf. Zugegriffen: 26. März 2020

Haas, P. M. (1992). Introduction: Epistemic communities and international policy coordination. *International Organization, 46*(1), 1–35. https://doi.org/10.1017/S0020818300001442

Hall, P. A. (1993). Policy paradigms, social learning, and the state: The case of economic policymaking in Britain. *Comparative Politics, 25*(3), 275–296. https://doi.org/10.2307/422246

Häußermann, H., Läpple, D., & Siebel, W. (2008). *Stadtpolitik.* Frankfurt am Main: Suhrkamp.

Haverland, M. (2010). If similarity is the challenge - congruence analysis should be part of the answer. *European Political Science, 9*(1), 68–73. https://doi.org/10.1057/eps.2009.47

Hay, C. (2001). The „crisis" of Keynesianism and the rise of neoliberalism in Britain. In J. L. Campbell & O. K. Pedersen (Hrsg.), *The rise of neoliberalism and institutional analysis* (S. 193–218). Princeton, N.J: Princeton University Press.

Hay, C. (2006). Constructivist institutionalism. In R. A. W. Rhodes, S. A. Binder, & B. A. Rockman (Hrsg.), *The Oxford handbook of political institutions* (S. 56–74). Oxford ; New York: Oxford University Press.

Hayden, A., & Wilson, J. (2017). „Beyond-GDP" indicators. Changing the economic narrative for a post-consumer society? In M. J. Cohen, H. S. Brown, & P. Vergragt (Hrsg.), *Social change and the coming of post-consumer society: theoretical advances and policy implications* (S. 170–191). Abingdon, Oxon; New York, NY: Routledge.

Heidbreder, E. G. (2013). European Union governance in the shadow of contradicting ideas: the decoupling of policy ideas and policy instruments. *European Political Science Review*, *5*(01), 133–150. https://doi.org/10.1017/S1755773912000069

Heinrichs, W. (1984). Die Entwicklung des Vereinslebens im Wuppertal als Indikator für Gründerzeit. In Beeck, K. H. & Becker, R. (Hrsg.), *Gründerzeit - Versuch einer Grenzbestimmung im Wuppertal* (S. 109–124). Köln: Rheinland-Verlag.

Henrysson, M., & Hendrickson, C. Y. (2020). Transforming the governance of energy systems: the politics of ideas in low-carbon infrastructure development in Mexico and Vietnam. *Climate and Development*, 1–12. https://doi.org/10.1080/17565529.2020.1723469

Heron, T., & Murray-Evans, P. (2016). Limits to market power: Strategic discourse and institutional path dependence in the European Union - African, Caribbean and Pacific Economic Partnership Agreements. *European Journal of International Relations*, *23*(2), 341–364. https://doi.org/10.1177/1354066116639359

Herranz-Surralles, A. (2016). An emerging EU energy diplomacy? Discursive shifts, enduring practices. *Journal of European Public Policy*, *23*(9), 1386–1405. https://doi.org/10.1080/13501763.2015.1083044

Hildebrandt, A. (2015). Experteninterviews. In A. Hildebrandt, S. Jäckle, F. Wolf, & A. Heindl (Hrsg.), *Methodologie, Methoden, Forschungsdesign* (S. 241–255). Wiesbaden: Springer Fachmedien Wiesbaden. https://doi.org/10.1007/978-3-531-18993-2_10

Hilger, A., Rose, M., & Wanner, M. (2018). Changing faces - Factors influencing the roles of researchers in real-world laboratories. *GAIA - Ökologische Perspektiven für Wissenschaft und Gesellschaft*, *27*(1), 138–145. https://doi.org/10.14512/gaia.27.1.9

Hope, M., & Raudla, R. (2012). Discursive institutionalism and policy stasis in simple and compound polities: the cases of Estonian fiscal policy and United States climate change policy. *Policy Studies*, *33*(5), 399–418. https://doi.org/10.1080/01442872.2012.722286

IAEG-SDG – Inter-Agency and Expert Group on Sustainable Development Goal Indicators. (2016). *Final list of proposed Sustainable Development Goal indicators. Report of the Inter-Agency and Expert Group on Sustainable Development Goal Indicators* (No. E/CN.3/2016/2/Rev.1). UN Division for Sustainable Development. https://sustainabledevelopment.un.org/content/documents/11803Official-List-of-Proposed-SDG-Indicators.pdf. Zugegriffen: 26. März 2020

IHK – Industrie- und Handelskammer Wuppertal-Solingen-Remscheid. (2015). *Zahlenspiegel. Wirtschaftsregion Bergisches Städtedreieck*. Wuppertal, Solingen, Remscheid: Industrie- und Handelskammer Wuppertal, Solingen, Remscheid. https://www.bergische.ihk.de/blueprint/servlet/resource/blob/2960356/31a2fd2aa721aaa3ba7d9d4866f9b560/zahlenspiegel-2015-data.pdf. Zugegriffen: 26. März 2020

IPBES – Intergovernmental Science-Policy Platform on Biodiversity and Ecosystem Services (Hrsg.). (2019). *Global assessment report on biodiversity and ecosystem services of the Intergovernmental Science-Policy Platform on Biodiversity and Ecosystem Services*. Bonn: IPBES Sekretariat. https://ipbes.net/global-assessment. Zugegriffen: 26. März 2020

IPCC – Intergovernmental Panel on Climate Change (Hrsg.). (2012). *Managing the risks of extreme events and disasters to advance climate change adaptation. A special report of working groups I and II of the Intergovernmental Panel on Climate Change*. [Field, C.B., V. Barros, T.F. Stocker, D. Qin, D.J. Dokken, K.L. Ebi, M.D. Mastrandrea, K.J. Mach, G.-K. Plattner, S.K. Allen, M. Tignor, and P.M. Midgley (eds.)]. Cambridge and New York: Cambridge University Press.

IPCC – Intergovernmental Panel on Climate Change, WMO - World Meteorological Organization, & UNEP - United Nations Environmental Programme (Hrsg.). (1992). *Climate change: the 1990 and 1992 IPCC assessments: IPCC first assessment report, overview and policymaker summaries and 1992 IPCC supplement.* Geneva: WMO/UNEP Joint IPCC Secretariat. https://www.ipcc.ch/report/climate-change-the-ipcc-1990-and-1992-assessments/. Zugegriffen: 22. April 2020

IT.NRW – Landesbetrieb für Information und Technik Nordrhein-Westfalen. (2016). Landesdatenbank Nordrhein-Westfalen. Kassenkredite, Wertpapierschulden und Kredite der Gemeinden und Gemeindeverbände. Tabelle 71327K-01i. https://www.landesdatenbank. nrw.de/ldbnrw/online. Zugegriffen: 13. Juli 2016

IT.NRW – Landesbetrieb für Information und Technik Nordrhein-Westfalen. (o. J.). Landesdatenbank Nordrhein-Westfalen. Kassenkredite, Wertpapierschulden und Kredite der Gemeinden und Gemeindeverbände. Tabelle 12411–01i. https://www.landesdatenbank. nrw.de/ldbnrw/online. Zugegriffen: 24. April 2020

Jackson, T. (2009). *Prosperity without growth: economics for a finite planet.* London, Sterling, VA: Earthscan.

Kaiser, R. (2014). *Qualitative Experteninterviews: konzeptionelle Grundlagen und praktische Durchführung.* Wiesbaden: Springer VS.

Kangas, O., Jauhiainen, S., & Ylikännö, M. (Hrsg.). (2019). *The basic income experiment 2017–2018 in Finland. Preliminary results. Reports and Memomandums of the Ministry of Social Affairs and Health* (No. 2019:9). Helsinki: Ministry of Social Affairs and Health.

Kela (Kansaneläkelaitos) The Social Insurance Institution of Finland. (2015). Basic income experiment. *Kela.* https://www.kela.fi/web/en/basic-income-experiment?inheritRedirect= true. Zugegriffen: 21. Oktober 2019

Kemp, R., & van Lente, H. (2013). The dual challenge of sustainability transitions: different trajectories and criteria. In M. J. Cohen, H. Szejnwald Brown, & P. J. Vergragt (Hrsg.), *Innovations in Sustainable Consumption: New Economics, Socio-technical Transitions and Social Practices* (S. 115–132). Cheltenham, UK: Edward Elgar.

Kern, F. (2011). Ideas, institutions, and interests: Explaining policy divergence in fostering 'system innovations' towards sustainability. *Environment and Planning C: Government and Policy, 29*(6), 1116–1134. https://doi.org/10.1068/c1142

King, D. S. (1999). *In the name of liberalism: illiberal social policy in the USA and Britain.* Oxford; New York: Oxford University Press.

Kjær, P., & Pedersen, O. K. (2001). Translating liberalization. Neoliberalism in the Danish negotiated economy. In J. L. Campbell & O. K. Pedersen (Hrsg.), *The rise of neoliberalism and institutional analysis* (S. 219–248). Princeton, N.J: Princeton University Press.

Kläy, A., & Schneider, F. (2015). Zwischen Wettbewerbsfähigkeit und nachhaltiger Entwicklung: Forschungsförderung braucht Politikkohärenz. *GAIA - Ökologische Perspektiven für Wissenschaft und Gesellschaft, 24*(4), 224–227. https://doi.org/10.14512/gaia.24.4.4

Klenk, N. L., & Larson, B. M. H. (2015). The assisted migration of western larch in British Columbia: A signal of institutional change in forestry in Canada? *Global Environmental Change-Human and Policy Dimensions, 31*, 20–27. https://doi.org/10.1016/j.gloenvcha. 2014.12.002

Knight, J. (1992). *Institutions and social conflict.* Cambridge [England] ; New York, N.Y: Cambridge University Press.

Kost, A. (2010). Kommunalpolitik in Nordrhein-Westfalen. In A. Kost & H.-G. Wehling (Hrsg.), *Kommunalpolitik in den deutschen Ländern: eine Einführung* (S. 231–254). Wiesbaden: VS Verlag für Sozialwissenschaften.

Krainer, L., & Winiwarter, V. (2016). Die Universität als Akteurin der transformativen Wissenschaft. Konsequenzen für die Messung der Qualität transdisziplinärer Forschung. *GAIA - Ökologische Perspektiven für Wissenschaft und Gesellschaft*, 25(2), 110–116. https://doi.org/10.14512/gaia.25.2.11

Kristof, K. (2010). *Models of change: Einführung und Verbreitung sozialer Innovationen und gesellschaftlicher Veränderungen in transdisziplinärer Perspektive.* Zürich: vdf-Hochschulverlag.

Kromidha, E., & Cordoba-Pachon, J.-R. (2017). Discursive Institutionalism for reconciling change and stability in digital innovation public sector projects for development. *Government Information Quarterly*, *34*(1), 16–25. https://doi.org/10.1016/j.giq.2016.11.004

Lamnek, S. (1995). *Methoden und Techniken* (Bd. 2). Weinheim: Beltz, Psychologie Verlags Union.

Lamnek, S., & Krell, C. (2016). *Qualitative Sozialforschung: mit Online-Material* (6., überarbeitete Auflage.). Weinheim Basel: Beltz.

Landesregierung Nordrhein-Westfalen. (2016). *Heute handeln. Gemeinsam für nachhaltige Entwicklung in NRW. Nachhaltigkeitsstrategie für Nordrhein-Westfalen.* Düsseldorf. https://www.nachhaltigkeit.nrw.de/fileadmin/user_upload/Nachhaltigkeitsstrategie_PDFs/NRW_Nachhaltigkeitsstrategie_Broschuere_DE_Online_Version_22032017.pdf. Zugegriffen: 26. März 2020

Lauber, V., & Schenner, E. (2011). The struggle over support schemes for renewable electricity in the European Union: a discursive-institutionalist analysis. *Environmental Politics*, *20*(4), 508–527. https://doi.org/10.1080/09644016.2011.589578

Lawrence, T. B., & Suddaby, R. (2006). Institutions and institutional work. In S. R. Clegg, C. Hardy, T. B. Lawrence, & W. R. Nord (Hrsg.), *Handbook of organization studies* (2. Aufl., S. 215–254). London: SAGE Publications.

Lehtonen, M. (2015). Indicators: tools for informing, monitoring or controlling? In A. Jordan & J. Turnpenny (Hrsg.), *The tools of policy formulation: actors, capacities, venues and effects* (S. 76–99). Cheltenham, UK; Northampton, MA: Edward Elgar Publishing Limited.

Lieberman, R. C. (2007). *Shaping race policy: the United States in comparative perspective.* Princeton, N.J.; Woodstock: Princeton University Press. Zugegriffen: 19. Januar 2018

Loorbach, D. A. (2017). Consumption, governance, and transition. How reconnecting consumption and production opens up new perspectives for sustainable development. In M. J. Cohen, H. S. Brown, & P. Vergragt (Hrsg.), *Social change and the coming of post-consumer society: theoretical advances and policy implications* (S. 192–211). Abingdon, Oxon; New York, NY: Routledge.

Loorbach, D. A., Frantzeskaki, N., & Avelino, F. (2017). Sustainability transitions research: Transforming science and practice for societal change. *Annual Review of Environment and Resources*, *42*(1), 599–626. https://doi.org/10.1146/annurev-environ-102014-021340

Loorbach, D. A., & Lijnis Huffenreuter, R. (2013). Exploring the economic crisis from a transition management perspective. *Environmental Innovation and Societal Transitions*, *6*, 35–46. https://doi.org/10.1016/j.eist.2013.01.003

Loorbach, D. A., & Shiroyama, H. (2016). The challenge of sustainable urban development and transforming cities. In D. A. Loorbach, J. M. Wittmayer, H. Shiroyama, J. Fujino, & S. Mizuguchi (Hrsg.), *Governance of Urban Sustainability Transitions* (S. 3–12). Tokyo: Springer Japan. https://doi.org/10.1007/978-4-431-55426-4_1

Losse, B., & Fischer, K. (2015, November 27). Städteranking 2015 - Das sind die besten Städte Deutschlands. *WirtschaftsWoche*. https://www.wiwo.de/politik/deutschland/staedt eranking-2015-das-sind-die-besten-staedte-deutschlands/12632482.html. Zugegriffen: 9. August 2016

Löw, M. (2008). *Soziologie der Städte*. Frankfurt am Main: Suhrkamp.

Löw, M. (2012). The intrinsic logic of cities: towards a new theory on urbanism. *Urban Research & Practice*, *5*(3), 303–315. https://doi.org/10.1080/17535069.2012.727545

Lucas, R., Simon, K.-H., & Ernst, A. (2013). Transformative research for climate adaptation. Contributions of regional networks and knowledge management. *GAIA - Ökologische Perspektiven für Wissenschaft und Gesellschaft*, *22*(3), 201–203. https://doi.org/10.14512/gaia.22.3.15

Martens, P., & Rotmans, J. (2005). Transitions in a globalising world. *Futures*, *37*(10), 1133–1144. https://doi.org/10.1016/j.futures.2005.02.010

Mauser, W., Klepper, G., Rice, M., Schmalzbauer, B. S., Hackmann, H., Leemans, R., & Moore, H. (2013). Transdisciplinary global change research: the co-creation of knowledge for sustainability. *Current Opinion in Environmental Sustainability*, *5*(3–4), 420–431. https://doi.org/10.1016/j.cosust.2013.07.001

Mayring, P. (2000). *Qualitative Inhaltsanalyse ; Grundlagen und Techniken*. Weinheim: Deutscher Studien-Verlag.

Mayring, P. (2010). Qualitative Inhaltsanalyse. In G. Mey (Hrsg.), *Handbuch qualitative Forschung in der Psychologie* (S. 601–613). Wiesbaden: VS Verlag für Sozialwissenschaften.

Mayring, P. (2016). *Einführung in die qualitative Sozialforschung: eine Anleitung zu qualitativem Denken* (6., überarbeitete Auflage.). Weinheim Basel: Beltz.

Mayring, P., & Fenzl, T. (2014). Qualitative Inhaltsanalyse. In N. Baur & J. Blasius (Hrsg.), *Handbuch Methoden der empirischen Sozialforschung* (S. 543–556). Wiesbaden: Springer Fachmedien Wiesbaden. https://doi.org/10.1007/978-3-531-18939-0_38

Meadows, D. H., Meadows, D. L., Randers, J., & Behrens III, W. W. (Hrsg.). (1972). *The limits to growth: a report for the Club of Rome's project on the predicament of mankind*. New York: Universe Books.

Meuser, M., & Nagel, U. (2009). Das Experteninterview – konzeptionelle Grundlagen und methodische Anlage. In S. Pickel, G. Pickel, H.-J. Lauth, & D. Jahn (Hrsg.), *Methoden der vergleichenden Politik- und Sozialwissenschaft: neue Entwicklungen und Anwendungen* (S. 465–479). Wiesbaden: VS Verlag für Sozialwissenschaften.

Muno, W. (2009). Fallstudien und die vergleichende Methode. In S. Pickel, G. Pickel, H.-J. Lauth, & D. Jahn (Hrsg.), *Methoden der vergleichenden Politik- und Sozialwissenschaft: neue Entwicklungen und Anwendungen* (1. Auflage., S. 113–131). Wiesbaden: VS Verlag für Sozialwissenschaften.

National Science Foundation. (2007). *Enhancing support of transformative research at the national science foundation* (No. NSB-07–32). Arlington, USA: National Science Foundation. https://www.nsf.gov/nsb/documents/2007/tr_report.pdf. Zugegriffen: 26. März 2020

Nevens, F., Frantzeskaki, N., Gorissen, L., & Loorbach, D. A. (2013). Urban transition labs: co-creating transformative action for sustainable cities. *Journal of Cleaner Production, 50*, 111–122. https://doi.org/10.1016/j.jclepro.2012.12.001

Nitt-Drießelmann, D., & Wedemeiner, J. (2015). *HWWI / Berenberg-Städteranking 2015. Die größten Städte Deutschlands im Vergleich.* Hamburgisches WeltWirtschaftsInstitut & Berenberg. https://www.hwwi.org/fileadmin/hwwi/Publikationen/Partnerpublikationen/Berenberg/2015-10-05_Staedteranking_ANSICHT_FINAL.pdf. Zugegriffen: 26. März 2020

Nordbeck, R. (2013). *Internationaler Politiktransfer und nationaler Politikwandel: Ausbreitung und Effektivität des Umweltaktionsprogramms in Mittel- und Osteuropa.* Wiesbaden: Springer VS.

Nordin, A. (2017). Towards a European policy discourse on compulsory education: The case of Sweden. *European Educational Research Journal, 16*(4), 474–486. https://doi.org/10.1177/1474904116681574

Nowotny, H., Scott, P., & Gibbons, M. (2001). *Re-thinking science: knowledge and the public in an age of uncertainty.* Cambridge: Polity Press.

Oberbürgermeister der Stadt Wuppertal. (2008). *Leitlinien der Wuppertaler Stadtentwicklung 2015.* Wuppertal.

Ochieng, R. M., Visseren-Hamakers, I. J., Brockhaus, M., Kowler, L. F., Herold, M., & Arts, B. (2016). Historical development of institutional arrangements for forest monitoring and REDD plus MRV in Peru: Discursive-institutionalist perspectives. *Forest Policy and Economics, 71*, 52–59. https://doi.org/10.1016/j.forpol.2016.07.007

OECD – Organisation for Economic Co-operation and Development. (2011). *How's life?: Measuring well-being.* Paris: OECD Publishing. https://www.oecd-ilibrary.org/economics/how-s-life_9789264121164-en. Zugegriffen: 25. Mai 2016

OECD – Organisation for Economic Co-operation and Development. (2013). *How's life? 2013.* OECD Publishing. https://www.oecd-ilibrary.org/economics/how-s-life-2013_9789264201392-en. Zugegriffen: 7. September 2015

OECD – Organisation for Economic Co-operation and Development. (2014). *How's life in your region?* OECD Publishing. https://www.oecd-ilibrary.org/urban-rural-and-regional-development/how-s-life-in-your-region_9789264217416-en. Zugegriffen: 17. Juni 2015

OECD – Organisation for Economic Co-operation and Development. (2015). *How's life? 2015: Measuring well-being.* Paris: OECD Publishing. https://www.oecd-ilibrary.org/economics/how-s-life-2015_how_life-2015-en. Zugegriffen: 23. Mai 2016

Park, S. E., Marshall, N. A., Jakku, E., Dowd, A. M., Howden, S. M., Mendham, E., & Fleming, A. (2012). Informing adaptation responses to climate change through theories of transformation. *Global Environmental Change, 22*(1), 115–126. https://doi.org/10.1016/j.gloenvcha.2011.10.003

Pel, B. (2016). Trojan horses in transitions: A dialectical perspective on innovation 'capture'. *Journal of Environmental Policy & Planning, 18*(5), 673–691. https://doi.org/10.1080/1523908X.2015.1090903

Pohl, C., & Hirsch Hadorn, G. (2008). Core Terms in Transdisciplinary Research. In G. Hirsch Hadorn, H. Hoffmann-Riem, S. Biber-Klemm, W. Grossenbacher-Mansuy, D. Joye, C. Pohl, et al. (Hrsg.), *Handbook of Transdisciplinary Research* (S. 427–432). Dordrecht: Springer Netherlands. https://doi.org/10.1007/978-1-4020-6699-3_28

Polanyi, K. (1944). *The great transformation. The political and economic origins of our time.* Boston, MA: Beacon Press.

Presse- und Informationsamt der Bundesregierung. (2016). *Bericht der Bundesregierung zur Lebensqualität in Deutschland.* Berlin: Die Bundesregierung. https://buergerdialog.gut-leben-in-deutschland.de/SharedDocs/Downloads/DE/LB/Regierungsbericht-zur-Lebens qualitaet-in-Deutschland.pdf?__blob=publicationFile. Zugegriffen: 7. November 2016

Prognos AG. (2016). *Prognos Zukunftsatlas 2016. Das Ranking für Deutschlands Regionen.* Berlin. https://www.prognos.com/publikationen/zukunftsatlas-r-regionen/zukunftsa tlas-r-2016/. Zugegriffen: 13. Dezember 2018

Quack, S. (2006). Institutioneller Wandel. Institutionalisierung und De-Institutionalisierung. In K. Senge & K.-U. Hellmann (Hrsg.), *Einführung in den Neo-Institutionalismus* (S. 172–184). Wiesbaden: VS Verlag für Sozialwissenschaften.

Rametsteiner, E., Pülzl, H., Alkan-Olsson, J., & Frederiksen, P. (2011). Sustainability indicator development - Science or political negotiation? *Ecological Indicators, 11*(1), 61–70. https://doi.org/10.1016/j.ecolind.2009.06.009

Raskin, P., Banuri, T., Gallopín, G., Gutman, P., Hammond, A., Kates, R., & Swart, R. (2002). *Great transition: the promise and lure of the times ahead.* Boston: Stockholm Environment Institute.

Rayroux, A. (2014). Speaking EU defence at home: Contentious discourses and constructive ambiguity. *Cooperation and Conflict, 49*(3), 386–405. https://doi.org/10.1177/001083671 3495001

Rees, W. E. (1995). More jobs, less damage: A framework for sustainability, growth and employment. *Alternatives, 21*(4), 24–30.

Reutter, O., Bierwirth, A., Gröne, M.-C., Lemken, T., Lucas, R., Mattner, T., et al. (2012). *Low carbon city Wuppertal 2050: Sondierungsstudie; Abschlussbericht.* Wuppertal Institut. https://epub.wupperinst.org/files/4679/4679_LCC_Wuppertal_2050.pdf. Zugegriffen: 26. März 2020

Risse, T. (2001). A European identity? Europeanization and the evolution of nation-state identities. In M. G. Cowles, J. A. Caporaso, & T. Risse-Kappen (Hrsg.), *Transforming Europe: Europeanization and domestic change* (S. 198–216). Ithaca, N.Y.: Cornell University Press.

Robinson, J., & Tinker, J. (1998). Reconciling ecological, economic, and social imperatives. In J. Schnurr & S. Holtz (Hrsg.), *The cornerstone of development: integrating environmental, social, and economic policies.* Ottawa, Canada; Boca Raton, FL: International Development Research Centre; Lewis Publishers.

Rockström, J., Steffen, W., Noone, K., Åsa, P., Chapin II, F. S., Lambin, E., et al. (2009). Planetary boundaries. Exploring the safe operating space for humanity. *Ecology and Society, 14*(2:32). https://doi.org/10.5751/ES-03180-140232

Rohe, W. (2015). How science benefits society. A critical review of transformative science and its aspirations. *GAIA–Ökologische Perspektiven für Wissenschaft und Gesellschaft, 24*(3), 156–159. https://doi.org/10.14512/gaia.24.3.5

Rohracher, H., & Späth, P. (2017). Cities as arenas of low-carbon transitions. Friction zones in the negotiation of low-carbon futures. In N. Frantzeskaki, V. C. Broto, L. Coenen, & D. A. Loorbach (Hrsg.), *Urban sustainability transitions* (S. 287–299). New York: Routledge, Taylor & Francis Group.

Romsdahl, R. J., Kirilenko, A., Wood, R. S., & Hultquist, A. (2017). Assessing national discourse and local governance framing of climate change for adaptation in the United

Kingdom. *Environmental Communication-a Journal of Nature and Culture*, *11*(4), 515–536. https://doi.org/10.1080/17524032.2016.1275732

Rose, M., Schleicher, K., & Maibaum, K. (2017). Transforming well-being in Wuppertal - Conditions and constraints. *Sustainability*, *9*(12), 2375. https://doi.org/10.3390/su9 122375

Rotmans, J., Kemp, R., & van Asselt, M. (2001). More evolution than revolution: transition management in public policy. *Foresight*, *3*(1), 15–31. https://doi.org/10.1108/146366801 10803003

Schepelmann, P., Goossens, Y., & Makipaa, A. (Hrsg.). (2010). *Towards sustainable development: alternatives to GDP for measuring progress*. Wuppertal: Wuppertal-Institut für Klima, Umwelt, Energie.

Schimank, U. (2007). Neoinstitutionalismus. In A. Benz, S. Lütz, U. Schimank, & G. Simonis (Hrsg.), *Handbuch Governance* (S. 161–175). Wiesbaden: VS Verlag für Sozialwissenschaften. https://doi.org/10.1007/978-3-531-90407-8_12

Schmidt, V. A. (2002). *The futures of European capitalism*. Oxford; New York: Oxford University Press.

Schmidt, V. A. (2005). Values and discourse in the politics of adjustment. In F. W. Scharpf & V. A. Schmidt (Hrsg.), *From vulnerability to competitiveness* (S. 229–309). Oxford: Oxford University Press.

Schmidt, V. A. (2006). *Democracy in Europe: the EU and national polities*. Oxford: Oxford University Press.

Schmidt, V. A. (2008). Discursive institutionalism: The explanatory power of ideas and discourse. *Annual Review of Political Science*, *11*(1), 303–326. https://doi.org/10.1146/ann urev.polisci.11.060606.135342

Schmidt, V. A. (2010). Taking ideas and discourse seriously: explaining change through discursive institutionalism as the fourth 'new institutionalism'. *European Political Science Review*, *2*(01), 1–25. https://doi.org/10.1017/S175577390999021X

Schmidt, V. A. (2014). Speaking to the markets or to the people? A discursive institutionalist analysis of the EU's sovereign debt crisis. *British Journal of Politics & International Relations*, *16*(1), 188–209. https://doi.org/10.1111/1467-856X.12023

Schmidt, V. A. (2016). Reinterpreting the rules 'by stealth' in times of crisis: a discursive institutionalist analysis of the European Central Bank and the European Commission. *West European Politics*, *39*(5), 1032–1052. https://doi.org/10.1080/01402382.2016.118 6389

Schmidt, V. A. (2017). Britain-out and Trump-in: a discursive institutionalist analysis of the British referendum on the EU and the US presidential election. *Review of International Political Economy*, *24*(2), 248–269. https://doi.org/10.1080/09692290.2017.1304974

Schneidewind, U. (2013). Transformative literacy. Understanding and shaping societal transformations. *GAIA - Ökologische Perspektiven für Wissenschaft und Gesellschaft*, *22*(2), 82–86. https://doi.org/10.14512/gaia.22.2.5

Schneidewind, U. (2015). Transformative science - Driving force for good science and a living democracy. *GAIA - Ökologische Perspektiven für Wissenschaft und Gesellschaft*, *24*(2), 88–91. https://doi.org/10.14512/gaia.24.2.5

Schneidewind, U. (2018). *Die große Transformation: eine Einführung in die Kunst gesellschaftlichen Wandels*. Frankfurt am Main: Fischer Taschenbuch.

Schneidewind, U., & Augenstein, K. (2016). Three schools of transformation thinking: The impact of ideas, institutions, and technological innovation on transformation processes. *GAIA - Ökologische Perspektiven für Wissenschaft und Gesellschaft, 25*(2), 88–93. https://doi.org/10.14512/gaia.25.2.7

Schneidewind, U., Augenstein, K., Stelzer, F., & Wanner, M. (2018). Structure matters: Real-world laboratories as a new type of large-scale research infrastructure: A framework inspired by Giddens' structuration theory. *GAIA - Ökologische Perspektiven für Wissenschaft und Gesellschaft, 27*(1), 12–17. https://doi.org/10.14512/gaia.27.S1.5

Schneidewind, U., & Singer-Brodowski, M. (2013). *Transformative Wissenschaft: Klimawandel im deutschen Wissenschafts- und Hochschulsystem.* Marburg: Metropolis Verlag.

Schneidewind, U., Singer-Brodowski, M., & Augenstein, K. (2016). Transformative science for sustainability transitions. In H. G. Brauch, Ú. Oswald Spring, J. Grin, & J. Scheffran (Hrsg.), *Handbook on Sustainability Transition and Sustainable Peace* (Bd. 10, S. 123–136). Cham: Springer International Publishing. https://doi.org/10.1007/978-3-319-438 84-9_5

Schneidewind, U., Singer-Brodowski, M., Augenstein, K., & Stelzer, F. (2016). *Pledge for a transformative science. A conceptual framework* (No. 191). Wuppertal: Wuppertal Institute for Climate, Environment and Energy.

Scholz, R. W. (2017). The normative dimension in transdisciplinarity, Transition Management, and transformation Sciences: New roles of science and universities in sustainable transitioning. *Sustainability, 9*(6), 991. https://doi.org/10.3390/su9060991

Science for Environment Policy, & UWE–University of the West of England - Science Communication Unit. (2018). *Indicators for sustainable cities. In-depth report 12. Produced for the European Commission DG Environment by the Science Communication Unit, UWE* (überarbeitete Auflage (1. Auflage 2015).). Bristol: European Commission. https://ec.europa.eu/environment/integration/research/newsalert/pdf/indicators_for_sustainable_cities_IR12_en.pdf. Zugegriffen: 22. April 2020

Seidl, I., & Zahrnt, A. (2013). Neuer Wohlstand, neues Wohlergehen. Die Postwachstumsgesellschaft. Politische Ökologie, (133), 46–52.

Seidl, R., Brand, F. S., Stauffacher, M., Krütli, P., Le, Q. B., Spörri, A., et al. (2013). Science with society in the Anthropocene. *AMBIO, 42*(1), 5–12. https://doi.org/10.1007/s13280-012-0363-5

Sen, A. (2014). Totally radical: From transformative research to transformative innovation. *Science and Public Policy, 41*(3), 344–358. https://doi.org/10.1093/scipol/sct065

Senge, K., & Hellmann, K.-U. (Hrsg.). (2006). *Einführung in den Neo-Institutionalismus* (1. Aufl.). Wiesbaden: VS Verlag für Sozialwissenschaften.

Seyfang, G., & Smith, A. (2007). Grassroots innovations for sustainable development: Towards a new research and policy agenda. *Environmental Politics, 16*(4), 584–603. https://doi.org/10.1080/09644010701419121

Sheingate, A. D. (2003). Political entrepreneurship, institutional change, and American political development. *Studies in American Political Development, 17*(02), 185–203. https://doi.org/10.1017/S0898588X03000129

Sievers-Glotzbach, S., & Tschersich, J. (2019). Overcoming the process-structure divide in conceptions of social-ecological transformation. *Ecological Economics, 164*, 106361. https://doi.org/10.1016/j.ecolecon.2019.106361

Skowronek, S. (1982). *Building a new American state: the expansion of national administrative capacities, 1877–1920.* Cambridge; New York: Cambridge University Press.

Smith, A. (2007). Translating sustainabilities between green niches and socio-technical regimes. *Technology Analysis & Strategic Management, 19*(4), 427–450. https://doi.org/10.1080/09537320701403334

Smith, K. (2013). Institutional filters: the translation and re-circulation of ideas about health inequalities within policy. *Policy & Politics, 41*(1), 81–100. https://doi.org/10.1332/030557312X655413

Sorell, S. (2009). The rebound effect: Definition and estimation. In J. Evans & L. Hunt (Hrsg.), *International Handbook on the Economics of Energy* (S. 199–233). Edward Elgar Publishing. https://doi.org/10.4337/9781849801997

Späth, P., & Ornetzeder, M. (2017). From building small urban spaces for a car-free life to challenging the global regime of automobility. In N. Frantzeskaki, V. C. Broto, L. Coenen, & D. A. Loorbach (Hrsg.), *Urban sustainability transitions* (S. 191–209). New York: Routledge, Taylor & Francis Group.

Späth, P., & Rohracher, H. (2010). „Energy regions": The transformative power of regional discourses on socio-technical futures. *Research Policy, 39*(4), 449–458. https://doi.org/10.1016/j.respol.2010.01.017

SPD-Fraktion Wuppertal, & CDU-Fraktion Wuppertal. (2014). *Gemeinsam nachhaltig handeln für Wuppertal. Vereinbarung zwischen SPD und CDU über die Kooperation in den Ratsgremien der Stadt Wuppertal in der Wahlperiode 2014–2020.* Wuppertal. https://www.spdrat.de/wp-content/uploads/2017/03/In_Verantwortung_fr_Wupperta.pdf. Zugegriffen: 22. November 2019

Stadt Wuppertal. (2013). *Den Wandel gestalten: Fortschreibung der Leitlinien in der Strategie „Wuppertal 2025"* (No. VO/1179/13. Beschlussvorlage Anlage 01). Wuppertal: Stadt Wuppertal. https://ris.wuppertal.de/vo0050.php?__kvonr=15434. Zugegriffen: 18. November 2019

Stadt Wuppertal. (2015). *Wohnungsleerstandsanalyse 2015.* Wuppertal: Stadt Wuppertal - Stadtentwicklung und Städtebau. https://www.wuppertal.de/wirtschaft-stadtentwicklung/medien/dokumente/bericht_wohnungsleerstand_2013_web.pdf

Stadt Wuppertal. (2016). Stadt Wuppertal - Dezernat für Bürgerbeteiligung. https://www.wupportal.de/microsite/buergerbeteiligung/content/ueber-uns.php. Zugegriffen: 27. Juli 2016

Stadt Wuppertal. (2018). *Wuppertal 2025 - Projekte für Wuppertal.* Stadt Wuppertal. https://www.wuppertal.de/microsite/wuppertal2025/berichte/index.php. Zugegriffen: 5. November 2019

Stadt Wuppertal. (o. J.). Zukunft Wuppertal | Stadtentwicklungskonzept. *Zukunft Wuppertal.* https://zukunft-wuppertal.de/. Zugegriffen: 20. Juli 2018

Stadtsparkasse Wuppertal. (o. J.). Impressum. Wichtige Angaben im Überblick. *Stadtsparkasse Wuppertal.* https://www.sparkasse-wuppertal.de/de/home/toolbar/impressum.html. Zugegriffen: 18. Dezember 2019

Stassen, K. R., Gislason, M., & Leroy, P. (2010). Impact of environmental discourses on public health policy arrangements: A comparative study in the UK and Flanders (Belgium). *Public Health, 124*(10), 581–592. https://doi.org/10.1016/j.puhe.2010.06.003

Statistisches Bundesamt. (2016). *Nachhaltige Entwicklung in Deutschland - Indikatorenbericht 2016.* https://www.destatis.de/DE/Themen/Gesellschaft-Umwelt/Nachhaltigkeits

indikatoren/Publikationen/Downloads-Nachhaltigkeit/indikatoren-pdf-0230001.pdf?__
blob=publicationFile. Zugegriffen: 26. März 2020
Steffen, W., Richardson, K., Rockstrom, J., Cornell, S. E., Fetzer, I., Bennett, E. M., et al.
(2015). Planetary boundaries: Guiding human development on a changing planet. *Science*,
347(6223), 1259855–1259855. https://doi.org/10.1126/science.1259855
Sterling, S. (2010). Transformative learning and sustainability: sketching the conceptual
ground. *Learning and Teaching in Higher Education*, *5*(2010–11), 17–33.
Stiglitz, J. E., Sen, A., & Fitoussi, J.-P. (2009). *Report by the Commission on the Measurement
of Economic Performance and Social Progress*. Paris. https://ec.europa.eu/eurostat/doc
uments/118025/118123/Fitoussi+Commission+report. Zugegriffen: 27. März 2020
Strohschneider, P. (2014). Zur Politik der Transformativen Wissenschaft. In A. Brodocz,
D. Herrmann, R. Schmidt, D. Schulz, & J. Schulze Wessel (Hrsg.), *Die Verfassung des
Politischen* (S. 175–192). Wiesbaden: Springer Fachmedien Wiesbaden. https://doi.org/
10.1007/978-3-658-04784-9_10
Transzent – Zentrum für Transformationsforschung und Nachhaltigkeit. (2018a). Wohlstands-
Transformation Wuppertal (2015–2018). https://transzent.uni-wuppertal.de/de/forsch
ung/wtw0.html. Zugegriffen: 18. November 2019
Transzent – Zentrum für Transformationsforschung und Nachhaltigkeit. (2018b). *Partizi-
pative Entwicklung von Wohlstandsindikatoren (Kurzinformation)* (No. K2). Wuppertal.
https://transzent.uni-wuppertal.de/fileadmin/transzent/WTW-Output/Einleger_K2.pdf.
Zugegriffen: 4. November 2019
Transzent – Zentrum für Transformationsforschung und Nachhaltigkeit. (2019). Start-
seite Transzent. Bergische Universität Wuppertal. https://transzent.uni-wuppertal.de/.
Zugegriffen: 18. Februar 2020
Transzent – Zentrum für Transformationsforschung und Nachhaltigkeit, & WI - Wuppertal Institut. (2018). *Wohlstands-Transformation Wuppertal (Broschüre)*. https://transzent.
uni-wuppertal.de/de/forschung/wtw0/wtw-broschuere-2018.html. Zugegriffen: 27. März
2020
Trevors, J. T., Pollack, G. H., Saier, M. H., Jr., & Masson, L. (2012). Transformative research: definitions, approaches and consequences. *Theory in Biosciences*, *131*(2), 117–123.
https://doi.org/10.1007/s12064-012-0154-3
UN – United Nations. (2015a). *Transforming our World: The 2030 Agenda for Sustainable
Development* (No. A/RES/70/1). https://sustainabledevelopment.un.org/post2015/transf
ormingourworld/publication. Zugegriffen: 14. Oktober 2019
UN – United Nations. (2015b). *Paris Agreement*. Paris: UNFCCC. https://unfccc.int/
files/essential_background/convention/application/pdf/english_paris_agreement.pdf.
Zugegriffen: 27. März 2020
UN DSD – United Nations Division for Sustainable Development. (1992). *United Nati-
ons Conference on Environment and Development. Agenda 21*. Rio de Janeiro,
Brasilien: United Nations. https://sustainabledevelopment.un.org/content/documents/Age
nda21.pdf. Zugegriffen: 19. August 2016
UNCED – Konferenz der Vereinten Nationen über Umwelt und Entwicklung. (1992).
Rio-Erklärung über Umwelt und Entwicklung. Rio de Janeiro: Konferenz der Verein-
ten Nationen über Umwelt und Entwicklung. https://www.un.org/depts/german/conf/age
nda21/rio.pdf. Zugegriffen: 12. Dezember 2019

UN-Habitat. (2016). *Urbanization and development: emerging futures.* Nairobi, Kenya: UN-Habitat. https://unhabitat.org/sites/default/files/download-manager-files/WCR-2016-WEB.pdf. Zugegriffen: 12. Dezember 2019

Vetter, A., & Holtkamp, L. (2008). Lokale Handlungsspielräume und Möglichkeiten der Haushaltskonsolidierung in Deutschland. In H. Heinelt & A. Vetter (Hrsg.), *Lokale Politikforschung heute* (S. 19–50). Wiesbaden: VS Verlag für Sozialwissenschaften.

Vijge, M. J. (2013). The promise of new institutionalism: explaining the absence of a World or United Nations Environment Organisation. *International Environmental Agreements: Politics, Law and Economics, 13*(2), 153–176. https://doi.org/10.1007/s10784-012-9183-0

von Radecki, A., Pfau-Weller, N., Domzalski, O., & Vollmar, R. (2016). *Morgenstadt City Index.* Stuttgart: Frauenhofer-Institut für Arbeitswirtschaft und Organisation IAO. https://www.morgenstadt.de/content/dam/morgenstadt/de/images/projekte1/Morgenstadt-City-Index.pdf. Zugegriffen: 27. März 2020

von Wirth, T., Fuenfschilling, L., Frantzeskaki, N., & Coenen, L. (2019). Impacts of urban living labs on sustainability transitions: mechanisms and strategies for systemic change through experimentation. *European Planning Studies, 27*(2), 229–257. https://doi.org/10.1080/09654313.2018.1504895

von Wissel, C. (2015). Die Eigenlogik der Wissenschaft neu verhandeln. Implikationen einer transformativen Wissenschaft. Reaktion auf zwei Beiträge zu transformativer Wissenschaft in GAIA: A. Grunwald (2015), U. Schneidewind (2015). *GAIA - Ökologische Perspektiven für Wissenschaft und Gesellschaft, 24*(3), 152–155. https://doi.org/10.14512/gaia.24.3.4

Wallaschek, S. (2020). Framing Solidarity in the Euro Crisis: A Comparison of the German and Irish Media Discourse. *New Political Economy, 25*(2), 231–247. https://doi.org/10.1080/13563467.2019.1586864

Wanner, M., Hilger, A., Westerkowski, J., Rose, M., Stelzer, F., & Schäpke, N. (2018). Towards a cyclical concept of real-world laboratories: A transdisciplinary research practice for sustainability transitions. *disP - The Planning Review, 54*(2), 94–114. https://doi.org/10.1080/02513625.2018.1487651

Warren, T. (2020). Explaining the European Central Bank's limited reform ambition: ordoliberalism and asymmetric integration in the eurozone. *Journal of European Integration, 42*(2), 263–279. https://doi.org/10.1080/07036337.2019.1658753

WBGU – Wissenschaftlicher Beirat der Bundesregierung Globale Umweltveränderungen. (2016). *Der Umzug der Menschheit: Die transformative Kraft der Städte: Hauptgutachten.* Berlin: Wissenschaftlicher Beirat der Bundesregierung Globale Umweltveränderungen. https://www.wbgu.de/de/publikationen/publikation/der-umzug-der-menschheit-die-transformative-kraft-der-staedte. Zugegriffen: 27. März 2020

WBGU – Wissenschaftlicher Beirat der Bundesregierung Globale Umweltveränderungen (Hrsg.). (2011). *Welt im Wandel: Gesellschaftsvertrag für eine Große Transformation* (2., veränd. Aufl.). Berlin: Wissenschaftlicher Beirat der Bundesregierung Globale Umweltveränderungen. https://www.wbgu.de/de/publikationen/publikation/welt-im-wandel-gesellschaftsvertrag-fuer-eine-grosse-transformation. Zugegriffen: 27. März 2020

WCED – World Commission on Environment and Development. (1987). *Report of the World Commission on Environment and Development: Our Common Future. Transmitted to the*

General Assembly as an Annex to document A/42/427 - Development and Internatio-nal Co-operation: Environment. https://sustainabledevelopment.un.org/content/docume nts/5987our-common-future.pdf. Zugegriffen: 27. März 2020

Wegner, G. (2013). Zur Problematik des Wachstums. Eine Einführung. In G. Wegner (Hrsg.), *Wohlstand, Wachstum, gutes Leben: Wege zu einer Transformation der Ökonomie* (S. 7–21). Marburg: Metropolis-Verlag.

Wendler, F. (2019). The European Parliament as an Arena and Agent in the Politics of Climate Change: Comparing the External and Internal Dimension. *Politics and Governance, 7*(3), 327. https://doi.org/10.17645/pag.v7i3.2156

WI – Wuppertal Institut. (o. J.). Institutsgeschichte. https://wupperinst.org/das-institut/geschi chte/. Zugegriffen: 18. Februar 2020

Widmaier, W. (2016). Breaking promises and raising taxes: rhetorical path dependence and policy dysfunction in time. *Australian Journal of Political Science, 51*(4), 727–741. https://doi.org/10.1080/10361146.2016.1238871

Widuto, A. (2016). *Beyond GDP: Regional development indicators.* European Parliamen-tary Research Service. https://www.europarl.europa.eu/RegData/etudes/BRIE/2016/589 811/EPRS_BRI(2016)589811_EN.pdf. Zugegriffen: 27. März 2020

Wittmütz, V. (2013). *Kleine Wuppertaler Stadtgeschichte.* Regensburg: Pustet.

Wollmann, H. (2008). Reformen dezentral - lokaler Organisationsstrukturen zwischen Ter-ritorialität und Funktionalität— England, Schweden, Frankreich und Deutschland im Vergleich. In H. Heinelt & A. Vetter (Hrsg.), *Lokale Politikforschung heute* (S. 197–226). Wiesbaden: VS Verlag für Sozialwissenschaften.

WSW – Wuppertaler Stadtwerke. (o. J.). Konzernstruktur: Wuppertaler Stadtwerke. https:// www.wsw-online.de/unternehmen/ueber-uns/daten-und-fakten/konzernstruktur/. Zuge-griffen: 18. Dezember 2019

Wuppertal Marketing. (o. J.-a). Wir über uns / Aufsichtsrat. https://www.wuppertal-market ing.de/wir-ueber-uns/aufsichtsrat/. Zugegriffen: 18. Dezember 2019

Wuppertal Marketing. (o. J.-b). Wir über uns / Gesellschafter. https://www.wuppertal-market ing.de/wir-ueber-uns/gesellschafter/. Zugegriffen: 18. Dezember 2019

Wuppertalbewegung e.V. (o. J.). Nordbahntrasse. *Wuppertalbewegung.* https://www.nordba hntrasse.de/nordbahntrasse/. Zugegriffen: 22. Juni 2018

WZ – Westdeutsche Zeitung. (2014, 2. Oktober). Kritik am Dezernat für Bürgerbeteiligung. *Westdeutsche Zeitung.* Wuppertal.

WZ – Westdeutsche Zeitung. (2015a, 24. Juli). Zusätzliche Stellen fürs neue Dezernat. *Westdeutsche Zeitung.* Wuppertal.

WZ – Westdeutsche Zeitung. (2015b, 5. September). Bürgerbeteiliger kostet Bürgerbeteili-gung. *Westdeutsche Zeitung.* Wuppertal.

WZ – Westdeutsche Zeitung. (2016, 25. Februar). Keine andere Stadt hat ein solches Amt. Leserbrief von Frank Birkner. *Westdeutsche Zeitung.* Wuppertal.

Zahrnt, A., & Schneidewind, U. (2015). Warum gutes Leben ein politisches Thema ist - und wie Suffizienzpolitik aussehen kann. In J. Hübner, G. Renz, & I. Boergen (Hrsg.), *Gut - besser - zukunftsfähig: Nachhaltigkeit und Transformation als gesellschaftliche Herausforderung.* Stuttgart: Kohlhammer.

Zimmermann, K. (2008). Eigenlogik der Städte - Eine politikwissenschaftliche Sicht. In H. Berking & M. Löw (Hrsg.), *Die Eigenlogik der Städte: neue Wege für die Stadtforschung* (S. 207–230). Frankfurt; New York: Campus.

The manufacturer's authorised representative in the EU is Springer
Nature Customer Service Centre GmbH, Europaplatz 3, 69115 Heidelberg,
Germany. If you have any concerns regarding our products, please
contact ProductSafety@springernature.com

Printed and bound by CPI Group (UK) Ltd, Croydon, CR0 4YY
24/04/2026
02096341-0003